U0352562

金属矿山露天转地下
开采关键技术

路增祥　蔡美峰　著

北　京
冶　金　工　业　出　版　社
2019

内 容 提 要

本书结合工程实例，全面分析和论述了金属矿山露天转地下开采的关键技术。全书共9章，分别介绍了国内外露天转地下开采的研究现状、露天转地下矿山露天开采极限深度的确定、露天转地下开采平稳过渡的关键技术、露天转地下开采生产系统的衔接技术、露天转地下开采安全高效采矿工艺、露天转地下开采采矿方法工业试验、覆盖层的结构及其形成技术、地下采动影响下覆盖岩层对露天边坡的控制作用，以及露天转地下开采边坡和岩层变形规律及其监测预报技术。

本书可供相关矿山企业、设计单位和科研院所的工程技术人员阅读，也可供高等院校采矿工程专业师生参考。

图书在版编目（CIP）数据

金属矿山露天转地下开采关键技术/路增祥等著. —
北京：冶金工业出版社，2019.4
ISBN 978-7-5024-8048-6

Ⅰ.①金… Ⅱ.①路… Ⅲ.①金属矿开采—研究
Ⅳ.①TD85

中国版本图书馆 CIP 数据核字（2019）第 058622 号

出 版 人　谭学余
地　　　址　北京市东城区嵩祝院北巷 39 号　邮编　100009　电话　（010）64027926
网　　　址　www.cnmip.com.cn　电子信箱　yjcbs@cnmip.com.cn
责任编辑　张耀辉　宋　良　美术编辑　郑小利　版式设计　孙跃红
责任校对　郑　娟　责任印制　牛晓波
ISBN 978-7-5024-8048-6
冶金工业出版社出版发行；各地新华书店经销；三河市双峰印刷装订有限公司印刷
2019 年 4 月第 1 版，2019 年 4 月第 1 次印刷
787mm×1092mm　1/16；16.75 印张；402 千字；254 页
66.00 元

冶金工业出版社　投稿电话　（010）64027932　投稿信箱　tougao@cnmip.com.cn
冶金工业出版社营销中心　电话　（010）64044283　传真　（010）64027893
冶金工业出版社天猫旗舰店　yjgycbs.tmall.com
（本书如有印装质量问题，本社营销中心负责退换）

前　言

近十几年来，随着我国钢铁工业的快速发展，铁矿石资源短缺问题日显突出，进口铁矿石价格及海运费用不断攀升，国内铁矿石的开采难度不断加大，给我国钢铁工业的发展带来了严重影响。我国冶金矿山80%以上的矿石量来源于露天开采，经过几十年的开采，露天境界内保有的开采资源日趋枯竭，开采难度越来越大，而露天境界外和深部资源尚未得到有效利用。

目前我国多数大中型露天矿山已经进入了中后期开采，很多矿山面临着露天转地下开采的问题。同时，部分露天矿山为了保持产量均衡，或为了扩大生产能力、加速矿山开发，采用露天与地下联合开采的方式，集露天与地下两种工艺优点于一体，也是一种最佳的选择。与国外相比，我国金属矿山露天转地下开采的整体技术水平仍然相对落后，存在问题和困难较多，具体表现在：

（1）露天-地下产量不衔接，生产规模达不到设计要求。对一些边坡矿、端帮矿体以及露天境界外的零散小矿体的开采，缺乏合适的方法和必要的技术支撑，其开采顺序、方法往往不当，使主矿体的开采受到很大的牵制，造成过渡期停产或减产。

（2）矿山整体生产规模小，开采强度低。其原因除了受矿产资源条件的限制外，主要是采矿工艺落后，生产环节机械化、自动化程度低。同等类型矿床的开采规模只相当于国外矿山的20%~50%；单个采场的生产能力仅相当于发达国家矿山的5%~10%。

（3）矿山装备落后，劳动生产率低。由于国产地下采矿设备不配套、性能差、故障率高，且长期以来未形成国产地下采矿设备的产业化规模，国产地下采矿设备远远不能满足国内地下采矿工业发展的需要。矿山劳动生产率低下，整体效益差。

（4）井下工程与露天开采设施不配套，不能发挥露采优势。由于缺乏前期规划和必要的技术支撑，转地下开采矿山的开拓系统、排水系统、矿石破溜运输系统往往与露天开采脱节，造成露天与地下开采不配套、不协调。不仅浪费资金，而且很难进行大规模、高效率强化开采，使地下矿山生产能力发挥受到影响。

（5）开采环境恶劣，安全条件差。露天转地下矿山，在露天坡底存在应力集中，转入地下后，由于各大系统的建设与开挖，导致坡底应力集中更加突出。地下采矿深度的不断下降，导致露天矿残余边坡的应力状态更为复杂，边坡的稳定性出现严重问题。另外，露天排洪和井下排水问题也很突出。通风系统受季节性自然风流以及受破裂边坡的影响，出现系统风流紊乱和局部漏风，风量不够，地下开采系统通风质量差。

同时，露天转地下开采是一项系统工程，过程环节和影响因素多，矿山生产管理人员与生产工人也面临着知识与经验的更新。因此，要实施露天转地下的平稳过渡和最佳衔接，既要提高生产能力、实现强化开采，又要保证生产安全，难度很大。

随着金属矿山露天转地下开采工程的不断增多和规模的不断扩大，露天转地下开采的相关工艺和技术的研究得到了更多重视。作者结合国家自然科学基金面上项目（No. 51974110）、国家"十一五"科技支撑计划（No. 2006BAB02A17）和企业横向研究课题，以首钢矿业公司杏山铁矿和辽宁本溪罕王矿业有限公司孟家铁矿工程为例，对露天转地下开采的关键技术开展了系统的研究工作。

书中对于涉及案例企业发展经营方面的敏感数据，如资源储量、生产成本等方面的指标均进行了一定的处理，并不反映企业的真实情况；涉及利润等方面的技术经济指标时，采用了差值化计算方式，对此，还望读者见谅。

本书的编写与出版，得到了国家自然科学基金委、科技部、北京科技大学、辽宁科技大学、首钢矿业公司、辽宁本溪罕王矿业有限公司、华北理工大学、北京矿冶研究总院的大力支持与帮助；得到了北京科技大学李长洪教授、辽宁科技大学张国建教授、华北理工大学甘德清教授等的帮助，在此，对他们的大力支持与无私帮助，一并表示诚挚的谢意。

本书在撰写过程中，参阅了大量的国内外相关文献，在此向文献作者致以衷心的感谢。

由于作者水平所限，书中或有不妥之处，敬请读者批评指正。

作　者

2018 年 12 月

目　　录

1　国内外露天转地下开采的研究现状

1.1　露天转地下开采研究的意义

目前，我国大多数大中型露天矿山已经进入了中后期开采，开采方式由山坡开采转入凹陷开采，即将或者已经面临露天采场转入地下开采的阶段。虽然部分已经实施露天转地下开采的矿山在生产能力平稳过渡、露天边角矿和挂帮矿的开采、深部矿床的开拓方法和矿区防洪排水等方面积累了一定的经验，但与国外相比，我国金属矿山露天转地下开采的整体技术水平仍相对落后，露天转地下开采的关键技术研究仍处在理论探讨阶段，转入地下开采面临诸多的特殊困难，主要表现在：

一是多数矿山因深部资源勘探程度不够，造成露天转地下开采的开拓系统和安全高效采矿方法及其回采工艺的研究处于模糊条件下，不能有针对性和系统性地展开工作；

二是对随开采深度变化的矿区应力应变场的动态变化规律、地下开采对露天边坡稳定性的扰动规律以及露天与地下联合开采诱发的地表塌陷与沉降规律还缺乏系统的研究；

三是相关的法律法规滞后于采矿技术的研究，对露天转地下开采的研究工作与方案实施造成障碍；

四是对露天与地下联合开采引起的环境破坏及矿区的生态环境恢复缺乏系统的预测和研究，生态环境的"代际公平"问题还很严重。

对正在实施或即将实施露天转地下开采的矿山而言，随着矿床开采深度的不断增加、开采条件的不断恶化和开采成本的大幅度增加，寻求探索高效、安全、经济、环保的深部资源开采方法，是解决传统采矿方法、采矿工艺不能实现安全、环保的大规模生产、充分回收资源和获取所期望的经济效益的关键所在[1]，也是进行露天转地下开采关键技术研究的根本目的。

露天转地下开采的矿山一般要经历露天开采期、露天与地下联合开采的过渡期和地下开采期三个阶段，在这三个阶段中，矿山的开采强度和生产能力各不相同。因此，在考虑露天转地下开采的开采工艺及工程布置时，必须研究与矿床赋存条件及开采技术条件相适应的开采强度和生产能力，以求获得经济效益的最大化。

受地表地形条件限制，或是因生产剥采比超出经济合理剥采比，许多露天开采矿山的露天境界封闭圈无法实现正常的扩大，露天境界内可开采储量不断减少，露天境界外和深部资源未得到有效利用，矿山生产接续方面显现出的矛盾日益突出。如果继续进行露天扩帮开采，不仅经济上不合理，同时造成土地的大量占用，剥离的大量废石进一步恶化矿山及周边的生态环境和地质环境。若不考虑采取有效措施对深部矿产资源进行回采，不仅造成严重的资源浪费，而且有可能造成企业的长期停产，给国家与企业带来巨大的损失。为确保矿山生产的稳定持续发展，有效延长矿山服务年限，在特定的矿区开采环境条件下，对矿区深部资源的安全高效开采（即实施露天转地下开采），是企业寻求产能与效益增长的有效途径。

露天转地下开采的矿山，通常是矿体延伸较深、覆盖层不厚，多为中厚或厚大的急倾斜矿床，由于这类矿床采用露天开采，具有投产快、初期建设投资少、贫化和损失指标优等优点，早期一般采用露天开采[2]。当露天开采深度不断加大，境界内保有的开采资源量越来越少，开采难度越来越大，而露天境界外和深部资源尚未得到有效利用时，这些矿山将面临逐步由露天开采向地下开采过渡，并最终全面转向地下开采。国内外露天转地下开采矿山的经验表明[2]，当矿山充分利用了露天与地下开采的有利工艺特点时，统筹规划露天与地下开采的工程布置，可使矿山的基建投资减少25%~50%，生产成本降低25%左右。

一般情况下，露天转地下开采关键技术的研究，首先应在矿山露天开采现状、矿区工程地质和水文地质、深部资源分布赋存特征和开采技术条件等基础资料收集的前提下，研究矿山实施露天转地下开采的平稳过渡方式和开拓运输系统的最佳衔接技术，以维持矿山生产能力的稳定和适度增长，降低矿山建设和开采成本，提高资源回收率和利用率，实现经济效益、社会效益和环境效益的最大化；其次，根据深部资源的赋存条件和开采技术条件，研究安全高效的采矿方法及采场结构参数，实现资源的安全高效和低成本开采；再次，通过采用三维数值模拟软件进行系统模拟、现场位移监测和地应力测量，研究随地下开采深度变化条件下的露天边坡应力分布变化规律和变形特征，研究露天境界隔离矿柱或覆盖岩层在维护露天边坡稳定方面所起的作用，为露天转地下开采过程中维护露天边坡稳定和地下回采方案的选定奠定坚实的研究基础。

露天转地下开采研究的主要问题包括：确定合理的露天开采极限深度，露天转地下开采过渡期的产量衔接，露天转地下开采的"过渡层"回采方案，露天转地下的露天境界隔离矿柱或覆盖岩层问题，地下开拓系统的选择与优化问题，选择合理的地下采矿方法与回采工艺，设计制定露天边坡管理与残矿开采的方案与措施，坑内通风与防排水方案，露天生产与地下开采同时作业的安全问题等。

露天转地下开采的关键技术研究主要包括以下内容：

（1）基于地下大规模高效采矿技术，结合露天转地下开采的特定技术条件，选择合理可行的露天转地下开采的采矿方法与工艺以及"过渡层"的安全高效回采工艺，研究与工艺相配套的穿爆、采装、运输设备的合理配套利用。

（2）对露天与地下共用的一体化开拓运输系统特性、特征、适用条件进行研究，结合露天转地下开采矿山的具体条件，研究露天转地下开采的一体化开拓运输方案。

（3）建立露天转地下开采技术经济多目标优化决策系统模型，采用基于"差值比较算法"的多目标决策归一化分析方法，利用判断矩阵的一致性对决策模型的有效性进行检验；通过对不同露天转地下开采方案进行多目标决策分析，选择最优的开采技术方案。

（4）针对矿山具体条件，对采矿方法工艺参数进行分析、计算和优化，结合工业试验确定合理的开采工艺参数，提出露天转地下开采降低贫化损失的具体措施。

（5）基于数值模拟和现场监测技术，研究随地下开采深度变化条件下的露天边坡应力分布变化规律和变形特征，研究露天转地下开采过程中维护露天边坡稳定的措施方案，实现深部资源的安全高效开采。

1.2 国内外露天转地下开采的实例

目前，国内外的许多矿山已经实施了露天转地下开采，还有许多露天矿山的开采方式由山坡开采转入凹陷开采，即将或者已经面临着由露天开采转入地下开采的阶段。了解与研究国内外矿山露天转地下开采的实例，有助于露天转地下开采关键技术的研究和对即将实施露天转地下开采的矿山进行指导。

1.2.1 国外露天转地下开采实例

国外露天转地下开采的矿山较多，涉及的矿山有金属、非金属矿山和煤矿等[2]，如瑞典的基鲁纳瓦拉矿，南非的科菲丰坦金刚石矿、Palabora 矿，加拿大的基德格里克铜矿、克莱蒙特铜矿、贡纳尔铀矿、斯提普洛克铁矿和 Kidd Creek 多金属矿等，芬兰的皮哈萨尔米铁矿，苏联的阿巴岗斯基铁矿、列比斯基铁矿、新巴卡里斯基铁矿、索柯罗夫斯基铁矿、卡查尔斯基铁矿、捷依斯基铁矿和沙尔巴依斯基铁矿等，澳大利亚的蒙特莱尔铜矿、Broken Hill 锌矿，扎伊尔的卡莫铜钴矿、因斯皮拉逊矿，美国的圣拉依茨铁矿和英国的弗洛根金姆铁矿等。

这些矿山根据地质资源、生产环境和经济等因素的不同，对合理确定露天开采的极限深度、过渡期的产量衔接、境界隔离矿柱或覆盖层、露天与地下开拓系统的衔接、边坡管理与残矿回采、通风与防洪排水系统等关键问题进行了研究，取得了诸多成果。表1-1列出了国外实施露天转地下开采的部分矿山实例。

表 1-1 国外矿山露天转地下开采的典型实例

矿山名称	过渡时间	过渡期 /a	地下开拓方案	生产能力 /kt·a^{-1}	地下采矿方法
基鲁纳瓦拉矿 （瑞典）	1952~1962	10	境界外竖井+ 斜坡道	23000~25000	分段崩落法
科菲丰坦金刚石矿 （南非）	1973~1981	8	境界外竖井		分段崩落法
皮哈萨尔米矿 （芬兰）		10	境界外竖井+ 境界内斜坡道	750	分段空场法 （废石嗣后充填）
阿巴岗斯基铁矿 （苏联）	1960~1969	9	境界外竖井	1500~2000	分段崩落法

1.2.2 国内露天转地下开采实例

我国露天转地下开采的研究与实践始于20世纪60年代。国内实施露天转地下开采较早的矿山有南京凤凰山铁矿、安徽铜官山铜矿、凤凰山铜矿、甘肃白银折腰山铜矿[3]、江苏冶山铁矿、浙江漓渚铁矿、山东金岭铁矿、蒙阴王村金刚石矿等。近十几年来，国内实施露天转地下开采的矿山主要有红安萤石矿、良山铁矿、永平铜矿、保国铁矿铁蛋山矿区[4]、通钢板石沟铁矿、攀枝花兰尖铁矿、唐钢石人沟铁矿、大新锰矿、河北建龙铁矿、连城锰矿、银洞坡金矿、新桥硫铁矿、程家沟铁矿、厂坝铅锌矿、新钢雅满苏铁矿、泸沽铁矿等。

随着我国露天转地下开采矿山的日益增多，国内在露天转地下开采的方法、手段及关键技术研究方面也积累了很多宝贵的经验。表 1-2 列出了我国实施露天转地下开采的部分矿山实例。

表 1-2　国内矿山露天转地下开采的典型实例

矿山名称	过渡时间	过渡期 /a	地下开拓方案	生产能力 /kt·a^{-1}	地下采矿方法
铜关山铜矿	1963~1966	4	境界外竖井	300	废石充填法（矿房回采）；有底柱分段崩落法（矿柱回采）
凤凰山铁矿	1973~1976	4	境界外竖井+境界内斜井（风井）	300	分段崩落法
折腰山铜矿	1975~1987	13	境界外竖井	800~1000	分段空场法 无底柱分段崩落法
石人沟铁矿	2000~2004	5	境界外竖井+境界内斜井	1000~2000	浅孔留矿法（前期）；无底柱崩落法（后期）
杏山铁矿	2004~2009	6	境界外竖井+境界内斜坡道	3200	无底柱分段崩落采矿法
保国铁矿 铁蛋山矿区	2004~2008	5	混合井+辅助斜坡道	1000	无底柱分段崩落法 分段矿房法

1.3　国内外露天转地下开采的研究现状

对于露天转地下开采，国内外学者从露天开采的极限深度、过渡期的产量衔接、隔离矿柱或覆盖层、开拓系统与地下采矿方法选择、残矿回收、通风与防排水、地下开采对露天边坡稳定性的影响、露天生产与地下开采同时作业的安全问题等方面进行了大量的系统研究，积累了丰富的实践经验。我国的露天转地下开采研究起步较晚，徐长佑[2]于 1989 年出版了我国第一部露天转地下开采的技术专著，以翔实的国内外工程实例，论述了露天与地下联合开采的方式、工艺特点，提出了露天转地下矿山提高经济效益的途径。近年来，随着露天转地下开采规模的不断扩大，相关工艺和技术的研究得到了更多重视。

1.3.1　露天转地下开采的露天开采极限深度

矿山由露天开采向地下开采的转化过程中，要实现矿床开采经济效益的最大化，核心问题在于经济合理地确定出露天转地下开采时露天开采的极限深度，找出露天与地下开采的最优分界线，此分界线以上的开采范围即为露天开采的最优开采境界。最优露天开采境界的确定是矿山采矿规划中的最基本的问题[5]，对露天矿的开拓开采程序、生产规模、矿体总体开采的经济效果和矿山的服务年限等有着较大的影响。

国内外学者[6~13]在此方面进行了诸多研究并取得了一系列成果。露天开采境界确定的传统方法通常是借助某种剥采比与经济合理剥采比的比较关系来确定露天开采境界[14]，其中形成了早期具代表性的三条原则[15]。

常见的确定经济合理剥采比的方法[15]有原矿成本比较法、金属成本比较法、储量盈利比较法和价格法。长期以来，人们对于经济合理剥采比的确定有着不同的主张。如龚清田[16]从动态经济分析方法的角度提出了露天矿末期延伸扩帮境界经济合理剥采比确定的费用净现值比较法。张伟[17]则以矿石的工业储量作为计算基础，基于使露天开采与地下开采的单位地质储量现值指数相等，提出了储量现值指数法确定经济合理剥采比，与储量盈利比较法相比，储量现值指数法全面地考虑了露天与地下开采方式的损失率、贫化率、生产成本、基建投资、基建期及服务年限的差别。

1965 年，Lerchs 与 Grossmann[18]以经济块段模型为基础，推出了确定最优露天开采境界的图论法和动态规划算法。丹·尼尔逊和卡尔·伯格[19]以开采整个矿体的净现值为基础，探讨了露天转地下开采时露天开采的极限深度。苏联的 M. Γ. 诺沃日诺夫教授等[20,21]用分析法和图解分析法研究了确定急倾斜矿床由露天开采向地下开采过渡界限的方法，并从提高露天开采向地下开采过渡效率的角度，探讨了露天转地下开采过渡区的合理高度。Ю. A. 阿加巴良博士等[22]研究了确定山坡-深凹型露天采场极限深度的问题。Ю. A. 阿加巴良等[23]还对两类矿床给出了确定露天矿极限境界的计算方法。E. M. 科扎科夫博士[24]从技术经济角度论证了露天开采的极限深度。俄罗斯的 O. H. 萨尔马诺夫[25]通过系统分析和计算，推出了市场经济条件下以开采盈利最大和开采矿量最多为目标的确定露天矿境界的原则和方法。赵继新[26]提出按照经济规律合理确定露天开采境界。陆佐铭[27]研究了按最大现值原则确定合理的露天开采境界深度。黄诚义[28]用动态规划法确定了大为石膏矿最优露天开采境界。杨永光[29]对高价值矿石的露天开采采用了盈利法来确定露天开采境界。甘德清[30]在分析影响露天开采境界诸因素的基础上，采用动态经济分析的方法，对露天开采境界的合理确定进行了探讨。王欣[31]利用"露天矿优化设计软件包"对内蒙古乌拉特后旗霍各乞铁矿二号矿床进行了露天开采境界优化，使该矿露天开采境界内的矿石量增加了 947.04 万吨。苏宏志等[32]在矿山采用露天与地下联合开采的条件下，以开采矿床盈利最大为目标函数，提出了确定露天开采境界的解析法和方案法。龙涛等[33]运用无废开采理论优化经济合理剥采比，确定了瓮福磷矿露天转地下开采更优的露天与地下合理开采范围与条件。高彦等[34]基于传统手工方法和传统浮动圆锥法相结合，提出了露天矿境界圈定的复合锥法。王海军等[35]则基于矿体模型提出了几何定界和价值定界算法，对露天境界的圈定和优化进行了研究。王青等[36]将最终露天开采境界的设计在方法与手段上经历划分发三个阶段：一是以经济合理剥采比为基本准则，在垂直剖面图和分层平面图上进行手工设计和计算的手工设计阶段；二是计算机辅助设计阶段；三是应用最终境界优化方法的优化设计阶段。

目前，国内外对露天转地下开采的露天开采极限深度确定方面的研究尚不多见。合理确定露天与地下开采的分界线，提高露天开采境界确定的可靠性、合理性和经济性，是露天转地下生产矿山必须认真研究的课题。它要求既要考虑矿山当前生产能取得良好的经济效益，又要兼顾转地下开采时总的开采效果及长远的技术、经济发展。

1.3.2 露天转地下开采的平稳过渡方案

1.3.2.1 露天转地下开采的最佳过渡时机与最优过渡期的确定

露天转地下开采矿山存在着露天开采临近结束和地下开采逐步开始的交替时期。从时间上弄清楚露天开采的矿山在其开采深度达到最优开采境界前，何时进行地下开采建设项目的可行性研究，何时进行地下矿山开采的初步设计和施工图设计，何时进行地下矿山的建设，以及地下开采系统何时建成投产和达产，何时全面结束露天开采等，是确定露天转地下开采最佳过渡时机的最主要的研究内容，也是矿山开采方式转变过程中实现生产能力平稳过渡的关键性问题。

为实现矿山开采方式从露天开采到地下开采方式的转变，和露天转地下开采期间矿山生产能力的平稳过渡，李斯基[37]根据国内外有关露天转地下开采矿山的实际资料，探讨了实现露天开采不停产向地下开采过渡的相关问题；王运敏等[38]通过对露天转地下开采平稳过渡关键技术的研究，力求解决露天与地下联合开采带来的特殊技术问题，实现矿山生产的平稳过渡；甘德清等[39]结合宽城建龙铁矿的开采现状和对稳产过渡的要求，通过对多种过渡期联合开采方案的技术经济分析比较，提出了该矿保证过渡期时间和产量的合理衔接的露天转地下开采的稳产过渡方案；万德庆等[40,41]针对石人沟铁矿露天转地下开采生产的实际情况和特殊性，提出了该矿露天转地下开采生产的平稳过渡措施。于龙发[42]从加强地质勘探与合理开发和利用资源的角度，提出了中小型铁矿山由露天转入地下开采过渡期的稳产措施；和平贤等[43]阐述了大新锰矿露天转地下开采顺序方案的基本思路与对策；杨福军等[44]结合石人沟铁矿实际，有针对性地研究了露天转地下开采过渡期的技术问题。

对于露天转地下开采的矿山，地下开采系统建设投入的基建工程量几乎相当于一个新建的地下矿山，建设周期较长。在生产工艺管理方面，矿山各类人员在露天转地下开采的过程中，存在对地下开采工艺及安全生产管理方面的一个时间不确定的熟悉过程。在矿石产量方面，露天矿末期与地下矿生产初期具有截然不同的特点。露天矿生产末期，矿石产量不断下降，直至露天矿闭坑；与此同时，地下开采系统逐步建成投产，矿石产量不断增加，最终达到其最大生产能力。

1.3.2.2 露天转地下开采的生产规模确定与过渡期产量衔接

一般情况下，在合理的开采境界范围内，矿床的露天开采具有基建时间短、基建投资低、开采强度高、生产能力大、生产效率高、损失贫化小、开采成本低和安全可靠性好的特点[15]。在一定的开采技术条件下，当露天开采深度超过其极限开采深度时，矿床的开采就必须实现从露天开采向地下开采转移。由于露天开采与地下开采在开采强度、生产效率和生产能力方面的差异，研究露天转地下开采的生产规模确定与过渡期产量衔接问题十分有意义。不断提高矿山企业的经济效益和矿产资源综合利用水平，是国内外专家学者努力的目标[45,46]。目前，国内外对于露天转地下开采的生产规模确定与过渡期产量衔接方面的研究不多，相关的研究内容主要体现在以下方面：

宋卫东[47]综合考虑技术、经济和社会等因素对大冶铁矿生产规模的影响，采用模糊综合评判的理论与方法进行选优，并运用灰色系统理论进行验证，得到露天转地下后地下生产的最佳生产规模；肖振凯等[48]探讨了排山楼金矿露天转地下开采生产能力的实现；杨福军[49]探索了石人沟铁矿在露天转井下开采过渡期间的多项稳产措施。

1.3.2.3 露天转地下开采的平稳过渡方案

平稳过渡方案是确保露天转地下开采过渡期产量衔接的关键技术内容之一。为确保露天开采平稳过渡到地下开采，在露天转地下开采过程中，根据矿体的赋存状态、矿床开采技术条件和露天与地下开采设计方案的不同，许多矿山统筹考虑了矿山露天开采和地下开采工程建设的具体条件，采取了不尽相同的过渡方案。例如：铜关山铜矿露天转地下开采中，采用有底柱分段崩落法，在地下开采的同时，三角矿柱由露天不扩帮开采，深孔一次爆破，矿石由地下运出的过渡期过渡方案；凤凰山铁矿采用了留境界矿柱消除露天开采与地下开采相互干扰的过渡方案；冶山铁矿、折腰山铜矿和石人沟铁矿则采取了平面分区、露天分区段结束、坑内分区段投产过渡方案；永平铜矿[50]采取了先期从南坑开始，然后向北坑过渡，最后回收边帮残留矿体的分区分期交替过渡方案。代碧波等[51]在综合分析了峨口铁矿矿山资源、露天生产现状、露天采剥进度计划以及地下开采分区的基础上，提出了地下产能配合露天产能生产衔接和露天产能配合地下产能生产衔接两大过渡方案等。

1.3.3 露天转地下开采生产系统衔接方案

1.3.3.1 开拓系统衔接技术

地下开拓系统与露天开拓系统的衔接是实现两种工艺优点为一体的关键所在。目前，我国已经实施露天转地下的矿山，由于缺乏统筹规划和必要的技术支撑，地下开采的开拓系统、排水系统、矿石的溜、破运输系统往往与露天脱节，造成露天与地下开采系统的不配套、不协调。不仅造成资金的浪费，而且导致生产系统很难实现大规模、高效率强化开采。

露天转地下开采的矿山，实质上是对同一个矿床采用露天与地下两种开采工艺进行开采，因而存在着两种开采工艺系统相互结合与利用的可能。在对露天转地下开采的矿山进行地下开采系统设计时，应根据矿床的赋存特征，充分利用露天与地下开采工艺系统的特点，发挥各自工艺的优势，实现两大开采系统的有机结合，以提高矿山企业的经济效益。依据矿山地下和露天开采系统在开拓与采矿工艺上的联系程度不同，露天转地下开采矿山的开拓系统衔接方式，可归纳为露天转地下开采独立开拓系统、局部联合开拓系统以及联合开拓系统三种[2,52~54]，根据目的和用途的不同，按主要开拓工程的类型，露天转地下开采矿山的开拓系统衔接可分为竖井、斜井、斜坡道、溜井和平硐（平巷）衔接方案五种类型[54,55]。

根据主体工程与露天坑的相互位置关系，露天转地下开采可分为露天开采境界内开拓方案、境界外开拓方案和混合开拓方案三大类。在国内外露天转地下开采工程的案例中，设计研究人员针对不同矿山的具体特点提出并实施了不同的开拓系统衔接方案。加拿大波古平公司的某金矿和苏联的某铁矿从露天坑底的非工作帮开掘平硐，分别采用平硐斜井和平硐斜坡道开拓方案进行深部资源的开采。陈光富[56]根据杏山铁矿矿体赋存位置、标高和露天采场现状，对露天挂帮矿的开采，提出了露天坑内的平硐+斜坡道+溜井开拓方案。严松山[57]对南山矿业公司凹山采场露天转地下开采进行了研究，提出了平硐-风井开拓、露天台阶转载运输方案。金川公司[58]露天转地下开采工程的主斜坡道、探矿措施井均设在露天采坑内。白银折腰山铜矿[59]在实施露天转地下开采之初，采用了境界外上盘主、副井开拓方案，为了减少井巷工程和基建资金投入，将入风井（北风井）设于矿体下盘的露天边坡边缘处，回风井设于露天坑内。经过施工后，两条回风井因露天生产干扰严重而移位于露天境界之外，入风井因露天边坡稳定性的影响也移位于露天坑口封闭圈外约200m处，最终使该矿形成了露天转地下开采的境界外开拓方案布局。瑞典的基鲁纳瓦拉矿在自1952年开始的露天转地下开采中，先后施工了10条竖井和1条斜坡道进行地下开采，到1974年，地下开采系统的生产能力达到了2430万吨/年。苏联的阿巴岗斯基铁矿1957年开始露天开采，到1969年露天开采结束；1960年开始地下开采，地下开采系统的建设采用了露天境界外下盘竖井开拓方案。江军生[60]采用全期财务净现值最大法对露天转地下开采的开拓方案进行选择，为露天转地下的过渡赢得了时间。潘鹏飞等[61]结合眼前山铁矿的实际，对该矿三期开采方式进行了分析研究。董卫军等[62]为解决眼前山铁矿深部开采问题，系统研究了深部露天转地下的开采方式，对露天转地下开采中的首采区段选择、生产能力的衔接、生产过渡方式以及合理生产规模等关键技术进行了论证。孟桂芳[63]研究了露天转地下开采方案的选择和确定问题。贵州某金矿[64]利用斜坡道开拓、坑内汽车运输方案，将原矿直接运往选矿厂原有的粗碎站破碎，避免了井下粗碎站的重复建设，大大节省了工程的建设投资。

应该指出，露天转地下开采的矿山，在选择地下开拓方案时，并不一定是单一选用上述五种方案中的某一种方式，而是结合深部矿床的赋存特征及开采技术条件，露天坑的开采现状与边坡稳定性状况，露天转地下开采的生产规模规划，地下矿山建设投入的工程量与资金总额，基本建设的周期与投达产期限和投资回收期，矿产资源利用程度与矿石回收率，企业对劳动生产率的高低和将来生产成本与利润总额的期望，开采方案对安全、环保和土地保护方面要求的满足程度[51,65]，以及地下开采系统与已有露天生产系统的结合程度等因素，综合选取一种或多种方案共同完成对拟开采资源的开拓。

1.3.3.2　矿山的防洪与排水系统

我国是一个水资源比较丰富的国家，但由于幅员辽阔，各地区的自然条件差异很大，不同的气候条件、地貌单元与大地构造背景，导致了各地区水文地质特征因地而异，水资源的时空分布极不平衡。表现为南方地区气候湿润，雨量丰沛，地表水十分丰富，地下水以裂隙水和岩溶水为主；而北方地区干旱少雨，地表水比较贫乏，地下水相对较为丰富[66]。这种水资源的分布特点使得各地区矿产资源开采的水文地质条件呈现出很大的差异，无论是露天开采的矿山还是地下开采的矿山，矿坑充水因素、出水特征以及涌水量的大小均有很大程度的不同，导致不同地域、不同开采方式的矿山，其防洪与排水方式也有很大的不同。

在矿山建设与生产过程中，矿坑水是阻碍和破坏生产的不利因素，不同形式、不同水源的矿坑水通过某种途径进入矿坑，给矿井建设和生产带来极不利影响和灾难[67]。随着采掘（剥）工程的不断延深，一方面，矿坑涌水被大量排出地表，造成矿区降水漏斗范围不断扩大和地下水位不断下降，给地下水资源造成较大的破坏；而且，矿坑涌水量过大，也直接导致矿山的生产成本增加或矿山利润的减少，严重影响矿山经济效益的增长。另一方面，矿坑涌水又从根本上威胁着矿山的安全生产。在水文地质条件复杂的地区，常常会发生规模大小各异的突发性涌水,极有可能导致淹井事故的发生。

受露天开采地表封闭圈和地表地形条件的影响,露天转地下开采矿山的汇水面积往往从上万平方米到上百万平方米,大气降雨对地下开拓系统的排水有着直接的影响[68]。矿山由露天转入地下开采后,岩体应力场将再次重新分布,改变了岩体裂隙渗流状态,爆破振动、开采扰动使岩体裂隙更为发育,局部地段甚至出现垮塌。矿井涌水在旱季和雨季呈现出不同的特点,尤其是处于雨量充沛地区的矿山,旱季完全表现出地下水的涌水特征;雨季则因采坑受大面积汇水和降雨强度的影响,具有洪峰迅猛、短历时洪峰量大的特点,大气降雨导致地面水的径流汇集,大量汇集的降雨通过裂隙及其他贯通通道涌入井下,将给矿山地下开采系统带来严重威胁,并可能产生危害。如南京凤凰山铁矿[69]在露天转地下开采工程中采用无底柱分段崩落法开采,首采分段距露天坑底仅10m,且有多处天井、溜井与露天坑底贯通。1972年7月,在连续一周的大雨之后,21日又突降暴雨,小时降雨量达30mm以上,为该区50年一遇的历史最大小时降雨量的一半,致使-100m水平容积为5500m³的水仓漫溢,并淹没了主井区段800多米运输巷道,井口水泵房门外水深达1.6m,1小时之内积水量达9000m³,影响生产达3天之久。漓渚铁矿[70]采用无底柱崩落法开采,地下采空区与露天坑贯通,1984年6月13日,地区持续降雨48h、总降雨量达224.33mm,造成矿井-35m开采水平被淹,直接经济损失达20万元。因此,在确定露天转地下开采矿山的防排水措施时,不仅要考虑地下开采矿山矿坑的正常涌水,还必须考虑露天坑汇水的渗入和露天坑的防洪措施[71]。

对于露天转地下开采的防洪与排水问题,甘德清等[72]通过散体覆盖层渗漏试验和分析,得出了露天转地下开采过程中不同的降雨量、散体覆盖层渗漏深度与渗漏时间的理论关系式。李海波等[73]研究了白银公司深部铜矿露天转地下开采井下防洪的查、探、堵、排综合防洪措施。王清生等[68]对缓倾斜中厚磷矿露天转地下房柱法开采下的大气降雨水害及其相应的防治措施进行了研究。王安则[70]结合大冶铁矿东露天转地下开采设计的实例,探讨了与淹井事故有关的设计频率暴雨径流渗入量计算、防洪标准、主要计算参数的选择、地面与井下综合防洪及排水措施等。李定欧[74]也以大冶铁矿东露天转地下开采为例,针对一般露天转地下开采矿山防洪排水的共性和个性问题,提出了贮排平衡和综合防洪排水措施。张广篇[75]以黑龙江某金矿露天转地下开采设计为例,阐述了露天转地下开采矿山采取的一般防洪措施,提出了按照贮、排平衡的原则,合理布置贮、排水系统。J Revilla和E Castillo[76]研究了在地下开采工程建设与生产初期,充分利用露天排水系统进行防洪排水的方案与措施。S. K. Sarma[77]研究了利用超前施工的开拓准备水平巷道贮水以保证回采水平安全的技术方案。

1.3.3.3 露天转地下开采的通风系统

矿井通风是保证矿井空气品质的最基本、最有效的方式。露天转地下开采矿山生产过渡期开拓系统及井下开拓系统的复杂性,使矿井通风表现出与单一开拓生产系统截然不同,但又有相似性的特点。特别是在露天转地下开采的过渡期,由于露天坑与地下开采系统以各种方式连通,对尚未完善的地下开采通风系统造成了更大的影响。

目前国内外对露天转地下开采的通风系统的研究主要集中在地下通风系统的理论研究、通风设施的建设与完善方面,对如何解决地下开拓系统建设期通风困难的局面和露天转地下生产过渡期的通风系统混乱情况尚缺乏系统的研究,针对露天转地下开采通风系统研究方面的文献也不多见。

1.3.4　露天转地下开采的采矿方法与回采工艺

对露天转地下开采的采矿方法与回采工艺研究，可以解决矿床在露天矿开采结束、地下开采衔接时，矿山生产规模和生产能力下降等许多问题，研究的重点是在确保安全的条件下，如何实现矿床的强化开采或高效开采。露天转地下开采对采矿方法的基本要求是生产能力高、经济效益好和能有效控制不断增长的地压。主要原因是：一是矿山在多年的露天开采生产过程中，已经形成了与露天采矿生产能力相匹配的选冶及其他辅助生产能力，矿山转入地下开采后，采出矿生产能力下降，需提高采出矿强度，尽可能使企业达到采选冶生产能力的配套；二是露天矿在生产过程中，矿山的生产成本随着开采深度的增加不断增高，转入地下开采后，露天生产成本的优势已经消失，不断降低地下开采成本成为矿床深部资源开发的经济需求；三是露天矿生产末期，露天边坡已经处于复杂应力作用的条件下，边坡失稳破坏的各种迹象或现象不断发生，安全问题尤显突出。

采矿方法的选择要根据矿体的赋存特征及其岩土工程环境来确定[78]，采矿方法选择的合理与否，对矿山企业的经济效益影响重大。从总体方面分析，只要矿体的赋存条件及开采技术条件适宜，空场法、崩落法、充填法及其所有的变形方案均能作为露天转地下开采采矿方法选择的备选方案。世界范围内，崩落法在矿体厚大和中等品位的铁矿床开采中有着广泛的应用[79]。许多学者[80~91]从不同的角度对崩落法的应用进行了研究，并取得了一系列的研究成果。无底柱分段崩落法是一种安全高效、生产能力大、生产成本低和机械化程度高的采矿方法，在世界各国有着广泛的应用。1965 年我国正式引进无底柱分段崩落法典型方案及与其配套的无轨采矿设备，并于 1967 年首先在大庙铁矿进行了工业试验，1970 年获得全面成功并正式应用于生产[92]。到目前为止，无底柱分段崩落法已成为我国地下铁矿的主要采矿方法，其产量约占我国铁矿地下开采产量的 80% 以上[93]，并且还有增大的趋势。宋华等[94]研究了无底柱分段崩落法在融冠铁锌矿露天转地下开采的应用，对边孔角度、阶段高度等参数进行优化，有效降低了大块率和贫化率，提高了矿石回采率，取得了较好的经济效果。白银公司在深凹露天矿转地下开采的实践[95]中，通过技术经济比较选择了无底柱分段崩落法，对矿山投产后迅速接近设计能力起到了不可忽视的作用，也为防止露天边坡大面积滑落起到了关键的作用。马旭峰等[96]根据眼前山铁矿矿床的赋存特点，对可能采用的无底柱分段崩落法、VCR 法和自然崩落法三种采矿方法进行了分析和探讨。王进学等[97]对眼前山露天转地下开采的生产能力、开采方式、地下开采首选区的选择、采矿方法的选择进行了系统分析；王玉斌[4]结合铁蛋山矿区露天转地下开采初期的实际情况，对拟采用的采矿方法进行了总体评价。东北大学张国联等[98]以鲁中矿山公司小官庄铁矿为例，在分析放出体和矿石堆体形态及其影响因素的基础上，提出了无底柱分段崩落法纯矿石放出量最大和纯矿石回收率最高的最佳结构参数标准。梅山铁矿[99,100]经过 3 年的努力，通过"无底柱分段崩落法加大结构参数的研究"，揭示出无底柱分段崩落法结构参数优化的实质是放出体的空间排列优化问题，并将采矿结构参数提高到 15m×20m，将我国无底柱分段崩落法的研究及应用带入了一个崭新的阶段。随后，余健等[101]在大红山铁矿通过崩矿步距、炮孔排距和孔底距的最佳组合，成功试验了 20m×20m 结构的无底柱分段崩落采矿法，极大地提高了矿山的生产能力，降低了采矿成本，缩短了我国与国外先进采矿技术水平（分段高 30m）的距离。甘德清和陈超[102]对程家沟铁矿露天转地下过渡期开采地下采场结构参数和回采顺序问题，通过对不同方案的数值模拟，选出了最优结构参数，最终得出了合理的回采顺序。王艳辉[103]等从安全和经济角度出发，对石人沟铁矿露天转地下过渡期开采 I 区地下采场结构参数问题展开了深入研究，最终得出了合理的矿房结构参数。宋卫东和何明华[104]针对程潮铁矿的具体情况运用计算机模拟放矿手段，找出了分段高度、进路间距和崩矿步距三者之间的数量关系，并进行综合经济比较，确定出最优的采场结构参数，为开拓和采准设计提供了理论依据。

影响采矿方法选择的因素众多，采矿方法及采场结构参数选择实质上是一个解决多层次、多因素、多指标和多目标决策问题的过程。采用传统的经验类比法进行采矿方法及其采场结构参数选择具有主观随意性，且只能从定性的角度进行分析对比，难以综合考虑各方面因素的影响。针对确定无底柱分段崩落法最优结构参数中存在的问题，张志贵[91]对最优结构参数的定义、确定的目的及准则等问题进行了探讨，认为"结构参数优化从根本上讲是开采系统的优化；采用矿石回收指标作为判定结构参数优劣的唯一标准是不恰当的；开采系统总体技术经济效果的好坏，才是判定结构参数优劣的正确标准"。

近年来，层次分析法和模糊综合评判方法在采矿方法及采场结构参数选择与优化方面有了较多的应用，其核心原理是通过确定影响采矿方法及采场结构参数选择的各种因素的权重，将定性指标按重要度进行量化处理，以减少主观因素的影响，然后建立模糊综合评判模型并计算定性指标和定量指标的隶属度，最后按隶属度最大方案最优的原则进行采矿方法及采场结构参数的选优。王新民等[105]综合考虑影响采矿方案的动态、静态、定量、非定量指标，建立了采矿方案综合评判指标体系，运用层次分析法和模糊数学的基本原理对多种采矿方案进行综合评判优选。李占金等[106]针对石人沟铁矿采用不停产过渡，在垂直方向上露天与地下同时开采的现状，建立了考虑安全和经济效益的综合模糊评判模型，最终确立了矿房长度 50m、顶柱 5m、间柱 10m、底柱 12m 的最优矿房结构参数。杨力等[107]用层次分析法和模糊数学理论，对石人沟露天转地下开采拟选用的采矿方法进行了综合评价和模糊综合评判。任红岗等[108]对永平铜矿分段空场嗣后充填法采场结构参数进行了优化，确定了最优的采场结构参数。赵国彦等[109]全面考虑了影响自然崩落法的多种定性和定量指标，将层次分析法和模糊数学综合评判应用于自然崩落法采场结构参数方案选择中，避免了单一方法和判据所造成的局限性。

目前，对于分段崩落法采场结构参数的研究，更多的是沿用传统的经验类比法和放矿理论方面的分析计算方法，而对于影响采场结构参数确定的众多定性和定量因素有待于进行科学性的评判。

1.3.5 露天转地下开采露天边坡稳定性分析

露天转地下开采（或联合开采）的特点是矿压显现复杂[110,111]，露天转地下开采方式引发的地压活动规律和单一开采模式有很大不同。在露天开采时期，对岩石的大规模开挖，给露天坑及周围的岩体形成了较大的扰动[112]，露天转地下开采时，则形成了由露天和地下开采相互影响的次生应力场。这种次生应力场更易导致边坡失稳[113]。露天开挖和地下开采产生的围岩应力场的共同作用和相互影响[114~117]，使采矿工程岩石力学条件恶化，造成围岩体失稳和工程设施损坏。露天转地下开采矿山的建设与生产过程中，露天与地下开采的综合采动效应对露天边坡的稳定性有着直接的影响。露天边坡的稳定与否是影响矿山的生产安全与生产效益的最主要的因素，而边坡失稳将会对露天矿附近的建筑设施安全与周围的环境工程安全构成灾难性的威胁。

国内外学者[118~123]从不同的角度对露天矿边坡的稳定性问题进行了研究，并取得了一系列的成果。边坡稳定性的研究方法可归纳为定性分析法、定量分析法与数值分析法三种[124]。王文忠等[125]从理论与实践的角度系统研究了小龙潭煤矿露天开采诱发山体边坡与露天矿边坡复合体的破坏机制以及对周边环境工程的破坏作用，并基此提出边坡稳定性状态的评价方法与安全技术措施。李文秀[126]针对某地下与露天联合开采矿山急倾斜厚大矿体地下开采导致的岩体移动变形，建立了边坡稳定性分析的模糊数学模型，并对上部边坡稳定性进行了具体的计算分析。李扬等[127]以大冶铁矿采用无底柱分段崩落法形成的塌陷区问题为例，研究了塌陷区回填和不回填两种情况对露天转地下开采形成的高陡边坡的影响。宋卫东等[128]利用二维相似材料模拟与数值模拟相结合的方法对大冶铁矿深凹露天转地下开采过程中高陡边坡变形及破坏规律进行了系统研究。宋卫东等[129]还以攀枝花尖山铁矿为工程背景，采用物理相似材料模型试验和数值模拟计算相结合的方法，对露天转地下开采过程中围岩的破坏机理及移动范围进行了系统的研究。付玉华[130]以永平铜矿露天转地下开采为工程背景，研究了露天转地下开采的岩体稳定性和岩层及地表的移动变形规律，研究表明露天转地下开采是一个复合动态变化系统，其应力场在一定范围内相互叠加，相互作用明显。吴永博等[131]对露天转地下开采高边坡开展了变形监测与稳定性预测。王云飞等[132]通过相似实验和数值模拟方法，研究了首钢杏山铁矿露天转地下开采的边坡破坏特性与灾变机理，并提出了控制冲击灾害的相应措施。南非的 Palabora 金矿[133]从 2002 年停止露天开采并转入地下开采，采用分块崩落法，受地下采动影响，该矿从 2003 年下半年边坡北帮地表出现拉张裂缝，至 2004 年发生大面积滑坡，共计持续了 18 个月的时间。不少学者[134~137]针对露天转地下开采后露天边坡的稳定性问题展开了研究，张旭[138]将突变理论与能量转化相结合，研究了城门山露天矿边坡系统的能量转化与耗散的突变规律，边坡区域特征点的位移、速度和能量等的时空演化规律与特征；Allan Moss 等[139]进行了地下崩落区与上部露天坑边坡的相互作用的研究；Richard K Brummer 等[140]应用 3DEC 三维数值模拟软件构建了 7 个模型，对某露天矿北侧高陡边坡进行三维建模模拟分析，取得了与监测数据较为吻合的结果。

目前，对露天转地下开采随地下开采深度变化的露天边坡围岩变形及破坏特征进行研究，找出地下开采扰动下露天边坡岩体的变形规律与破坏特征，寻求合理的维护露天边坡稳定性的地压管理方法，仍是露天转地下开采研究的重点方向之一。

2 露天转地下矿山露天开采极限深度的确定

2.1 概述

在矿山由露天开采向地下开采的转化过程中，要实现矿床开采经济效益的最大化，核心问题在于确定露天转地下开采时露天开采的极限深度。

露天开采最终境界设计在方法与手段上经历了三个发展阶段[36]：一是以经济合理剥采比为基本准则，在垂直剖面图和分层平面图上进行设计和计算的手工设计阶段；二是计算机辅助设计阶段；三是应用最终境界优化方法的优化设计阶段。确定露天开采境界的传统方法是借助某种剥采比与经济合理剥采比的比较关系来确定的，主要方法有手工法、解析法和方案法[14~16]。对于露天开采最终境界设计的优化研究，国内外学者进行了诸多研究并取得了一系列成果，1965年Lerchs与Grossmann[18]以经济块段模型为基础，推出了确定最优露天开采境界的图论法；随后，网络最大流法[141,142]、浮锥法[143,144]、动态规划法[28,145,146]、锥体排除法[147,148]等方法被先后推出并得到应用和发展。最优露天开采境界的确定是矿山采矿规划中的最基本的问题[5]，它对于露天矿的开拓开采程序、生产规模、矿体总体开采的经济效果和矿山的服务年限等有着较大的影响。

合理确定露天与地下开采的分界线，提高露天开采境界确定的可靠性、合理性和经济性，是露天转地下生产矿山必须认真研究的课题。对露天转地下开采矿山的露天开采极限深度问题的研究，采用的方法与手段主要有净现值法、分析法和图解分析法、盈利法及其他技术经济方法等。采用上述方法与手段的目的是按一定的技术经济规律研究如何提高露天开采向地下开采过渡效率，论证露天开采的极限深度，实现矿床开采的利润最大化目标。

露天转地下开采时露天开采极限深度的研究，既要考虑矿山当前生产能取得良好的经济效益，又要兼顾转地下开采时总的开采效果及长远的技术和经济发展。本章主要就露天转地下开采矿山的露天开采极限深度确定的相关理论和计算方法进行研究，并以本溪罕王矿业有限公司孟家铁矿露天转地下开采工程为例，对研究取得的理论成果进行实证性研究[137]。

2.2 最优露天开采境界确定的传统方法

露天开采深度确定和开采境界圈定所采用的传统方法[14,15]通常是控制某种剥采比不超过经济合理剥采比，经济合理剥采比与经济和科技水平的发展密切相关，设计中圈定露天开采境界只是在一定时期和一定条件下的合理值。各种不同的露天开采境界设计原则可用相应的比较内容来体现，其中形成较早又最具代表性的原则[15]为：

原则1：境界剥采比（N_j）不大于经济合理剥采比（N_{jh}），即 $N_j \leq N_{jh}$；

原则2：平均剥采比（N_p）不大于经济合理剥采比，即：$N_p \leq N_{jh}$；

原则3：生产剥采比（N_s）不大于经济合理剥采比，即：$N_s \leq N_{jh}$。

上述原则的实质是从技术经济角度遵循了整个矿床开采总体经济效果（成本或盈利）最佳这一原则。通常情况下，原则1运用起来简单方便，被广泛用于矿山设计中；而当圈定某些不连续矿体或覆盖层较厚的矿体时，原则2常常作为原则1的补充；原则3则因生产剥采比出现的时间、地点、数值及其变化规律取决于开拓方式与开采程序，确定起来比较困难。

表2-1列出了经济合理剥采比三种计算方法的比较及应用条件。

表2-1　经济合理剥采比的三种计算方法

计算方法	计算依据	计算公式	计算结果	应用条件
原矿成本比较法	原矿开采成本	$N_{jh} = \dfrac{\rho}{C_b}(C_u - C_a)$	最小	（1）露天开采和地下开采的回收率和贫化率差别不大； （2）粗略计算时
金属成本比较法	产品的金属生产成本	$N_{jh} = \dfrac{\rho}{C_b}\left(\dfrac{K_o}{K_u}D_u - D_a\right)$	中间	露天开采和地下开采的回收率差别不大，但贫化率很大时
储量盈利比较法	工业储量矿石的盈利	$N_{jh} = \dfrac{\rho}{C_b}(P_o - P_u)$	最大	（1）露天开采和地下开采的回收率和贫化率均差别很大； （2）金属价格昂贵或稀缺； （3）产品价格基本稳定

表2-1中，原矿成本比较法的理论基础是露天开采的原矿成本不超过地下开采成本；金属成本比较法的理论基础是使露天开采所采出的原矿石，经过加工后获得金属（或精矿）产品的成本，与地下开采获得金属（或精矿）产品的成本相等；而储量盈利比较法则是以露天开采出的矿石储量盈利与地下开采出的矿石储量盈利相等为理论基础。

无论采用哪种方法计算，得到的结果都不是绝对的，它只有经济上的参考价值。露天转地下开采工程决策时，最优露天开采境界还要针对具体的研究对象和当时的技术经济政策，全面考虑后才能最终确定。

2.3　露天开采极限深度的影响因素与确定原则

露天开采的极限深度应是兼用地下开采和露天开采的方法，能够最大限度地把矿床的储量安全地回采出来，既要考虑矿山当前生产能取得良好的经济效益，又要兼顾转地下开采时总的开采效果及长远的技术、经济发展，使所进行的资源开采能够获得最大的经济效益。此极限深度也是矿床露天开采与地下开采的分界线，它对于露天转地下开采矿山的开拓开采程序、生产规模、矿床总体开采的经济效果和矿山服务年限等有着较大的影响。

露天转地下开采矿山露天开采极限深度确定的本质在于从技术经济上确定最有利的矿床露天开采与地下开采的分界线，以提高露天开采境界确定的可靠性、合理性，这也是露天转地下生产矿山首先必须确定的问题。

2.3.1　影响露天开采极限深度确定的因素

矿床的露天转地下开采，本质上为矿床的一种联合开采方式。影响确定露天开采极限深度的因素较多，除矿床的固有特性外，还体现在矿产资源开发不同时期的市场、技术、经济、安全、环保等方面，直至矿床开采结束、矿区完成复垦。

影响露天开采极限深度确定的主要因素有：

（1）地表地形条件。露天地表地形条件对露天开采境界的影响较大。矿床在露天开采过程中，露天采坑的深度与广度不断增加，边坡必须在较长的时间内维持稳定。出于安全和环境保护的要求，矿山周围存在的铁路、主要建筑物和构筑物、河流、湖泊或各种保护区，与矿岩体的稳定性一同构成了露天开采最终境界的几何约束条件。

（2）矿床的开采技术条件。矿床开采是在特定的地质环境条件下进行的。矿床的几何与地质特征（包括矿体的形态、走向长度、厚度、倾角、埋藏深度、矿石品位分布）、矿岩的物理力学性质、水文地质与工程地质条件等，对矿床的开采有着不同程度的影响，甚至直接决定了矿床的开拓方式或采矿方法的选择。

（3）矿床开发的技术装备水平。矿山的开采技术水平与设备装备水平的影响主要表现在对矿床的开采强度、矿山的生产规模与生产效率、矿石的综合采出成本、露天坑的几何形状与特征等方面。

（4）矿山生产成本。矿山生产成本对露天开采极限深度的影响主要表现在采矿与选矿生产成本影响两个方面，采矿生产成本的影响占主导因素，选矿成本影响较小。在矿石性质、选矿生产工艺及设备没有发生改变的情况下，选矿生产成本的变化主要是由露天开采和地下开采矿石贫化率的不同引起的。

（5）市场风险因素。矿产资源开发过程中，矿产品的市场价格波动和矿山建设与生产所需求的原材料、燃料动力、机器设备及其备品备件、土地山林价格、地上附着物的搬迁成本以及人工工资水平等，构成了影响露天开采极限深度确定的市场风险因素。矿产品的市场价格直接影响着矿山的销售收入，而后者对矿山生产成本有直接影响。

（6）环境保护影响因素。采矿活动在为社会经济发展提供必需的矿产品的同时，也会对矿区及其周围的生态环境造成严重的损害和破坏，主要表现在山林土地的大量占用与挖损、地下水与地表水的污染、矿山固体废弃物的排放和发生地表沉陷、滑坡、泥石流等地质灾害。随着人们对矿山土地复垦和生态重建工作重视程度的不断提高，矿山生产的生态环境保护投入也越来越大。因此，矿山生态环境保护方面的要求也应成为影响露天开采极限深度确定的主要因素之一。

2.3.2 露天开采极限深度的确定原则

矿山企业生产经营的目的在于最大限度回收矿产资源的同时，实现生产经营利润的最大化和对环境影响的最小化，露天开采极限深度的确定原则也应基于这一理念。因此，露天开采极限深度的确定应遵循以下原则：

（1）矿床露天开采与地下开采成本相等原则。对某一矿床的开采而言，要实现资源开采的经济效益最大化，必须最大限度地降低矿床的综合开采成本，以最低的生产投入来获取最大的利润空间。无论是采用露天开采方案还是地下开采方案，均应以最低的开采成本最大限度地完成对矿床工业储量的采出，从而达到获取最大利润的目的。当矿山实施露天转地下开采时，只有在露天开采与地下开采成本相等的情形下，才能实现矿床综合开采成本最低和获取利润最大的目标。

（2）矿床露天与地下联合开采利润最大或综合开采成本最低原则。从本质上讲，矿床联合开采利润最大原则和成本最低原则是相同的，只是表现形式的不同。利润是企业销售收入与生产经营成本的差额，当生产经营不受市场因素影响时，企业获得利润总额的大小则主要受生产成本的控制，成本费用越小，企业所获得的利润总额越大；否则，企业所获得的利润总额则越小。

对于露天转地下开采的矿山而言，该原则体现为露天开采的最终境界应使露天开采所实现的利润与地下开采所实现的利润之和最大化。

（3）资源开发的环境成本最低原则。不可避免地，矿产资源开发过程中会对矿区及其周边环境产生破坏。实现资源开发的"代际公平"，不仅表现在对土地资源和矿产资源的综合开发利用方面，更重要地表现在对矿区及其周边生态环境的保护方面。矿产资源开发的环境成本主要表现在矿山生产过程中为保护矿区生态环境、减少废弃物排放、矿床开采结束后为恢复矿区植被和土地复垦发生的相关成本费用。

2.4　确定露天开采极限深度的理论与方法

2.4.1　露天开采极限深度确定的约束条件

2.4.1.1　矿床开采综合成本约束条件

矿床开采综合成本约束条件，是矿床露天与地下开采的矿石综合成本相等原则的体现。矿床露天开采过程中，随着境界圈的不断扩大和开采深度的不断下降，采矿成本也在不断上升。当露天坑的深度增加到一定深度时，矿床露天开采的矿石综合成本最终将等于或超过地下开采的成本。此时，若继续采用露天开采方式，扩大露天开采境界，将会导致矿床开采综合成本增高，企业获得的利润总额下降。在市场风险因素对矿山生产经营不造成影响的条件下，企业的利润和成本呈反比关系，利润最大化和成本最小化在企业生产经营活动中具有一致性。

经济合理剥采比通常是确定露天开采最终境界重要的经济指标，是矿床开采实现成本和利润最佳效果进行比较计算的依据，对露天转地下开采矿山而言，露天开采极限深度确定的矿床开采综合成本约束条件也可以此为评判依据。因此，矿床开采综合成本约束条件构成矿山露天转地下开采的经济约束条件。

2.4.1.2　地表地形条件约束条件

受矿区周围环境的影响、露天采坑周边地表地形条件的限制，或出于安全或环境保护方面的要求，对采坑周边铁路、主要建筑物或构筑物、河流、湖泊等实施保护，使得露天矿生产过程中，露天采坑的一侧或多侧的平面境界不能继续扩大；在边坡围岩稳定性条件下，露天边坡角也无法继续增大，扩帮开采受到限制，导致露天开采深度无法实现继续下降。在这一约束条件下，虽然矿床的露天开采成本尚没有达到或接近地下开采成本，但也必须及时考虑实施露天转地下开采方案。因此，地表地形条件约束条件也构成了矿山露天转地下开采的技术约束条件。

2.4.2　成本约束条件下的露天开采极限深度

成本约束条件的含义在于露天转地下开采时，露天开采的极限深度应满足使矿床露天开采的综合成本与地下开采的综合成本相等。露天开采极限深度确定的成本约束条件是一种经济约束条件，它遵循境界剥采比不大于经济合理剥采比的原则。

传统的，露天开采经济合理剥采比的确定主要有原矿成本比较法、金属成本比较法和储量盈利比较法三种。因此，在剥采比约束条件下，以这三种经济合理剥采比的确定为基础，通过地质横剖面图法，建立几种露天开采极限深度确定的数学模型，可以推导出不同数学模型下露天开采极限深度的计算公式。

2.4.2.1 原矿成本比较法确定露天开采极限深度

如图 2-1 所示，若 $AIJF$ 为露天开采境界，为采出 $GIJH$ 范围的矿石 dO ，则需增加剥离 $AIGB$ 和 $EHJF$ 范围内的岩石 dW 。用 α 、β 和 γ 分别表示矿体的倾角、露天采场的下盘和上盘边坡角；ρ 表示矿石的容积密度；C_a 、C_u 和 C_b 分别表示露天开采的纯采矿成本、地下开采的原矿成本和露天开采的剥离成本。依据境界剥采比不大于经济合理剥采比的原则，亦即矿床露天开采的原矿成本不超过地下开采成本，露天转地下开采的临界条件[2]为：

$$dOC_a\rho + dWC_b = dOC_u\rho$$
$$\frac{dW}{dO} = \frac{\rho(C_u - C_a)}{C_b} \tag{2-1}$$

当矿体平均水平厚度为 m，倾角为 α 时，根据几何关系，可求得：

$$dO = mh_1\rho$$

$$dW = (\Delta AIC + \Delta DJF)\rho - (\Delta BGC + \Delta DHE)\rho$$
$$= \left[(\cot\gamma + \cot\alpha)h_{max} + (\cot\beta - \cot\alpha)h_{max} - \frac{1}{2}(\cot\gamma + \cot\beta)h_1\right]h_1\rho$$

此时，露天开采的境界剥采比为：

$$\frac{dW}{dO} = \frac{\left[(\cot\gamma + \cot\alpha)h_{max} + (\cot\beta - \cot\alpha)h_{max} - \frac{1}{2}(\cot\gamma + \cot\beta)h_1\right]h_1\rho}{mh_1\rho}$$

$$= \frac{(\cot\gamma + \cot\alpha)h_{max} + (\cot\beta - \cot\alpha)h_{max} - \frac{1}{2}(\cot\gamma + \cot\beta)h_1}{m}$$

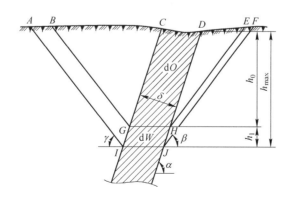

图 2-1 横剖面图法计算露天开采极限深度

当 $h_1 \rightarrow 0$ 时，得到境界剥采比为：

$$\frac{\mathrm{d}W}{\mathrm{d}O} = \frac{(\cot\gamma + \cot\alpha)\, h_{\max} + (\cot\beta - \cot\alpha)\, h_{\max}}{m} \tag{2-2}$$

由式（2-1）和式（2-2），可得：

$$\frac{\mathrm{d}W}{\mathrm{d}O} = \frac{\rho(C_{\mathrm{u}} - C_{\mathrm{a}})}{C_{\mathrm{b}}} = \frac{(\cot\gamma + \cot\alpha)\, h_{\max} + (\cot\beta - \cot\alpha)\, h_{\max}}{m} \tag{2-3}$$

由式（2-3），可得露天转地下开采矿山露天开采的极限深度：

$$h_{\max} = \frac{m\rho(C_{\mathrm{u}} - C_{\mathrm{a}})}{C_{\mathrm{b}}(\cot\gamma + \cot\beta)} \tag{2-4}$$

由式（2-4）可以看出，在没有地表地形条件限制时，露天开采的极限深度与矿体平均水平厚度 m，矿石的容积密度 ρ，矿床露天开采时的采、剥成本，地下开采成本和露天坑上下盘允许的最终边坡角有关，而与矿体的倾角无关。但该式没有反映出矿石品位、采矿过程中的损失率和贫化率 ρ'、选冶回收率、矿产品的市场销售价格等对露天开采的极限深度的影响。

2.4.2.2　精矿成本比较法确定露天开采极限深度

严格意义上讲，精矿成本比较法是一种不完全的金属成本比较法，该方法只计算了精矿的金属成本，没有考虑冶炼工艺部分对金属成本的影响。对大多数矿山来讲，精矿为矿山生产的最终产品，以精矿成本为基础，使露天开采与地下开采出的矿石经选矿后，每生产出 1 吨精矿量的成本相等。这种方法更符合此类矿山确定露天开采的极限深度。

根据这一原则，用 K_{o} 和 K_{u} 分别表示露天开采与地下开采出的矿石的精矿产率，D_{a} 和 D_{u} 分别表示露天开采与地下开采出每吨矿石所分摊的采矿、选矿所得到产品的金属成本，露天转地下开采的临界条件为：

$$D_{\mathrm{a}} \frac{1}{K_{\mathrm{o}}} + nC_{\mathrm{b}} \frac{1}{\rho K_{\mathrm{o}}} = D_{\mathrm{u}} \frac{1}{K_{\mathrm{u}}}$$

由上式，可以得出露天开采的经济合理剥采比：

$$n_{\mathrm{jh}} = \frac{\rho}{C_{\mathrm{b}}} \left[\frac{K_{\mathrm{o}}}{K_{\mathrm{u}}}(C_{\mathrm{u}} + C_{\mathrm{p}}) - (C_{\mathrm{a}} + C_{\mathrm{p}}) \right] \tag{2-5}$$

式中，K 为精矿产率，$K = \dfrac{\varepsilon g(1-\rho')}{\beta}$。

因此，式（2-5）可表达为：

$$n_{\mathrm{jh}} = \frac{\rho}{C_{\mathrm{b}}} \left[\frac{\varepsilon_{\mathrm{o}} g_{\mathrm{o}}(1-\rho'_{\mathrm{o}})}{\varepsilon_{\mathrm{u}} g_{\mathrm{u}}(1-\rho'_{\mathrm{u}})} \frac{\beta_{\mathrm{u}}}{\beta_{\mathrm{o}}}(C_{\mathrm{u}} + C_{\mathrm{p}}) - (C_{\mathrm{a}} + C_{\mathrm{p}}) \right] \tag{2-6}$$

令式（2-2）和式（2-6）的右端相等并进行整理，可得露天转地下开采矿山露天开采的极限深度：

$$h_{\max} = \frac{\rho m}{C_{\mathrm{b}}(\cot\gamma + \cot\beta)} \cdot \left[\frac{\varepsilon_{\mathrm{o}} g_{\mathrm{o}}(1-\rho'_{\mathrm{o}})}{\varepsilon_{\mathrm{u}} g_{\mathrm{u}}(1-\rho'_{\mathrm{u}})} \frac{\beta_{\mathrm{u}}}{\beta_{\mathrm{o}}}(C_{\mathrm{u}} + C_{\mathrm{p}}) - (C_{\mathrm{a}} + C_{\mathrm{p}}) \right] \tag{2-7}$$

与式（2-4）相比，式（2-7）考虑了选矿回收率、可采储量的平均地质品位、采矿贫化率和精矿品位等对露天开采极限深度的影响，但没有考虑采矿过程中采矿回收率和混入的围岩中有用矿物含量对露天开采极限深度的影响。

考虑采出矿石中混入围岩的有用矿物含量对露天开采极限深度的影响时，若混入围岩的含矿品位为 g''，则精矿产率为：

$$K = \frac{\varepsilon g(1 - \rho) + \rho' g''}{\beta}$$

此时，露天转地下开采矿山露天开采的极限深度为：

$$h_{\max} = \frac{\rho m}{C_b(\cot\gamma + \cot\beta)}\left[\frac{\varepsilon_o g_o(1 - \rho'_o) + \rho'_o g''}{\varepsilon_u g_u(1 - \rho'_u) + \rho'_u g''}\frac{\beta_u}{\beta_o}(C_u + C_p) - (C_a + C_p)\right] \quad (2\text{-}8)$$

2.4.2.3 储量盈利比较法确定露天开采极限深度

矿产资源在开发利用的过程中，除最大限度地回收矿产资源外，还要实现资源开发的利润最大化。为实现这一目的，只要以矿石的可采储量为基础，使露天与地下开采出来的矿石盈利相等，即可实现资源开发利润最大化的目标。依据这一原则，用 P_o 和 P_u 分别表示露天开采与地下开采每吨可采储量所获得的利润，可以得到露天转地下开采的临界条件为：

$$P_o - nC_b\frac{1}{\rho} = P_u \quad (2\text{-}9)$$

若 P'_o 和 P'_u 分别为露天开采与地下开采所生产精矿的税后销售价格，则有：

$$\begin{cases} P_o = \dfrac{\eta_o}{1 - \rho_o}\left[\dfrac{\varepsilon_o g_o(1 - \rho'_o)}{\beta_o}P'_o - (C_a + C_p)\right] \\[3mm] P_u = \dfrac{\eta_u}{1 - \rho'_u}\left[\dfrac{\varepsilon_u g_o(1 - \rho'_u)}{\beta_u}P'_u - (C_u + C_p)\right] \end{cases} \quad (2\text{-}10)$$

由式（2-8）和式（2-9）可得储量盈利比较法的露天开采经济合理剥采比为：

$$n_{jh} = \frac{\rho}{C_b}(P_o - P_u)$$

$$= \frac{\rho}{C_b}\left\{\frac{\eta_o}{1 - \rho_o}\left[\frac{\varepsilon_o g_o(1 - \rho'_o)}{\beta_o}P'_o - (C_a + C_p)\right] - \frac{\eta_u}{1 - \rho'_u}\left[\frac{\varepsilon_u g_o(1 - \rho'_u)}{\beta_u}P'_u - (C_u + C_p)\right]\right\}$$

$$\quad (2\text{-}11)$$

令式（2-2）和式（2-10）的右端相等并进行整理，可得露天转地下开采矿山露天开采的极限深度：

$$h_{\max} = \frac{\rho m}{C_b(\cot\gamma + \cot\beta)}\left\{\frac{\eta_o}{1 - \rho'_o}\left[\frac{\varepsilon_o g_o(1 - \rho'_o)}{\beta_o}P'_o - (C_a + C_p)\right] - \frac{\eta_u}{1 - \rho'_u}\left[\frac{\varepsilon_u g_o(1 - \rho_u)}{\beta_u}P'_u - (C_u + C_p)\right]\right\} \quad (2\text{-}12)$$

同理，若考虑采出矿石中混入围岩的有用矿物含量对露天开采极限深度的影响，则露天转地下开采矿山露天开采的极限深度为：

$$h_{\max} = \frac{\rho m}{C_b(\cot\gamma + \cot\beta)}\left\{\frac{\eta_o}{1 - \rho_o}\left[\frac{\varepsilon_o g_o(1 - \rho'_o) + \rho'_o g''}{\beta_o}P'_o - (C_a + C_p)\right] - \frac{\eta_u}{1 - \rho'_u}\left[\frac{\varepsilon_u g_o(1 - \rho'_u) + \rho'_u g''}{\beta_u}P'_u - (C_u + C_p)\right]\right\} \quad (2\text{-}13)$$

与式（2-7）相比，式（2-12）考虑了采矿损失率和精矿不含税销售价格等对露天开采极限深度的影响。考虑精矿销售价格和露天采矿、露天剥离与地下开采原矿成本后，使露天开采极限深度的计算具有了对市场价格波动因素的动态性实质。该式较全面地考虑了露天开采极限深度计算中涉及的技术、经济与市场波动等因素的影响，但计算参数较多，计算过程较为烦琐。

2.4.3　地表地形条件约束下的露天开采极限深度

露天转地下开采的另一种情况是受地形地表条件的限制，露天开采的平面境界已无法继续实现扩大，而露天坑的边坡角又达到极限状态的情况。地表地形条件对露天开采境界扩大的约束可能表现在对矿体上盘、下盘和两翼的一个或多个方向。露天开采极限深度确定的地表地形约束条件是一种技术约束条件，在成本约束条件下的露天开采极限深度计算公式不适用于此条件下的露天开采极限深度的确定。

以矿体上盘、下盘的地表地形约束条件为例，如图 2-1 所示剖面，在矿体上盘方向 A 点处或矿体下盘方向 E 点处有固定设施无法搬迁，影响露天开采境界的扩大。在此条件下，矿山露天开采受到限制，需转入地下开采，露天开采的极限深度可根据简单的几何关系确定。

2.4.3.1　矿体上盘有固定设施的情形

假定矿体上盘 A 点处存在固定设施影响到露天开采境界的扩大，对于如图 2-1 所示的剖面，自 A 点按露天采场上盘边坡角 γ 画线，与矿体上盘边界形成交点 I，再从 I 点画水平线与矿体下盘边界形成交点 J，然后自 J 点按露天采场下盘边坡角 β 画线，与地表形成交点 F，则 $AIJF$ 构成了矿体上盘有固定设施时的露天开采境界。此时，露天开采的最大深度为 h_{max}。

以 l 代表 A、C 两点之间的水平距离，若 $CI \parallel DJ$，根据几何关系可求得：

$$h_{max} = \frac{\tan\alpha\tan\gamma}{\tan\alpha + \tan\gamma}l \tag{2-14}$$

2.4.3.2　矿体下盘有固定设施的情形

若矿体下盘 E 点处存在固定设施影响露天开采境界的扩大，对于如图 2-1 所示的剖面，自 E 点按露天采场下盘边坡角 β 画线，与矿体下盘边界形成交点 H，再从 H 点画水平线与矿体上盘边界形成交点 G，然后自 G 点按露天采场上盘边坡角 γ 画线，与地表形成交点 B，则 $BGHE$ 构成了矿体下盘有固定设施时的露天开采境界。此时，露天开采的最大深度为 h'_{max}。

同理，若以 l' 代表 E、D 两点之间的水平距离，若 $CI \parallel DJ$，可求得：

$$h'_{max} = \frac{\tan\alpha\tan\beta}{\tan\alpha - \tan\beta}l' \tag{2-15}$$

2.4.3.3　矿体上下盘均有固定设施的情形

若矿体上下盘 A、E 两点处同时存在固定设施影响露天开采境界的扩大，对于如图 2-1 所示的剖面，露天开采的最大深度 H_{max} 按式（2-14）和式（2-15）的最小值确定，即：

$$H_{max} = \min(h_{max}, h'_{max}) \tag{2-16}$$

从式（2-14）和式（2-15）可以看出，露天开采境界受到地表地形条件约束时，矿床露天开采的最大深度只与矿体的倾角、露天坑的上盘或下盘边坡角，以及不可移动固定设施距矿体上盘或下盘的距离有关。

2.4.3.4 矿体两翼有固定设施的情形

当被开采矿体的一翼或两翼存在固定设施时，除非是矿体的走向长度较小，一般情况下只会影响露天采坑的走向长度，使露天开采的平面境界的扩大受到限制，但对露天开采的极限深度影响不大。

2.5 露天开采极限深度的实证研究

2.5.1 矿山概况

本溪罕王矿业有限公司孟家铁矿于 2003 年建成投产，矿区地处辽东山区，地势平缓，铁矿体倾角为 62°~87°，厚度 6.0~43.2m，矿体赋存标高 +200~-300m 之间。根据矿体的赋存特征、开采技术条件和地形特征，孟家铁矿床前期开采采用了露天开采方式进行回采、公路汽车运输方式。露天坑采矿生产采用多台阶作业，由高至低逐个生产台阶开采，各生产台阶均由南开沟，形成采矿作业面后，由南向北水平推进至设计开采境界。

露天正常生产期，采用了 10m 台阶生产，采矿工作面垂直走向布置，沿走向推进，生产台阶坡面角为 70°，生产平盘宽度不小于 30m。选用 120mm 潜孔钻机，中深孔爆破，用 1.0m³ 和 1.6m³ 液压挖掘机铲装，斯太尔 15t 自卸汽车运输矿岩。在露天底南部 +70m 标高以螺旋线的形式由露天境界的上盘绕过南端，将下盘北端 +180m 标高作为总出入沟，矿石和岩石分别由总出入沟运至选矿厂和排土场。

露天生产末期，为了加快扩帮部位的下降速度，在上盘南北 2~3 台挖掘机同时进行扩帮，实行扩帮并段，终了台阶高度为 20m，上盘阶段坡面角均为 65°，下盘阶段坡面角均为 60°。安全平台设在 +200m、+180m、+140m 和 +120m 水平，安全平台宽度为 4m。清扫平台设在 +160m 和 +90m 水平，清扫平台宽度为 8m。运输道路坡度为 9%~10%，道路宽度为 10m。10% 坡度的最大坡长为 200m。运输道路由南北同时开通。北部分别由各台阶 +210m、+200m、+190m、+180m 和 +170m 水平出矿和出岩；南部由上盘 +210m 标高通过"之"字线折返，绕过采场南端进入 +160m 运输总干线，由 +180m 总出入沟运至排土场。

矿山主要设备有 1.6m³ 液压挖掘机 2 台、1.0m³ 液压挖掘机 2 台、潜孔钻机 2 台、15t 斯太尔自卸汽车 18 台、推土机和装载机各 1 台。

该矿初期开采为山坡开采，转入凹陷开采后，露天坑封闭圈形成于 +155m 标高，坑底最低标高已接近于 +70m 标高。截止到 2009 年 1 月，露天开采境界范围内保有的可采储量约 2856.6kt，按矿山 1200kt/a 的采矿生产能力，露天开采的剩余服务年限仅有 2.38a。

要对孟家铁矿区 +70m 以下矿体继续进行露天开采，存在的问题主要表现在两个方面：首先由于孟家铁矿区东、南、西三个方向均紧靠本溪北台钢厂厂区，其中矿区西侧（矿体上盘）以山体与钢厂厂区相隔。矿山继续进行露天开采，露天采坑与钢厂之间的天然屏障将被打开，露天开采境界将跨入本溪北台钢厂厂区，破坏本溪北台钢厂设施。其次，由于矿体倾角陡，剥离量大，生产剥采比要大于矿山经济合理剥采比，缺乏经济合理性。因此，+70m 标高以下约 13000kt 的铁矿石资源因技术和经济方面的双重原因无法实现露天开采。由于孟家铁矿露天开采境界内的可采资源量急剧减少，而境界范围外和其深部仍有大量资源尚未开发利用，矿山的生产接续问题成为企业关注的焦点。若不考虑采取有效措施对该矿深矿产资源进行回采，不仅会造成严重的资源浪费，而且有可能造成企业的长期停产，给国家与企业带来巨大的损失。为有效开采孟家铁矿的深部资源，延长矿区的服务年限，矿区实施露天转地下开采已迫在眉睫。

2.5.2　矿山技术经济指标

为研究孟家铁矿露天转地下开采的极限深度，取孟家铁矿两个年度露天开采的主要生产技术经济指标平均值和地下开采的设计指标，见表2-2。

表 2-2　孟家铁矿经济合理剥采比计算的基础数据

指　标	符号及公式	单位	露天开采	地下开采
可采储量平均地质品位	g	%	26.13	26.34
矿石容重	ρ	t/m³	3.32	3.32
矿体倾角	α	(°)	62~87	62~87
矿体厚度	m	m	20~40	20~40
最终下盘边坡角	β	(°)	48.80	
最终上盘边坡角	γ	(°)	52.60	
采矿实际回收率	η	%	96.19	88
采矿视在回收率	$\eta' = \dfrac{\eta}{1-\rho'}$	%	1.37	1.10
采矿实际贫化率	ρ'	%	30.00	20
原矿品位	$g' = g_0(1-\rho')$	%	18.31	21.09
精矿品位	β	%	65	65
选矿回收率	ε	%	77.20	77.20
精矿产出率	$K = g'\varepsilon$	t/t	0.22	0.25
铁精矿销售价格	P	元/t	744.00	744.00
露天采矿成本	C_a	元/t	18.00	
露天剥离成本	C_b	元/m³	30.25	
地下采矿成本	C_u	元/t		78.31
选矿成本	C_p	元/t	36.28	36.28
单位原矿铁精矿成本	C_c	元/t		

2.5.3　露天开采极限深度

在 37 号勘探线与 42 号勘探线之间，孟家铁矿采用了露天开采方式。为确定该矿露天转地下开采的露天开采极限深度，验证上节推导的露天开采极限深度计算公式，根据表2-2 列出的孟家铁矿露天开采与选矿生产的实际数据，结合地下开采设计技术经济指标，对该矿各勘探线剖面计算了露天开采的极限深度，见表2-3。

表 2-3　孟家铁矿各勘探线剖面露天开采极限深度计算结果　（m）

计算公式		37 线	38 线	39 线	40 线	41 线	42 线	平均极限深度
(2-4)	深度	116.44	141.26	134.97	109.01	114.50	150.71	135.32
	高程	+20.38	+41.24	+41.59	+96.29	+75.10	+48.60	
(2-7)	深度	121.06	100.65	96.16	77.67	81.58	107.38	97.42
	高程	+60.76	+81.86	+80.40	+127.63	+108.02	+91.93	
(2-12)	深度	131.04	112.31	107.31	86.67	91.04	119.82	108.03
	高程	+50.79	+70.19	+69.25	+118.63	+98.57	+79.49	

根据表 2-3 的计算结果，分别绘制孟家铁矿露天开采极限深度和绝对标高折线图，如图 2-2 和图 2-3 所示。

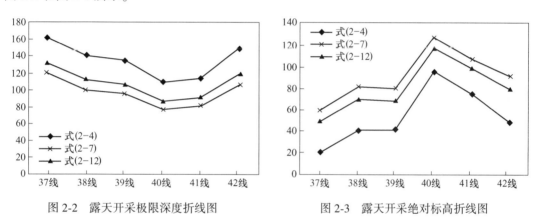

图 2-2　露天开采极限深度折线图　　　图 2-3　露天开采绝对标高折线图

从图 2-2 和图 2-3 可以看出，由原矿成本比较法推导的式（2-4）计算虽然简单，涉及的技术经济指标少，但得到的露天开采极限深度结果较大；而采用精矿成本比较法和储量盈利比较法推导的式（2-7）和式（2-12）虽然复杂，涉及的技术经济指标较多，但得到的露天开采极限深度结果较小。在不同的勘探线剖面，三个公式得出的极限开采深度曲线具有很好的相似性，不过式（2-7）和式（2-12）的计算结果误差相对较小。

3 露天转地下开采平稳过渡的关键技术

露天转地下开采矿山存在露天开采临近结束和地下开采逐步开始的交替时期，在此时期内，露天与地下两种开采方式存在时间和空间上的相关性，表现为露天开采量不断减少，地下开采量逐渐增加的特征。因此，露天转地下开采不是单纯的露天矿山是否能够顺利地转为地下开采的问题，而是要对矿山的稳产要求、企业的盈利、资源的充分利用、技术条件、采矿工艺等因素综合考虑。

如何实现露天转地下开采期间的平稳过渡是矿山企业最为关心的问题。企业的生产经营活动要求露天转地下开采过程实现平稳过渡，不能出现产量大幅下滑、效益大幅下降的局面。平稳过渡的主要问题是产量的衔接，同时还包括采矿工艺技术衔接、安全管理技术的转变以及矿山生产管理方式的转变等内容。矿山由露天转入地下开采，要实现平稳过渡的目标和理想效果，必须对露天转地下开采遇到的各种问题进行认真的分析和研究，制定出适合平稳过渡的措施方案。

本章主要以孟家铁矿露天转地下开采工程为例，对露天转地下开采平稳过渡的关键技术进行探讨[137]。

3.1 概述

由于矿体的赋存状态和矿床的开采技术条件的差异，以及露天与地下开采设计方案和工程建设具体条件的不同，许多矿山采取了不尽相同的露天转地下开采过渡方案。表 3-1 列举了国内外部分矿山由露天开采向地下开采过渡的案例。

表 3-1 国内外露天转地下开采铁矿山

矿山名称	生产规模/kt·a^{-1}	地下开拓方式	过渡期地下采矿方法	过渡期限/年
冶山铁矿	300	境界外主、副井	分段崩落法	6
金岭铁矿铁山区	500~600	境界内箕斗井、辅助斜井	分段空场法	7
板石沟铁矿	1000	境界外主、副井	分段崩落法	4~6
折腰山铜矿	1000	境界外主、副井	分段崩落法	13
苏联高山铁矿	4400	境界外竖井	阶段强制崩落法	15
瑞典 Kiruna 铁矿	12000~24000	斜坡道、竖井	留矿法嗣后充填，后改为分段崩落法	10
加拿大 Steblok 铁矿	15000	皮带斜井	阶段强制崩落法	4

在露天开采转为地下开采过程中，为了保持矿山原有产能或确保矿山达到一个合理的生产能力，必须在露天开采的同时，进行地下开采，以补充露天开采产能的不足。在此期间，地下开采采用的开采方案对全矿的产能有一定的影响。一般而言，采用崩落法开采地

下矿床，其产能增加速度快；而用充填采矿法，产能增加速度相对较小。因此，要根据露天开采产能的下降速度、地下开采技术条件确定过渡期的过渡方式。

分析矿山近期及中远期生产能力的变化特征，和对地下矿山建设速度及建设工期的要求，明确过渡层开采及处理所要求的时间及空间条件，是确定与衔接露天转地下最佳过渡方案和合理稳定生产规模的关键。

本章主要以孟家铁矿露天转地下开采工程为例，研究露天转地下开采平稳过渡的相关关键技术[137]。

3.2 露天转地下开采的技术背景

3.2.1 露天转地下开采的安全风险

露天转地下开采矿山的安全风险[149]与单一地下开采或露天开采的风险特征有较大的差异。在正确认识安全风险特征的基础上，进行企业安全风险辨识和评价，建立安全风险预警机制，是确保露天转地下开采安全的关键所在。

对露天转地下开采过程中的安全风险特征、风险分析方法和风险防范措施进行研究，提高矿山对灾害风险的预见性和防范能力，是矿山企业安全生产的重要技术保障。

3.2.1.1 露天转地下开采的安全风险特征

露天转地下开采的安全风险特征，既表现出两种开采工艺在矿山建设和生产过程中所具有的风险特征，同时也表现出其独有的风险特征。主要表现在：

（1）矿山的安全管理同时具备露天开采与地下开采工程安全管理的共同特点。考虑到矿山生产的接续问题，一般情况下，在露天矿生产期间进行地下工程建设，矿山安全管理人员既要对露天生产进行正常的管理，同时也要对地下工程的建设进行监管，面临安全管理人员数量和知识面的不足。

（2）露天转地下开采方式引发的地压活动规律和单一开采模式有很大不同。露天开挖和地下开采产生的围岩应力场的共同作用和相互影响[115~117]，使采矿工程岩石力学条件恶化，会造成围岩体失稳和工程设施损坏，如白银折腰山铜矿在露天闭坑前一年，采场东北帮岩体发生约 $100 \times 10^4 \mathrm{m}^3$ 大滑坡，使井下巷道局部发生错动裂缝，威胁企业的生产安全[117]。

（3）矿山安全管理与风险防范研究的内容与实施的对象发生较大的变化。由于矿山开采方式的转变，生产系统从原来的露天开拓系统转变为地下开拓系统，矿山原有的采掘设备设施发生根本的变化，采矿工人也从熟悉的工作环境和熟练的操作技能面临向陌生的工作环境与生疏的操作技能的转变，生产与安全管理人员也需要对地下开采的生产技术与安全管理知识进行补充与更新。

（4）矿山开拓系统更为复杂，露天开拓方式与地下开拓方式有着本质的区别，地下开采系统的复杂性比露天的大得多，存在的安全风险因素也更多，风险程度也更高。

（5）因开拓方式的不同，露天开采与地下开采的生产方式有很大的差别，随之带来的是安全管理方式也有较大的区别。

（6）矿井水患发生的方式和危害程度与单一地下开采或露天开采的风险特征有着较大的差异。由于是对同一矿床的开采，露天采坑位于地下开拓系统的上方，地表大范围的汇水会通过各种渠道或途径进入地下开采系统，对地下开采系统造成较大的水灾隐患。因此，在确定露天转地下开采矿山的防排水措施时，不仅要考虑地下开采矿山矿坑的正常涌水，还必须考虑露天坑汇水的渗入和露天坑的防洪措施[71]。

3.2.1.2　安全风险分析的过程与方法

露天转地下开采的安全风险分析，一般要经过风险辨识（recognition）、分析（analyse）、评估（evaluation）、控制（control）和再评估（reevaluation）等阶段，范围涉及露天开采与地下工程建设与生产的方方面面。矿山风险的分析控制可按图 3-1 所示的流程进行。

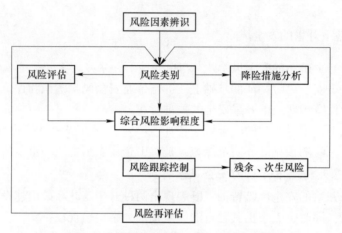

图 3-1　风险因素辨识与评估流程[150]

进行风险因素辨识和风险评估的目的在于防范与控制风险，避免安全事故的发生。通过对露天转地下开采过程中的风险因素进行辨识、评估，判断风险因素对安全生产的影响程度，是安全管理工作中实施安全预警的关键所在；针对综合风险影响程度较高的风险因素，可采取切实可行的技术措施降低或消除风险，也可制定相应的防范措施控制风险。

安全风险具有持续性和次生性的特点，它贯穿于事件全过程中的每一个环节。对风险因素辨识和风险评估，必须建立在事件发生之前的预评估和事件发生过程中的再评估的基础之上，对风险的预防与控制也必须体现在事件发生的全过程之中。通过实施风险的跟踪控制与风险的再评估，可以真正实现将企业安全风险控制到最低程度的目的。对残余风险和次生风险进行分析和对安全风险进行再评估的含义在于将"安全是企业生产的永恒话题"落到实处。

3.2.1.3　安全风险防范措施

采取相应措施，防范安全风险，是矿山安全生产管理的工作重点。对于露天转地下开采的矿山，在通过风险评估和正确辨识安全风险源后，要及时研究和采取相应措施，达到降低风险和实现安全生产的目的。

科学的技术手段与管理措施是实现现代化企业安全发展的强有力保证，可以使安全生产保持活力与生命。人的不安全行为、物的不安全状态和作业环境的不安全因素，构成了事故发生的根本原因。通常情况下，可通过建立健全安全生产制度、技术和教育三个方面的防范措施，实现对露天转地下开采矿山安全风险的有效控制。

A　制度防范措施

对于露天转地下开采矿山而言，企业已经建立健全了与露天生产相适应的安全生产制度和安全生产责任制，在露天转地下开采工程实施前，需根据露天转地下开采工程的安全风险特征，补充与完善企业的安全生产制度及相应的安全生产岗位操作规程，对工程的管理人员和岗位工人进行适岗教育，并使其熟知新的安全生产制度和岗位操作规程。

B　技术防范措施

（1）坚持"安全第一，预防为主，综合治理"的安全生产方针。在实施露天转地下开采以前，委托相关单位，系统分析工程的安全风险因素，研究风险因素的防范措施与对策，并及时向设计单位反馈相关信息，以便在工程设计与施工中采取必要的工程防范，真正做到"预防为主"。

（2）建立安全预警体系。建立计算机信息系统平台下的以安全风险辨识、风险分析与评价、风险控制措施为主要内容的安全预警体系，是矿山安全管理的重要发展方向。矿山事故的发生均有一定预兆，通过预警系统监控，可提高事故的预警、控制和处置能力，能够将事故发生的几率和事故的损失降低到最低程度，甚至能够完全避免事故的发生。

C　教育培训措施

（1）提前做好安全管理人员的知识储备。矿山开采方式从露天开采转变为地下开采，企业管理人员、工程技术人员和大多数的工人都面临着知识与技术的更新。对企业全员提前进行知识的更新和技术的储备，是矿山首先应考虑和重视的问题。

（2）提高企业全员安全风险防范意识。"群体成员相互合作产生的效应是各个成员各自单独工作效率之和，效能递增"。实现矿山企业本质安全是企业管理者和企业全体员工共同追求的目标，提高企业全员的安全风险防范意识，就是要充分发挥每一名员工的各自功能，并使其功能相互补充、互相促进，以提高安全生产工作系统的整体效应。

（3）强化"6W"教育，提高员工的安全风险的防范意识与防范技能。让员工充分了解与掌握在工作过程中"什么是风险，风险在哪里，风险什么时间发生，风险是怎样发生的，如何防范风险，风险发生时如何保护自己和别人"的"6W"内容，就是要全面有效地提高员工的安全意识与安全知识，提高员工的安全风险防范技能，杜绝怀有侥幸心理的冒险作业和盲目蛮干行为。

（4）推行安全管理的"亲情教育"模式。企业安全管理"亲情教育"的中心议题是"关爱家庭，家庭关注"。家庭是社会的最小组成单元，充满了人间最丰富的亲情和感情。企业一旦发生安全事故，伤害最大的莫过于伤亡员工的亲属。将亲情教育作为企业安全管理工作的一项重要活动，让员工亲属成为企业安全教育的实施者之一，使亲情教育成为员工安全教育的一部分内容，将会使员工的安全意识有一个意想不到的提高。

3.2.2　露天转地下开采的特点

露天转地下开采要顺序经历露天开采、露天地下联合开采和地下开采3个阶段，这类矿山的建设模式不同于新建矿山，从设计到生产都有其特殊性。具体表现为：

（1）由露天转地下开采的矿山，露天开采已进行多年，已形成完整的生产系统和生活福利设施，如选矿厂、机修厂、供电和供水管网、露天坑、排土场等。因此，在露天转地下开采设计时，应充分考虑矿床特点，尽量利用露天开采的原有设施，注意研究地下开拓运输系统与露天开采系统的统筹规划，以减少露天转地下的建设投资，提高矿山的经济效益。

（2）露天转地下开采的矿山，对深部矿体的勘探程度往往不足。露天转地下过渡期之前，应充分研究地质资料，并根据露天开采后期的生产勘探和边角矿的回采等工作，进一步掌握深部矿体的赋存条件，必要时进行补充勘探，查明资源分布状况。

（3）露天转地下开采的矿山，大部分属于单一的采矿工程建设，地下开采的基建工程量相当于一个新建的地下矿山。从露天开采转变为地下开采完全是两种不同的开采工艺，需要有一个工艺熟悉的过程，建设周期较长。因而，必须充分研究其持续生产和提前开拓问题。

（4）露天转地下开采过渡期间，露天开采已近末期，地下开拓系统已经形成，并具备了一定生产能力，此时可充分利用地下巷道和采空场，研究过渡期的矿石和废石运输系统以及采矿方法方案，研究露天废石回填地下采空区的可能性，论证用地下系统提升矿石的经济合理性，对过渡期较长的矿山，注重露天地下不同工艺要素的组合，更能发挥联合开采的优越性。

（5）露天转地下开采的过渡期间，随着地下开采的下降，在地下开采的上部逐渐形成塌陷区（除充填法外），并有较多井巷与露天采场联通。因此，过渡时期可能出现地下系统通风短路、漏风严重或露天大爆破有毒气体侵入井下巷道，以及在雨季地下短时径流量大等问题。因此，应根据矿山的特点，采取适宜的采矿方法和有效的通风、防寒及防洪措施。

（6）露天转地下开采的矿山，由于地下开拓基建工程量较大，形成开采规模的时间较长，而露天开采临近末期，受作业空间限制生产能力消失的比例较大，需要研究联合开采技术措施，以解决过渡期在时间和产量上的衔接问题。通常可采用回收露天境界外边角矿和挂帮矿的方法来补充过渡期产量的不足，但回采边角矿大都在露天边帮上进行，会引起露天边坡失稳，必须根据需要及时进行边坡处理。

（7）露天转地下开采矿山的地压显现特征与单一露天或地下开采矿山的地压显现特征相比更为复杂。地下矿山井巷工程施工或矿体开采时，由于地下开采工程结构体的失稳破坏、地下开采时的应力变化或开采沉陷，导致露天边坡产生失稳破坏或滑坡等。因此在露天开采末期，采取各种保护措施，减少露天矿作业和地下工程建设的相互干扰，进行岩体位移监测和边坡稳定性变化分析，预报可能产生的地压灾害对露天与地下开采的安全作业带来的影响，是保证矿山安全生产的不可缺少的工作。

3.2.3　露天转地下开采的基本原则

目前，我国露天转地下开采的矿山，设计时一般只是独立地考虑了露天矿的开拓系统，没有把露天转地下开采的 3 个阶段作为整体统一全盘考虑。这给矿山后期转入地下开采带来许多不利的影响。如把工业厂区布置在矿体上盘地下开采移动界限之内、适合布置地下开拓井位的地方布置了排土场等。因此，在开采设计时，应根据条件对可能进行露天转地下开采的矿山，全面考虑露天转地下开采的过渡方式、地下采矿方法，以及过渡期的安全生产技术，以确保过渡期间的时间衔接和产量衔接。

一般来说，露天转地下矿山应按以下原则进行规划：

（1）在划分露天与地下开采界限时，应本着充分发挥露天开采优势的原则，合理确定露天开采境界。

（2）过渡期间的地下采矿作业应不影响露天作业的正常进行和安全生产。选择的地下采矿方法，应能避免发生露天开采与地下开采作业间的不协调现象，并易于实现持续生产。要结合矿岩条件，根据已选定的采矿方法，研究合理的回采顺序，注意采掘顺序和回采工艺与露天采场的密切配合。

（3）因地制宜地选择边角矿体的回采方法和顺序。露天边坡下的回采，尽量采用由两端向边坡推进的回采顺序。

（4）制定边坡处理方案，建立必要的岩石移动观测队伍，掌握一定的岩石移观测手段，随时掌握地下采空区上覆岩层的移动规律，确保露天边坡和生产作业的安全。

（5）确定合理的露天转地下开采的过渡方式。当矿体走向长度大时，应选用分期、分区（或分段）交替过渡方式，以简化过渡期间复杂的时空关系，从而有利于维持过渡期间的生产能力。

（6）根据露天采掘进度计划，依露天减产的起始时间及地下开拓、采准和切割工程量，确定提前进行地下开拓、采准和切割工程的时间。

（7）制定各项过渡期矿山安全生产的技术措施。露天采场底部与地下工程之间应保持足够的距离，以避免或防止露天爆破对地下井巷和采矿场的破坏作用；临近露天底的穿爆作业不要超深；要控制露天爆破的装药量，采用分段微差爆破、挤压爆破等减震措施，避免使用硐室爆破；同时防止地下与露天爆破的相互影响。

（8）采取切实可行的通风、防洪措施。过渡期开采时，地下井巷和采空区有些与露天坑相互连通，容易造成风流的上下窜动和雨水下灌，影响地下正常生产。过渡期的通风，有条件的应尽量采用抽压结合、中央对角式的分区通风系统。为防止地表径流经露天采场涌入井下，应在地下开采移动界限以外设置防洪堤、截水沟。对地下与露天沟通的井巷或采空区，要及时密闭井巷和空区，保持覆盖层的密实性，隔绝井巷与露天坑的连通，并设置地下防水闸门，确保地下水泵房的正常运转和防止泥沙突然溃入井下。

（9）编制好过渡期产量平衡表。在露天转地下开采过渡期间，一般有多种开采方式并存，如露天开采、地下开采和边角矿回采等。要根据不同开采方式的开采范围、生产能力与存在年限，确定出最佳的稳产过渡联合开采方案。

3.3 露天转地下开采过渡方式

在一定的开采技术经济条件下，当露天开采深度超过其极限开采深度时，矿床的开采就必须实现从露天开采方式向地下开采转变。在实际生产中，露天开采接近境界深度时，便应逐步转入地下开采。此时露天矿产量在减小，而地下矿产量在增加，直到露天坑闭坑，地下开采达到设计生产能力。为确保露天开采平稳过渡到地下开采，根据矿体的赋存状态、矿床开采技术条件和露天与地下开采设计方案的不同，许多矿山统筹考虑矿山露天开采和地下开采工程建设的具体条件，采取的过渡方式也不尽相同。

露天转地下开采的过渡期一般为3~5年或更多，这段时间露天和地下必须同时进行生产作业。这段时间不仅要处理好上部露天作业对地下开采的影响和互相干扰的问题，同时还要考虑产量的衔接。露天转地下开采过渡期的长短对企业的中长期发展影响较大，它与露天转地下开采的过渡方式有关。从不同的角度，可将露天转地下开采的过渡方式分为以下三类[151]。

3.3.1　按矿山采矿生产是否停产划分

从矿山采矿生产是否停产角度，露天转地下开采的过渡方案可分为停产过渡和不停产过渡两种过渡方式。

停产过渡方式是指在露天矿停产后过渡到地下开采的情况，此种过渡方式因过渡期长而在生产实际中很少采用。不停产过渡方式保证了矿山采矿生产的连续性和稳定性，组织得当，可使企业的经济效益实现均衡发展。考虑到不停产过渡方式的优点，更多的矿山在露天转地下开采中采用不停产过渡方式。

国内外许多矿山由于及时开展地下开采工作，实现了不停产过渡。如加拿大基德格里克铜矿、奥地利爱兹贝尔核格铁矿、苏联克里活罗格铁矿和高山铁矿，我国的凤凰山铁矿、金岭铁矿等，都采用了不停产过渡方式。这些矿山缩短过渡期的主要经验：一是提前进行补充地质勘探工作。有的矿山在露天结束前 10~15 年就进行补充地质勘探工作；二是提前抓好总体规划，处理好露采何时过渡到地下开采，如何过渡，产量如何衔接。据介绍，加拿大基德格里克矿在露天生产后的第 2 年就开始了地下开采建设，10 年后顺利过渡到地下开采；三是认真研究露天转地下开采的技术难题，如露天边坡与地下开采的关系、边帮矿体的开采、上部境界外矿体的开采，以及回采顺序、防排水问题等。

我国许多矿山也积累了许多露天转地下开采的经验。如冶山铁矿露天转地下开采的整个地下工程共用了 8 年时间。为保证过渡期的生产衔接与稳产，冶山铁矿采用了露天沿走向分区结束，地下分段投入生产的方法；为缩短过渡期，采用了露天硐室爆破造覆盖层 15~20m，保证了地下崩落法开采的安全。由于采取了以上措施，该矿只用了两年多的时间就基本上全部转入地下生产，年出矿能力达 32 万吨，超过了露天开采的产量。唐钢石人沟铁矿采取分区下降、分区内排措施，既减少了排土场占地，又保证了露天生产，还为深部转入地下开采事先准备好了覆盖层。

过渡期内，露天开采境界内的矿柱、边角矿、挂帮矿等残留矿体的回采是一项技术复杂、时间很长的工作，这项工作势必会影响露天开采向地下开采的顺利过渡。因为这些矿体一般赋存零散，开采难度大，且需要在露天转地下开采的过渡期中进行开采。如我国铜官山铜矿 1966 年开始向地下过渡，到年底露天开采已基本结束，但采残柱工作至 1971 年才结束，延续时间长达 5 年；唐钢石人沟铁矿为保证深部开采均衡下降，对露天坑底（标高为 0m 水平）以上近 320 万吨的残留矿体，采取了一系列强采措施加速开采；又如白银铜矿露天边坡上的残矿属原设计地下开采初期首采地段，要求及早回采这些残留矿体降到露天底，从而使其在同一水平上转入地下开采的正常生产阶段，并使其达到设计规模。但由于这些边坡残留矿体相对于露天坑底水平埋藏较高（高差达 120m），开采技术条件差，回采作业线短，使回采水平难以加速下降。矿山根据矿石品位高低搭配，对开采顺序进行了调整，也取得了较好的经济效益。

一般情况下，露天开采残留矿体的回采工作要持续 3~5 年的时间，残留矿体回采顺序既要考虑正常开采时资源的充分回收，又要考虑先期经济效益，在条件许可时，最好在地下开采基建期间提前布置工程，在保证安全条件下把露天开采残留矿体分部分区采完。国内外经验表明：在残留矿体的开采过程中，应严格遵循先上部矿体后下部矿体、先上盘矿体后下盘矿体的回采顺序，以加速露天坑底以上残留矿体的开采，避免破坏矿床整体开采顺序，造成开采损失。但是，如果露天开采尚未结束，就按正常开采顺序回采边坡矿体，则难以维护露天边坡的稳定性，会对露天开采带来严重影响。

3.3.2 按两种采矿工艺在空间上的结合关系划分

（1）留境界矿柱过渡方式。此方式是在露天与地下开采之间留设境界矿柱，该境界矿柱即露天开采与地下开采隔离层，同时也是地下开采的安全顶柱。该方式的优点在于有利于消除露天开采与地下开采的相互干扰，实现露天与地下同时施工作业；能够实现露天转地下开采过渡期矿山生产规模的最大化；能有效地防止露天积水大量涌入地下，使地下建设与开采更加安全；能够消除地下通风系统的漏风问题，使通风效率大为提高。其缺点是若境界矿柱永久保留会造成大量矿石损失；若回收境界矿柱，则在安全与技术方面存在较大的难度。凤凰山铁矿和石人沟铁矿南区的露天转地下开采，均采取了留境界矿柱的过渡方式。除崩落法以外的全部地下采矿方法均适用此方式。

（2）境界内全面过渡方式。此方式是露天开采境界范围露天坑的底板标高已全部达到露天极限开采深度，在露天开采境界范围内全面展开转入地下开采工程的方式。该方式实施时，矿山的露天开采已全部结束，地下开采根据采准工程的准备情况和井下生产规划与总体布局方式，可全面展开也可局部展开地下开采。该方式的优点在于露天开采与地下开采相互之间几乎没有影响；其缺点是若生产组织稍有不慎，则有可能导致矿山生产接续出现困难。全部地下采矿方法均适用此种方式。

（3）境界内分区过渡方式。此方式是根据露天开采在平面范围内的不同降深和地下开采工程的进展，沿露天坑长度方向进行平面分区，实施露天分区段结束、坑内分区段投产过渡的方式。该方式的优点在于地下开采系统的分区段提前投产，有利于抵消露天采矿能力下降给矿山生产规模带来的不利影响；露天生产的分区段结束，使生产区段的剥离可以实现废石的内排，有利于降低过渡期的矿山生产成本。其缺点是地下开采与露天开采会产生相互影响。全部地下采矿方法均适用此种方式。

3.3.3 按两种采矿工艺在时间上的结合关系划分

如图 3-2 所示，矿床的开采一般都会经历矿山建设期、达产期、稳产期和产量衰减期四个阶段，直到矿山开采结束。对露天转地下开采矿山而言，及时进行地下工程建设，确保露天生产能力消失前地下开采工程投产并达到设计生产能力，是矿山生产的持续稳定发展的关键所在，也是进行矿山露天转地下开采最佳过渡时机选择和最优过渡期确定研究的目的所在。

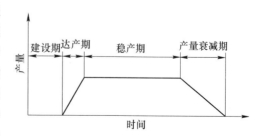

图 3-2 矿山建设与生产的不同时期

根据露天开采与地下开采两种工艺在时间和空间上不同的结合关系，矿山露天转地下

开采的过渡方式可分为三种[152]:

（1）接续开采过渡方式。是指露天开采结束前,完成地下开采系统建设,露天开采结束后,地下开采立即接续生产的开采方式。此种方式下,在露天生产末期和地下开采初期,矿山的产量会出现较大的波动。该方式矿床开采经历的四个阶段如图3-3所示。

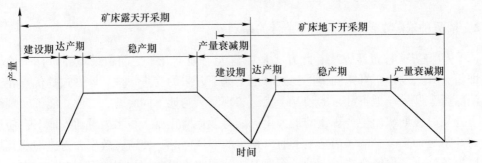

图 3-3　露天转地下接续开采方式下矿山建设与生产的不同时期

（2）交融开采过渡方式。是指矿床露天开采进入生产能力衰减期之前地下开采系统建设已经完成,露天开采进入生产能力衰减期后地下开采进入采矿方法试验期和达产期,露天开采结束后地下开采已达到稳定生产时期的开采方式。此种开采方式下,在露天生产能力衰减期和地下开采达产期,矿山的生产方式与工艺叠加,产量不会出现较大的波动,能够实现矿山生产的均衡和平稳过渡。该方式矿床开采经历的四个阶段如图3-4所示。

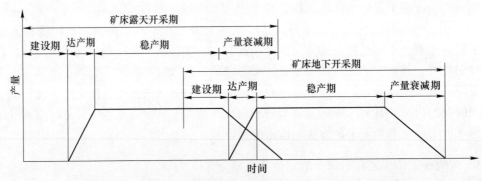

图 3-4　露天转地下交融开采方式下矿山建设与生产的不同时期

（3）并行开采过渡方式。是指在某一时期内,矿床同时进行露天开采与地下开采,而露天开采先于地下开采结束的矿床开采方式。此种开采方式下,矿山的生产能力在露天开采进入生产能力衰减期后开始下降,露天开采结束后,矿山生产能力下降到单一地下开采的能力。该方式矿床开采经历的四个阶段如图3-5所示。

严格意义上讲,露天转地下开采三种过渡方式中,接续开采过渡方式只是矿床露天开采方式与地下开采方式的接替,而并行开采过渡方式是矿床的两种开采方式的同时应用,研究这两种过渡方式对于露天转地下开采的矿山意义不大。只有交融开采过渡方式存在真正意义上的开采方式过渡问题,并且存在露天转地下开采最佳过渡时机和最优过渡期限的确定问题。

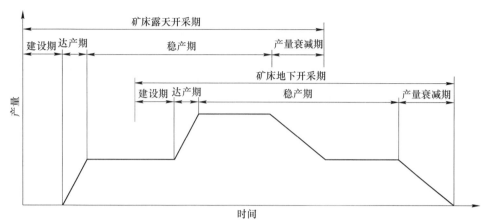

图 3-5　露天转地下并行开采方式下矿山建设与生产的不同时期

3.4　露天转地下开采最佳过渡时机与最优过渡期

如何实现露天转地下开采的平稳过渡，是企业最为关心的问题。矿山企业的生产经营，要求露天转地下开采过程平稳过渡，不能出现产量大幅下滑，效益大幅下降局面。平稳过渡的主要问题涉及产量的衔接、采矿工艺技术衔接、安全管理技术以及矿山生产管理方式的转变等方面。矿山由露天转入地下开采，要实现平稳过渡的理想效果和目标，必须对露天转地下开采遇到的问题进行认真分析和研究，制定适应平稳过渡的措施方案，依靠这些可行的措施方案，解决影响露天转地下开采过程中的产量衔接问题、采矿工艺技术、安全管理技术以及生产管理方式的转变等问题。

露天转地下矿山具有过渡时期长、要做必要的补充勘探、过渡期的技术要求高、地压管理复杂、地下开采涌水量大、防洪排水要求高等特点，在露天转地下的矿山设计中，对最佳过渡时机的选择和最优过渡期的确定十分重要。露天转地下开采不是单纯的露天矿山是否能够顺利地转为地下开采的问题，而是要求对矿山的稳产要求、企业的盈利、资源的充分利用、技术条件、采矿工艺等因素综合考虑。只有对矿山进行全面的考察和分析研究，选择合理的过渡时机和过渡期才能充分地满足生产实践的需要，也才能满足企业对盈利的要求。

露天转地下矿山顺利转入地下或联合开采，实现平稳过渡，维持矿山生产能力的稳定和适度增长，降低矿山建设和开采成本，提高资源回收率和利用率，实现经济效益、社会效益和环境效益的最大化，是露天转地下最佳时机和最优过渡期确定的主要目的。

3.4.1　最优过渡期和最佳过渡时机的确定原则与方法

3.4.1.1　最优过渡期和最佳过渡时机的确定原则

对矿山开采方式转变最佳过渡时机和最优过渡期的选择是露天矿转地下开采的关键环节，不同情况的矿山，过渡时机的选择是不一样的。例如，矿体是由多个矿段组成的，在露天开采的末期，如果露采和地采在水平方向一致，这种情况下，两者生产工程的影响就会很小，在过渡期的选择上将会较为灵活，所受的限制也会少些。如果露天开采和地下开采在垂直方向上一致，两者受采动等各种因素影响较大，必须考虑露采和地采的安全性、边坡的稳定性、防排水及隔离层或覆岩层等因素对渡期开采的影响。

如上节所述，露天转地下开采的矿山，在露天开采后期产量逐年降低。要维持矿山矿石产量的相对平衡，矿床的开采方式就必须适时转入地下开采，用地下开采所增加的矿石量进行弥补。因此，露天转地下的最佳时机是在正常露天开采时期的某个阶段，安排地下开采的基建开拓，以便在露天开采产量降低阶段，地下开采能够及时补充产能，使整个矿山的产能达到一个相对合理稳定的值。

露天转地下开采的时机掌握得好，就可以实现露天开采转为地下开采的平稳过渡。寻找到露天转地下开采的最佳时机，就是要寻找到露天开采的某个时间，也即寻找地下开采工程进行设计和开工建设的最佳时间节点，以保证在露天开采的产量开始衰减时，地下开采的矿石产量有所补充，且增加的矿石产量与露天开采减少的矿石产量大致相当，或是略大于露天开采减少的矿石产量，实现矿山生产能力的稳定与增长。地下开采工程从开工建设开始到达产，需要经过一段时间。矿山在实施露天转地下开采时，过早进行地下开采基建工作，会影响露天开采作业；过晚，则不能保证矿山产量的衔接。

露天转地下开采矿山过渡期指露天矿从开始地下开采设计到完全转为地下开采并达到地下开采设计要求的这段时间。在这个时间段，露天开采产量逐年减少，地下开采产量逐年增加，直到露天矿闭坑，地下开采达到设计的产量。在露天转地下开采的过渡期，往往会遇到很多的问题，例如，在"过渡期"内，合理的境界矿柱选择、露天坑汇水的疏干与井下排水、露天及井下爆破、矿岩运输系统的规划与改造、过渡期生产能力均衡与稳定、露天采场最终边帮的稳定、露天及井下排水的综合利用等问题。选择合理过渡时期，必须考虑这些具体的实际问题。露天转地下开采的过渡期不宜过长，如果过长必然导致矿山长时间处于露天和地下同时开采的情况。两者相互影响、相互制约，给安全生产带来巨大的隐患。此外，对边坡的稳定、人力资源的占用、资金的运转、企业的盈利等也会有巨大的挑战。但是当过渡期过短的话也会面临着诸如准备时间不充分、补充勘探不彻底、技术人员缺乏、地下开采技术人员经验不足、无法保证产量等问题。

对于实施露天转地下开采的矿山而言，当采用交融方式过渡时，矿产资源的开发一般要经过露天开采、露天与地下联合开采和地下开采三个时期，这三个时期矿山的开采强度和生产能力是各不相同的。

影响露天转地下开采最佳过渡时机的主要因素为露天矿开采的年下降速度，下降速度越快，则过渡时机越早。而对最优过渡期的确定，从图3-3可以看出，则取决于地下矿山的建设速度、露天矿生产能力的衰减速度与地下开采生产能力增长速度之间的匹配情况。

综上所述，露天转地下开采最佳过渡时机和最优过渡期的确定，应遵循以下三个方面的原则：

（1）为确保接续生产的顺利实现，矿山地下开采系统的建设周期应小于露天实施规模开采的最小年限。

（2）为确保矿山生产能力的稳定发展，年度（或月度）内露天开采的残余生产能力与地下开采系统试生产的生产能力两者之和，应达到选矿厂的生产能力；露天矿生产完全消失前，地下开采系统的生产能力应达到其设计生产能力。

（3）为确保矿山生产能力的适度增长，地下开采系统建设期间的掘进副产矿、地下采矿方法试验及试生产的采出矿量，和露天境界外复杂难采残留矿体开采所采出的矿量，全部用作选矿厂均衡生产的平衡矿量以及能力适度增长的补充矿量。

3.4.1.2 最优过渡期和最佳过渡时机的确定方法

根据上述原则，露天转地下开采最优过渡期和最佳过渡时机的确定，可按下面的步骤与方法进行：

（1）根据露天矿开采现状和地下生产系统的形成时间，对露天转地下生产期过渡层的开采及处理所要求的时间及空间条件进行研究，明确其时间和空间上的关系。

（2）根据露天矿的生产现状和地下生产系统的建设速度与工期，全面分析露天矿生产能力的衰减情况和地下开采系统的生产能力增长情况，按照维持矿山生产能力稳定（或适度增长）和降低矿山建设与开采成本的原则，确定露天转地下开采的最佳时机和最优过渡期。

（3）根据露天矿生产系统与地下开采系统生产能力的变化情况，分析生产能力及生产成本变化对企业效益的影响，以效益最大化为原则，确定露天转地下开采的最优过渡期。

（4）露天转地下最优过渡期确定后，可根据地下开采系统达产前需要的建设时间和达产时间确定地下开采系统建设期的起始时间，也即确定露天转地下开采的最佳过渡时机。

3.4.2 最优过渡期与最佳过渡时机的确定

从时间上弄清楚露天开采的矿山在其开采深度达到最优开采境界前，何时进行地下开采建设项目的可行性研究、何时进行地下矿山开采的初步设计和施工图设计、何时进行地下矿山的建设，以及地下开采系统何时建成投产和达产，是确定露天转地下开采最佳过渡时机的最主要的研究内容，也是矿山开采方式转变过程中实现生产能力平稳过渡的关键问题之一。

3.4.2.1 露天转地下开采过渡期的不同时期分析

如图3-3所示，矿山生产与建设的四个不同时期中，露天开采的产量衰减期与地下开采的工程建设期和达产期，是露天转地下开采最佳过渡时机和最优过渡期的三个关键时期。

A 露天开采产量衰减期 S_r

在矿床露天开采期，随着露天采坑的不断加深、运输距离的增加和坑底工作平盘的缩小，露天边坡的安全问题越来越突出，采矿生产能力也在不断下降。露天矿生产末期，从采矿生产能力出现急剧下降到完全消失这一段时间称为露天开采的产量衰减期或能力衰减期。

B 地下开采工程建设期 P_i

地下开采工程从设计到建成投产需要一个较长的周期，在该周期内，主要工作内容包括地下开采工程建设项目的可行性研究与设计、项目建设涉及的各种行政审批、工程的施工准备与施工、试生产等。从露天转地下开采矿山的地下开采系统建设期整个过程来看，可分为五个阶段：

第一阶段为矿产资源勘探期 P_1。是指对矿床深部矿产资源的发现、进行地质勘探到提交资源综合评价报告的时间周期。该期的存在与否，主要取决于矿床露天开采前矿区资源的勘探程度。若露天开采前矿区的资源已经探明，则不存在矿产资源勘探期。

第二阶段为地下开采工程建设准备期 P_2。当矿产资源被确认具有开采利用价值后，需要完成工程开工建设前的项目可行性研究、基础工程勘察、工程建设的初步设计、施工图设计、项目建设涉及的各种国家行政审批、施工队伍的选择等。

第三阶段为地下开采工程建设期 P_3。指地下矿山建设具备基本开工条件后，根据各种设计图件、资料进行的矿产资源开采条件建设、生产配套工程建设等。

第四阶段为地下开采工程竣工验收期 P_4。指矿山基本建设进入末期，基本建设工程陆续竣工、验收的阶段。其主要任务是检查工程质量、设计实施情况，为将来投入试生产运行做准备。

第五阶段为地下开采试生产期 P_5。指矿山基本建设工作按设计完成了全部施工内容和采矿方法试验，工程质量和安全、环保设施等经过相关验收全部合格，具备试生产条件后，按正式采矿方法、生产工艺与过程、设备设施进行的小规模采矿生产阶段。试生产结束后，矿山地下开采工程投产，进入达产期。

C　地下开采达产期 P_d

地下开采达产期是指从矿山投产至达到设计生产能力的时期。达产期的长短与矿山规模、矿床地质条件和市场对该矿资源急需的程度等有关。一般情况下，矿山达产期为：大型矿山 3~4 年，中型矿山 2~3 年，小型矿山 1~2 年。

D　露天转地下开采过渡期

根据图 3-3 所示的露天开采和地下开采在时间上与产量的关系，和不同工艺在实施过程中的四个不同阶段，当 S_o 露天开采的剩余服务年限时，露天转地下开采的最佳过渡时机与最优过渡期应同时满足如下两个关系式的基本要求：

$$\begin{cases} S_o \geqslant \sum_{i=1}^{n} P_i \\ S_r \geqslant P_d \end{cases} \tag{3-1}$$

即矿床露天开采的剩余服务年限应不小于地下开采工程建设期；同时，矿床露天开采的产量衰减期也不小于矿床地下开采的达产期。

应当指出：在式（3-1）中，$P_i(i = 1 \sim 5)$ 之间并没有严格的时间节点，最优过渡期的确定应该是控制压缩 P_i 的长短，同时尽量使可能平行交叉进行的各个时期的工作平行交叉进行，以实现最优化。

3.4.2.2　最优过渡期与最佳过渡时机的确定

露天转地下开采过渡期的确定，可在分析矿山建设与生产不同期所需时间的基础上，按图 3-3 所示的露天开采和地下开采在时间上与矿山产量的关系来确定。通常按照以下步骤来确定。

第一步，编制露天转地下开采的过渡方案。

矿床开采总体设计若已确定为露天转地下开采，应对整个矿床开采的全过程进行统筹规划。具体的过渡开采设计则往往是在露天开采的中后期进行。对露天开采时间小于 10 年的矿山，从露天矿建设开始就应及时研究向地下开采的过渡问题；对露天开采时间超过 10 年的矿山，要在露天开采结束之前一段时间进行地下开采的设计工作，并及时进行地下开采的基建工作。

对于走向长度大或多区开采的露天矿，可采取分区、分期的过渡方案，避免露天与地下同时开采作业的干扰。

第二步，确定露天转地下开采的最优过渡期。

露天转地下的最优过渡期可按式（3-1）进行确定。

对于露天转地下开采的矿山，过渡期内完成的地下矿山建设的基建工程量还应满足地下开采三级矿量保有期限的要求。金属矿山地下开采的三级矿量保有期见表3-2。

表 3-2 地下开采三级矿量保有期

三级矿量	黑色金属矿山	有色金属矿山
开拓矿量	3~5 年	3 年
采准矿量	1.5~2 年	1 年左右
备采矿量	6~12 个月	6 个月

第三步，确定露天转地下开采的最佳过渡时机。

最佳过渡时机的确定应根据第二步确定的最优过渡期倒排时间节点。

3.4.3 露天转地下的最佳过渡时机与最优过渡期

本节以孟家铁矿露天转地下开采工程为例，对露天转地下的最佳过渡时机与最优过渡期进行讨论。

3.4.3.1 孟家铁矿地下开采系统建设周期

A 基建工程量

为形成生产规模和三级矿量必需的提升、运输、通风、排水、采准与切割工程，孟家铁矿地下开采系统建设主要包括北翼主竖井及其旁侧系统、排水系统、中央变电所、南风井、+10m 及−110m 阶段运输巷道、+55m 与+40m 分段的采准与切割等工程的施工与机电设备安装。基建工程总量为 115599m^3，各种类型的支护工程量为 8269m^3。

B 基建工程进度

井巷工程的施工速度与施工单位的组织管理、施工机具的配备和工程建设的工程地质与水文地质条件密切相关。结合孟家铁矿的工程地质与水文地质条件和确定的施工单位的实际施工能力，孟家铁矿井巷工程的施工速度按表3-3所列的指标确定。

表 3-3 井巷工程掘进速度

巷道类型	主 井	风 井	溜 井	斜坡道	平 巷		硐室
					双轨	单轨	
单位	m/m	m/m	m/m	m/m	m/m	m/m	m^3/m
掘进速度	80	60	80	140	80	100	600

按照上述施工进度指标，孟家铁矿地下开采系统建设的总工期为 3.5 年，达产期为 1 年。

3.4.3.2 孟家铁矿露天转地下开采的最优过渡期与最佳过渡时机

A 最优过渡期

根据露天开采的保有服务年限及地下开采系统的建设周期，孟家铁矿露天转地下开采建设期间的生产衔接见表3-4。

table 3-4 孟家铁矿露天转地下开采生产与建设衔接安排

名　　称	2009	2010	2011	2012	2013	2014	2015	2016	2017	2018	2019	2020	地下开采工程建设期/年
年度选矿矿石需求量/kt	1300	1200	1200	1200	1200	1200	1200	1200	1200	1200	1200	1200	
年度采矿矿石产量/kt	1527	1321	1204.4	1310	1200.4	1337	1300	1300	1300	1300	1300	1300	
露天开采系统出矿量/kt	1527	1321	1204.4	850.0									
其中：正常露天开采	1527	1321	1100										
南端帮扩界开采				670.0									
北端帮扩界开采				180.0									
地下开采系统出矿量/kt			104.4	460.0	1200	1337	1300	1300	1300	1300	1300	1300	
其中：主竖井系统建设													4.5
斜坡道系统开拓													2.5
副产矿量/kt			104.4	104.4	104.0	104.0							
采出矿量/kt				240.0	898.0	960.0							
南风井系统开拓													3.5
副产矿量/kt				11.2	33.0								
采出矿量/kt						165.0	165.0						

露天转地下开采过渡期（4.5年）　　地下开采系统生产期

　　为确保工程建设项目在技术上可行和经济上合理，同时符合国家的相关法规的规定，工程开工前需要按一定的程序完成项目的相关设计与评价，并取得项目建设涉及的各种国家行政审批，这一过程需花费的时间有着极大的不确定性。因此，露天转地下开采的最优过渡期的确定，可不考虑项目建设前置手续办理所需的时间，也即不考虑露天转地下开采矿山建设期的前两个阶段——矿产资源勘探期 P_1 和地下开采工程建设准备期 P_2。最优过渡期可按从项目开工建设到项目达产所需要的时间来确定。

　　从表3-4可以看出，自孟家铁矿露天转地下开采工程开工建设至达产，共需要4.5年时间，此时间即是孟家铁矿露天转地下开采的最优过渡期。

　　B　最佳过渡时机

　　最佳过渡时机是一个时间节点的概念。该节点的确定首先应能保证在该时间节点以后的时间范围内，露天转地下开采工程能够完成项目建设的前期准备工作、工程施工、试生产和达产等全部工程建设内容。

　　孟家铁矿露天转地下开采的最优过渡期为4.5年，若项目建设前期准备工作为1.5年，根据表3-4，则孟家铁矿露天转地下开采的最佳过渡时机应为项目达产前的第六年，亦即孟家铁矿最晚应在2008年初就应该开始进行露天转地下开采的前期准备工作。而工程实际中，露天转地下开采的前期准备工作推迟了近1年，给后期的生产接续和露天转地下工程施工造成了很大压力。

3.5　露天转地下开采的生产规模

　　露天转地下开采矿山生产规模确定得是否合理，对企业的经济效益有着直接影响。对于露天转地下开采的矿山，要实现企业经济效益的最大化，在进行露天转地下开采工程设计和开采工艺与工程布置时，必须对露天开采与地下开采进行全面规划，充分考虑露天开采与地下开采之间的相互影响的有利与不利因素，充分考虑与矿床赋存条件和开采技术条件相适应的矿山开采强度与生产能力。

　　露天转地下开采矿山的合理稳定生产规模应根据矿体的埋藏条件以及开采技术经济水平来确定。过渡期的规模必须和矿山的实际情况相结合，不能太大也不能太小。如果生产规模确定的较大，在生产中就很难达到设计的规模，如果规模太小就无法满足矿山生存和发展的需要。在露天转地下矿山，合理的生产规模主要与以下的几个因素有关：露天现有的生产规模、矿山矿床的埋藏情况、矿床的形态特征和围岩的性质、矿山的经济环境、采掘设备及施工技术工艺、矿山技术储备及所采用的采矿方法等。

　　因此，合理确定露天转地下开采矿山生产规模应遵循以下原则：

　　(1) 矿床赋存条件和开采技术条件下，地下开采能够达到的稳定生产能力。矿床的地下开拓方式与采矿方法的选择，应建立在对矿床赋存条件和开采技术条件进行充分研究的基础之上，达到安全、高效和以最小的投入实现最大限度的采出地下资源目的。所确定的生产规模，应是地下矿山在进入正常生产期后，矿山生产能够连续稳定地维持的采出矿生产能力。

　　(2) 尽量满足现有选矿生产能力对原矿的需求。露天转地下开采的矿山经过多年的露天开采与生产，已经形成了与其采矿能力配套的辅助生产系统和完整的选矿生产系统。为充分利用矿山现有的生产设施，所确定的地下开采生产规模应达到或接近选矿厂的实际处理能力。

3.5.1　过渡期生产规模的实现途径

露天转地下的矿山都需要经历过渡期。在过渡期间，露天开采与地下开采同时存在，从而增加了过渡期开采的复杂性。如何结合矿山的特点合理地解决过渡期的安全、技术问题，维持矿山生产能力，是过渡方案选择、制定的关键所在。而在过渡时期，产量的稳定和衔接又是重中之重，是矿山保持盈利的根源。根据不同的矿山条件，不同的矿山采取的稳产方法也不同，主要有以下方法：

（1）扩帮延深开采。露天矿开采境界的大小决定了矿山的可采矿量、剥采比、生产能力、服务年限等。但露天开采境界并不是一成不变的，随着科学技术的发展，边坡加固技术水平不断提高，很多矿山采取或实施了陡帮开采技术。当岩体的体积较大时，为了解决在转入地下时产量不足的问题，通常可以进行扩帮开采。这样可以增加露天开采的矿量，稳定过渡期的生产能力。

（2）不扩帮延深开采。指当露天开采到达原来设计的露天底部境界时，为了稳定露天转地下过渡期间矿石不足的问题，以留三角矿柱不扩帮的方式向下继续开采的方法。不扩帮延深开采，不仅可以充分发挥露天矿现有设备和辅助设施的作用，而且可以解决露天矿结束后向地下开采过渡的产量衔接问题。

对于倾斜或急倾斜厚矿体，可采取在上盘留三角矿柱的方法，不扩帮继续延深开采。为了达到从露天采场多出矿的目的，许多矿山在露天开采设计期间考虑了留上盘三角矿柱来控制剥采比，这些矿山在露天矿开采到最终设计水平后，并不需要立即结束露天开采，而是在地下开采工程施工的同时，继续进行不扩帮延深开采，充分发挥矿山现有人员和设备的潜力，可部分地解决露天向地下开采过渡的产量衔接问题。

（3）合理选择首采区的开采方法。在选择合理的开拓方式和运输方法的条件下，首采区的开采方法直接关系到露天开采是否能顺利地转为地下开采，例如在当露天开采还没有结束时，地下首采区的采矿方法一般不能选择崩落地表的崩落法。但有时候为了增加出矿量，当采取露天转地下的分区过渡方案时，也会选择无底柱分段崩落法。

（4）边坡矿体残采。在露天边坡附近往往有残余矿体，若露天开采临近结束时对其进行回收，则可充分挖掘露天矿的后期潜力。对边坡残留矿的开采可以在一定程度上缓解露天转地下过渡阶段生产矿量不足的压力，是矿山稳产的主要组成部分，具有重大的经济意义。

（5）回收三角矿柱及边坡平台矿柱。在露天矿两端，由于不扩帮延深开采会在上盘留下三角矿柱，其常规的回采方法有：矿岩稳固时，可根据矿体的长度和厚度，沿走向布置矿房进行回采；矿岩不稳固时，可与地下第一阶段的矿体一起进行回采，也可采用分层充填法单独进行回采。

（6）分区开采。当矿体面积较大时，往往可以采取分期开采，这样就可以在部分回采完成以后直接转为地下开采，使露天开采和地下开采在一个水平平面上，保证各自开采的独立进行，有利于采取出矿效率高的采矿方法，使整个露天顺利的转为地下开采。

（7）低品位矿石的利用。通过合理的配矿，将高品位矿石和低品位矿石合理充分的搭配，可满足矿石产量不足的问题。

（8）降低出矿品位。可在允许的条件下降低出矿品位，以增加单位深度的采出矿量。

3.5.2 露天转地下生产规模衔接的注意问题

露天转地下开采的矿山，都存在过渡时期的产量衔接问题。为保证露天转地下开采过渡时期产量不减产或少减产，在露天转地下过渡时期必须注意以下几点：

（1）地下开采设计在露天开采设计时要进行全面规划，并根据规划尽早进行地下开采的施工设计。

（2）地下开采的建设时间不能过短，要充分分析露天开采的产量变化、国内地下工程的建设速度和建设资金情况等因素，确定开工建设时间。地下开采的建设可以利用露天开采的排水井或疏干巷道等地下工程来缩短建设时间。

（3）正确选择露天转地下开采过渡时期的采矿方法。由于露天产量逐渐要由地下开采的产量来代替，必须解决好过渡阶段的采矿方法问题，根据目前国内外露天转地下开采使用的采矿方法，可以归纳为三类：第一类是房柱式采矿法。主要有空场法、留矿法等，使用这类采矿方法，露天和地下可以同时在一个垂直面内作业，但要求从露天底到地下采矿阶段之间要留一定厚度的隔离矿柱，对地下开采的采场暴露面积大小、间柱规格和强度、露天和地下的爆破规模等都有严格的要求，与采用单一形式的地下开采矿山相比要复杂得多，矿区地压显现特征也有较大的区别。第二类是崩落采矿法。它包括分段崩落采矿法（有底柱和无底柱）和阶段崩落采矿法。这类采矿方法要求在地下开采区域的上部留有安全缓冲垫层，其余的技术要求与地下开采相同。第三类是联合采矿法。其实质就是房柱式采矿法和崩落采矿法的组合方法，兼有房柱式采矿法和崩落采矿法的优点，但采区的结构参数、回采工艺等方面都与一般的房柱式采矿法和崩落法不同，这类采矿方法适应于围岩中等稳固以上、矿体厚度较大的矿床开采。

（4）提前培养地下开采的优秀施工队伍。露天和地下开采的技术在很大程度上是不一样的，开拓系统、采矿方法、给排水、通风、运输都有很大的差别。露天开采的施工和采矿队伍往往只对露天开采系统很了解，而地下开采比露天开采工艺更复杂、涉及而更广、运输更复杂。所以，提前培养地下开采的优秀队伍和优秀的技术人员，是露天转地下顺利进行的保证。

（5）加强生产勘探工作。补充勘探对露天转地下开采矿山至关重要，只有对地下矿体有了具体的了解和认识，才能设计出完善高效的采矿方案，才能选择最有效的采矿方法。

由于露天转地下的开采技术在我国还不是很成熟，还没有形成完善的理论体系，一些关键问题的解决方案还不具备，为了更好地实现露天向地下的转变，使露天开采顺利转为地下开采，实施露天转地下开采的矿山应该注意以下方面：一是增加对矿体的勘探工作，掌握矿山储量；二是全面规划，合理布局；三是建立边坡稳定性监测队伍；四是提前培养地下开采的技术人员。

3.5.3 露天转地下开采的生产能力确定

3.5.3.1 生产能力的初步确定

为实现企业效益的最大化，在合理的服务年限内最大限度的提高矿山生产能力，以满足现有选矿生产能力对原矿的需求，以孟家铁矿为例，进行露天转地下开采生产能力的确定方法研究。

　　孟家铁矿露天转地下开采项目设计推荐的矿山采矿生产规模，是依据矿山目前所拥有的采矿许可证中所载明的矿山采矿能力，而并非是依据矿床的赋存条件、开采技术条件、保有资源储量情况和设计所确定的矿床开拓方式、选取的采矿方法，以及目前矿山选矿生产实际所需的矿石量确定的。

　　按照上节所述的合理确定露天转地下开采矿山生产规模的原则，孟家铁矿露天转地下开采的生产规模应以满足现有选矿厂生产能力的需要为前提，然后再根据矿床的开采技术条件和选定的采矿方法进行生产能力验证。

　　2008~2010年，孟家铁矿选矿厂的年处理量分别为936.9kt、1313.1kt和1360.6kt，三年平均为1203.5kt。据此，暂定孟家铁矿露天转地下开采的生产规模应为1200kt/a。

3.5.3.2　矿山生产能力的验证

A　按矿块生产能力验证

　　设计采用的采矿方法为无底柱分段崩落法，矿块沿矿体走向布置，矿块规格为60m×矿体水平厚度×阶段高度，进路间距和分段高度均为15m。

　　为了降低采切巷道的维护费用，需要提高回采强度，设计确定3个分段同时生产，其中一个分段出矿，一个分段中深孔采矿凿岩，另一个分段进行采准切割。经实际布置，在设计给出的长约700m的基建工程控制范围内，可以布置12个崩落法矿块。按每个分段有20条分段凿岩巷同时生产，每条凿岩巷道生产能力可达200t/d，则每个分段生产能力达4000t/d以上，工作制度按每年330d计算，矿山的生产能力可达到1320kt/a，能够满足1200kt/a的选矿生产能力要求。

B　按阶段年下降速度验证

　　根据Surpack软件计算的资源量，地下开采可利用储量为（122b+333）矿石总量为13243.82kt，按设计采矿损失率12%和贫化率20%计算，可采出矿石总量为14568.20kt，当矿山的生产规模为1200kt/a时，矿山地下开采服务期内，阶段的年下降速度及年限计算见表3-5。

表 3-5　按阶段年下降速度验证生产能力

中　段	地质储量/kt	采出矿量/kt	阶段生产能力/t·d⁻¹	服务年限/a	阶段下降速度/m·a⁻¹
+10m 阶段	5749.02	6323.92	3640	5.27	11.39
−50m 阶段	4925.16	5417.68	3640	4.51	13.30
−110m 阶段	2569.64	2826.60	3640	2.35	25.53
合　计	13243.82	14568.20	3640	12.13	14.83

　　从表3-5中可以看出，当矿山的生产规模确定为1200kt/a时，矿床开采的年阶段下降速度为11.39~25.53m，整个矿床地下开采期间，阶段的年平均下降速度为14.83m，对于中型铁矿山而言，孟家铁矿的年阶段下降速度是比较低的。

C　按阶段准备时间验证

　　孟家铁矿露天转地下开采工程设计采用中央两翼对角式开拓布置，矿体在走向及纵向展布均较稳定，各阶段开拓、探矿、采切工程量相近，阶段准备平均工程量2500m，计

41000m³，阶段平均工程强度 200m/月，阶段准备时间需 16 个月，而阶段的采矿、出矿服务年限大于 36 个月，从上述计算看出，按阶段准备时间也能够满足生产接续要求。

因此，孟家铁矿露天转地下开采工程的生产规模确定为 1200kt/a。

3.6 过渡层回采技术

"过渡层"是指矿床开采由露天开采方式向地下开采转变时的"过渡层"。露天转地下开采方案中，根据露天系统与地下系统在空间上的衔接过渡关系，以及地下采矿方法的不同，"过渡层"表现为两种情形：

一是在露天与地下系统之间留有一定厚度的隔离矿柱，即露天矿坑底至地下采场之间的水平隔离矿柱，也称为露天开采境界底柱。严格意义上讲，这种情形不属于露天转地下的"过渡层"范畴。它是通过隔离矿柱将露天开采系统与地下开采系统分开，形成两个相对相互独立的开拓系统，使矿山生产与建设过程中，两个生产系统相互影响较少，可加快地下生产系统的建设速度。但是，在地下开拓系统形成并投入生产后，矿柱内应力集中会导致该矿柱矿量很难实现有效回收，造成资源的浪费。

二是露天与地下系统之间不留隔离矿柱，露天开采与地下开采系统之间的矿石完全采出，实现矿产资源的有效回收。这种情形下，地下开采的首采阶段（或分段）构成露天转地下的"过渡层"。"过渡层"的开采从空间上将露天与地下两个生产系统连为一体，存在着如何实现安全高效回采、如何实现形成覆盖岩层、回采时间上如何安排等问题。

根据地下采矿方法的不同，对于"过渡层"的回采，在国内外已经实施的露天转地下开采的工程实例中，不同矿山采取了不同的技术方案。一般情况下，对于"过渡层"的安全高效回采，取决于地下开采时第一水平所采用的采矿方法。实现"过渡层"的安全高效回采方案主要有两种：一是自下而上回采方案，二是自上而下回采方案。

3.6.1 自下而上的过渡层回采方案

（1）回采方案。自下而上的过渡层回采方案是在地下采矿方法采场的开拓、采准与切割工程完成后，按选定的采矿方法自下而上实施采矿，直到首采分段的矿量被全部采出。该回采方案与地下采矿的正常回采工艺和出矿方式没有区别。"过渡层"矿体的回采，可以按地下开采选用的采矿方法的常规回采工艺进行回采，并能够达到较高的矿石回收率。

（2）回采时间安排。过渡层回采时间应按照分区过渡的原则，根据地下采矿方法的准备时间和露天坑覆岩层的形成时间统筹考虑。过渡层的回采自地下采矿方法试验开始，到首采分段矿量全部采出为止，持续时间较长。

3.6.2 自上而下的过渡层回采方案

3.6.2.1 回采方案

如图 3-6 所示，自上而下的过渡层回采方案的实质是露天坑内凿岩爆破地下出矿的过渡层回采工艺。该方案的工艺特点表现在以下方面：

（1）矿体倾角越大，过渡层厚度（分段回采高度）就越大，地下开采的采切工程量

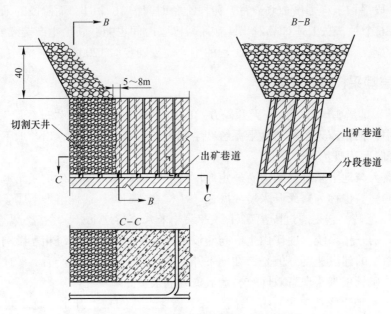

图 3-6　上而下的过渡层回采工艺示意图

越小,采矿成本越低;但矿体倾角越缓,凿岩爆破的难度越大,直接影响到回采高度的增加。

(2) 凿岩爆破不受地下采准工程影响,能有效提前地下采矿的出矿时间。

(3) 覆岩层的形成 (露天坑的回填) 可随凿岩爆破进展推进,工作压力减轻,但覆岩层的形成周期长。

(4) 凿岩难度降低,孔深不大时可利用露天穿孔设备进行,当孔深较大时,可利用其他钻孔设备凿岩。

(5) 出矿能力大。

3.6.2.2　过渡层回采时间安排

采用自上而下的方案回采"过渡层"时,过渡层回采时间取决于首采分段的采准与切割工程进度。当首采分段施工完第一条回采巷道后,即可进行切割天井的施工。切割天井直接与露天坑底贯通,既可以缓解地下掘进工程通风困难的局面,同时,又可为自上而下的过渡层回采方案实施提供爆破自由面和补偿空间。随着爆破工作面的不断推进,覆岩层可采用汽车运输废石的方式不断形成,也可在完成一个较大区域的过渡层回采后,通过崩落边坡的方式形成。过渡层的回采持续时间较短,而露天坑覆岩层的形成持续时间较长。

3.6.3　两种方案的优缺点比较

自上而下和自下而上两种过渡层回采方案,均适应于露天转地下开采的过渡层回采,两种方案优缺点如下:

(1) 在采矿方法方面,自上而下过渡层回采方案是一种半露天、半地下的采矿工艺,而自下而上回采方案完全是一种地下开采方法。前者在矿石回采时采用露天凿岩设备进行穿孔爆破,在地下出矿巷道出矿并为后续爆破提供补偿空间;而后者的凿岩爆破及出矿方式与正常地下采矿没有区别。

（2）在切割工程形成方面，两种过渡层回采方案均需通过地下工程形成切割天井。

（3）在凿岩爆破方面，自上而下回采方案能充分利用露天采矿设备实施凿岩爆破，并根据爆破补偿的大小可实施多排多段爆破；而自下而上回采方案的每次爆破一般不超过两排。

（4）在覆盖层形成方面，自下而上回采方案需在露天坑底提前形成大面积区域的覆盖岩，覆岩层的形成不受地下凿岩爆破与出矿的影响；而自上而下回采方案则是随着穿孔爆破的推进，在不影响后续穿孔爆破工作的前提下，分阶段、分区域形成覆盖岩，覆岩层形成的速度受穿孔爆破工作的影响较大。

（5）在出矿方面，两种方案的出矿方式均为地下出矿，但在出矿的连续性和出矿量大小方面有着较大的差异。但自上而下回采方案穿孔爆破工作在露天坑实施，出矿工作在地下进行，可实现地下连续出矿，出矿能力大；而自下而上回采方案基本上为半连续出矿，对同一凿岩巷道而言，其出矿模式为"凿岩→爆破→出矿→凿岩"的非连续模式，出矿能力较小。

3.7 孟家铁矿露天转地下开采过渡方案实例

3.7.1 露天开采现状及地下工程设计概况

3.7.1.1 露天开采现状

根据孟家铁矿床矿体的赋存特征及开采技术条件，首期采用了露天开采方式进行回采。露天坑开采结束时，露天坑坑底标高为+70m，坑底长度约500m，坑底宽为22~36m，最终边坡角上盘为52.6°，下盘为48.8°。

3.7.1.2 地下开采工程设计概况

2009年5月，孟家铁矿委托设计院开展了露天转地下开采工程的设计工作，2010年5月正式开始施工。地下开采工程采用了露天境界外竖井+境界内斜坡道开拓方案。主竖井为混合井，位于矿床北翼42号勘探线附近矿体下盘岩石移动范围外；回风井位于矿床南翼37号勘探线附近岩石移动范围外。为加快地下开拓工程施工速度，在37号勘探线附近岩石移动范围外、露天坑矿体下盘运输道旁设辅助斜坡道，斜坡道开口标高+142m标高。坑内破碎系统设在-150m水平，装矿系统设在-180m水平。共设+10m、-50m和-110m三个阶段，阶段高度60m，分段高度为15m，首采分段为+55m分段。地下采矿方法为无底柱分段崩落法，覆盖岩层厚度为40m。

3.7.2 露天转地下开采的过渡方案

根据孟家铁矿露天开采现状和稳产过渡的要求，结合地下开采工程建设进展与采矿方法选择结果，该矿露天转地下开采的过渡方案宜采用境界内分区过渡的不停产过渡方案。其主要思路为：

（1）矿床地下开拓方案原设计为北翼混合井+南翼回风井开拓方案，地下开拓系统的顺序施工很难保证矿山生产的平稳过渡。因此，通过设计优化，增加露天境界内辅助斜坡道工程，以加快地下采矿工程的施工速度，提前形成采矿能力。

（2）对露天开采境界内剩余资源进行开采，使露天坑底全部达到+70m 标高。

（3）按先南后北的次序，对露天坑两端的边角矿进行扩帮开采。扩帮开采中产生的废石在露天坑内进行内排，以逐步形成覆盖层，废石不足时从排土场运取。露天坑南部先期形成覆盖层，然后是北部。

（4）地下采矿首先在 39 号勘探线以南完成采准与切割工程，并在覆盖层形成后开始进行采矿方法试验，形成采矿能力。

（5）在对露天坑两端的边角矿进行扩帮开采期间，由于露天开采能力下降，可通过沿矿体走向施工大断面切割巷道的方式，解决选矿生产矿量不足的问题。

（6）在露天开采结束后、混合井形成提升能力以前，由辅助斜坡道承担地下开采的矿石运输任务，以满足选矿生产的需要。

3.7.3   生产过渡期的技术措施

为确保孟家铁矿露天转地下开采的平稳过渡，在露天生产和地下工程设计与建设方面采取了如下技术措施。

3.7.3.1   露天开采方面

为延长露天开采的服务年限，生产计划中统筹考虑露天境界内和露天坑两侧端帮的扩帮开采，按照先露天境界内开采至+70m 标高，然后进行露天坑南翼端帮、最后北翼端帮扩采的顺序进行端帮的扩帮开采。

3.7.3.2   地下工程设计方面

孟家铁矿地下开拓工程原设计为南、北翼竖井开拓方案。考虑到地下工程建设的工期较长，而该矿露天开采的剩余服务年限仅有 2.38 年，面临生产接续的困难。为加快地下开采工程的建设速度，通过设计优化，采取了增加露天境界内辅助斜坡道工程的设计方案。主要内容是：

充分利用露天的开拓深度，在露天坑下盘运输道旁侧+142m 标高处设计露天境界内辅助斜坡道工程，作为露天开采结束后、混合井尚未形成提升能力时地下采出矿石的主要运输通道；同时，在 39 号勘探线附近、露天坑下盘+90m 标高处施工一条长约 180m 的措施斜坡道至+55 分段水平，为加快地下开拓、采准与切割工程的施工速度和尽早形成地下出矿能力创造条件。

3.7.3.3   地下工程建设方面

（1）对地下工程进行全面综合分析，确定工程的关键线路，并将工程按关键线路拆分为 2~3 个工程标段，通过招投标方式确定各工程标段的施工单位。

孟家铁矿地下开采工程按此原则共划分为三个标段：主竖井标段，主要包括竖井井筒、井下溜破系统、装矿系统、粉矿回收系统和排水系统等；风井标段，主要包括风井井筒、+10m 水平和−110m 水平阶段巷道和采区溜井系统等；辅助斜坡道标段，主要包括斜坡道、+55m 分段巷道、+40m 分段巷道以及两分段的分段巷道、回采巷道和切割工程等。

（2）编制工程施工进度控制网络图和施工组织设计，严格按网络图节点控制工程施工进度。

（3）对影响生产接续较大的辅助斜坡道工程组织快速施工，确保在露天开采结束前完成地下采矿方法试验。

孟家铁矿基建期辅助斜坡道施工采取了多机台凿岩、铲运机装载、汽车运输排岩的施工方案，该工程自 2010 年 4 月下旬开工，到 2010 年 11 月下旬施工结束，平均月进尺超过了 180m，其中 2010 年 8 月辅助斜坡道施工速度达到月进尺 226.5m，创当年全国斜坡道掘进的最高纪录。

（4）尽可能采用平行作业方式展开工程施工。如辅助斜坡道和措施斜坡道工程施工至各分段水平时，在斜坡道的同时，展开各分段巷道的施工等。

3.7.4 露天转地下开采过渡期产量衔接

露天转地下开采矿山过渡期产量衔接的关键在于统筹矿山的生产布局，合理安排露天残采出矿量、地下开拓期的副产矿量及采矿方法试验所获得的矿量，最大限度地满足选矿厂生产需求。

3.7.4.1 露天矿残采的生产布局

为确保露天转地下开采过渡期的产量衔接，根据确定的孟家铁矿分区过渡方案，露天残采的生产布局按下述思路统筹安排：

（1）集中开采 39 号勘探线以南露天坑底的残余矿石，使露天坑的开采标高首先在该区域达到+70m 标高。

（2）开采 39 号勘探线以北露天坑底的残余矿石，使露天坑的开采标高全部达到+70m 标高。

（3）开采 39 号勘探线以北露天坑底残余矿石的同时，在 39 号勘探线以南露天坑下盘进行扩帮，形成下盘运输道，扩帮产生的废石可直接排至露天坑底，形成覆岩层。

（4）对露天坑南端帮的残余矿体（走向长度约 30m）进行剥离与开采，直至开采到+70m 标高。对该部分矿体进行剥、采时，在+110m 标高以上利用露天坑南部运输道出口及上盘运输道进行矿、废石运输，在此期间，通过扩帮来完成 39 号勘探线以北下盘运输道路的修筑；+70~+110m 标高之间的剥离废石与开采出的矿石通过露天坑北部运输道出口及新修的运输道路运输。

（5）对露天坑北端帮的残余矿体（走向长度约 15m）进行剥离与开采，直至开采到+70m 标高。北端帮残余矿体开采产生的废石全部内排到露天坑南部，形成覆岩层。

3.7.4.2 地下开采系统建设期的副产矿量补充

加快地下工程的施工速度，合理安排工程施工顺序，尽早形成和提高掘进副产矿出矿量，是地下开采系统建设期补充选矿生产所需矿石量的一个重要环节，能够有效缓解露天矿出矿能力不足的问题。对孟家铁矿露天转地下开采工程而言，形成和提高副产矿出矿量的具体方案与思路主要有以下几个方面：

（1）选择装备水平高、施工能力强的施工队伍，制订合理的施工方案和施工进度计划。如通过提前施工采准、切割巷道、加大切割巷道的断面来增加副产矿的数量等。

（2）在施工辅助斜坡道的同时，设计与施工措施斜坡道。措施斜坡道开口位于露天坑下盘边坡内 37 号勘探线的+50m 标高，下口与+40m 分段的分段巷道相连，以提前进行+40m 分段工程的施工。

（3）措施斜坡道施工到达+55m 分段后展开+55m 分段的开拓与采切工程施工。采切工程的施工以优先在 37~39 号勘探线之间形成采区为原则。为提高副产矿出矿量，以 39 号勘探线为中心，沿矿体上盘边界向南北两翼施工断面为 5.00m×5.00m 切巷，根据施工单位所能达到的施工能力，措施斜坡道可形成 1000t/d 的副产矿出矿能力。

（4）在辅助斜坡道施工结束后，转入+40m 分段施工，开拓工程以形成 37~39 号勘探线之间、+40~+55m 间的采场溜井为施工主线，兼顾整个分段开拓工程与采准切割工程的施工。当露天采出矿量和+55m 分段的掘进副产矿量不足以满足选矿生产时，也可按+55m 分段工程的施工方式，强化+40m 分段的采切工程施工，以弥补出矿量的不足。

3.7.4.3　地下采矿方法试验的矿量调整

采矿方法试验是矿床地下开采的重要环节之一。采矿方法试验阶段不仅要摸清采矿方法各种技术参数与经济指标的相互影响，同时也能使习惯了露天采矿生产的工人熟悉地下采矿方式。在此试验阶段，虽然试验采场的日出矿量不很均衡，但也能在很大程度上缓解选矿生产面临的矿石不足问题。

在 37~39 号勘探线之间形成两个采场（由 6 个凿岩巷道及其他采场配套工程）进行采矿方法试验。采矿方法试验采场安排在 Fe10 号矿体，采场为垂直走向布置，两个采场在采矿方法试验期间所能达到的出矿量可保持在 1000~1800t。

采矿方法试验期间，根据采准、切割工程进展，随时形成+55 分段的其他采场，准备规模采矿。

3.7.4.4　应注意的安全问题

在露天转地下的矿山，会遇到很多的困难，为了确保矿山生产的安全，在露天转地下矿山应该注意以下几个问题：

（1）为避免露天爆破对地下井巷和采矿场的破坏，在地下工程与露天采场底之间应保持足够的距离。临近露天坑底的穿爆作业不要超深并应注意控制露天爆破的装药量，采用分段微差爆破等减震爆破方式，要防止露天与地下爆破产生相互影响。

（2）过渡时期的地下工程作业应不影响露天作业的正常进行和安全生产，应与露天采场作业密切配合，研究合理的回采顺序和回采方式。

（3）建立必要的岩石移动观测队伍，随时掌握地下采空区上覆岩层的移动规律，确保露天边坡和生产作业的安全。

（4）对地下开采岩体移动界线以外的来水方向，通过采取措施和增设防洪堤、截洪沟，拦截地表迳流经露天采场涌入井下，在地下与露天沟连通的井巷和采场要采取防水措施，必要时，设置防水闸门。要确保水泵房的正常运转和防止泥沙突然涌入井下。

4 露天转地下开采生产系统的衔接

露天开采的矿山在向地下开采方式转移前，充分考虑露天开采与地下开采的特点，统筹规划露天与地下开采的工程布置，对降低地下开采系统的建设投资和降低生产成本具有积极的作用。本章主要以孟家铁矿为例，研究露天转地下开采生产系统的衔接技术[137]。

4.1 生产开拓系统衔接

露天转地下开采是集露天和地下两种工艺优点为一体的综合性开采技术，地下开拓系统与露天开拓系统的衔接是实现两种工艺优点为一体的关键所在。目前，我国已经实施露天转地下的矿山，由于缺乏统筹规划和必要的技术支撑，转地下开采矿山的开拓系统、排水系统、矿石的溜破运输系统往往与露天脱节，造成露天与地下开采系统不配套、不协调。不仅造成资金的浪费，而且导致生产系统很难实现大规模、高效率强化开采。

露天转地下开采开拓系统衔接方案的合理与否，对于矿山地下开采系统建设投资的大小，和生产转入地下开采方式后能否顺利按期达产和企业的盈利空间大小有着重要的影响。

4.1.1 开拓系统衔接方案的确定原则

矿井开拓的内容包括开拓巷道的形式及布置、采准区的划分及开采顺序。开拓方式是指对矿井开拓巷道的布置方式、采准区的划分方式等内容的一种综合、简要的概括。在矿山设计中，选择矿床开拓方案是总体设计中十分重要的内容，包括确定主要开拓巷道和辅助巷道的类型、位置、数目等。它往往决定整个矿山企业建设的全貌，并与矿山总平面布置、提升运输、通风、排水等一系列问题有密切的联系。一般情况下，露天转地下开采矿山，根据生产规模的大小、开拓系统布置的复杂难易程度和各类工程所处的工程地质与水文地质条件等，地下开采系统建设需要花费3~6年的时间，投入的基建工程量几乎相当于一个新建的同规模地下矿山所需的工程量。因此，地下开采系统的设计与建设不仅要考虑地下矿山工程设计与建设的一般性特点，还要考虑原有露天开采系统对地下开拓系统设计与建设的不利影响，并兼顾地下开拓系统对原有露天开拓系统的利用程度，以及地下系统建设对露天生产设备的利用情况等。

矿床开拓方案一经选定并施工之后很难改变，因此，露天矿开拓系统与地下矿山开拓系统的衔接，应遵守以下几个原则[153]：

(1) 地下开采系统工程量最小原则。在满足各种工程使用功能的前提下，最大限度地减少地下开采系统的基建工程量。如在确保工程不受边坡稳定性影响的前提下，尽可能利用露天开拓深度，将风井、斜坡道等工程布置于露天采坑内等。

(2) 地下开采系统建设工期最短原则。露天矿生产后期，随着露天坑的开采深度不断加大，边坡的稳定性问题也越来越突出，矿山的生产能力也不断下降，为维持生产的均衡持续发展，矿山开采由露天转为地下的迫切性加剧。因此，提高各类工程的施工速度，和尽可能减少工程建设工期关键线路上的开拓工程量，是缩短地下开采系统建设工期的关键，也是实现矿山生产能力的平稳过渡的关键。

（3）矿床开采成本最小原则。企业生产经营的宗旨是以最小的投入，通过物的活化劳动获取最大的利润。资源开采中，当矿产品和原材料价格不受市场波动影响时，企业利润的大小与开采成本的高低成反比，即开采成本越高，所获得的利润就越低；反之则利润越高。

影响矿床开采成本高低的因素较多，如运输成本的高低与矿床开拓系统方案有关。为实现矿床开采的成本最小化，降低矿石的提升运输成本，当露天矿的运输成本较高而井下运输提升成本较低时，可以采用溜井衔接方案将露天矿采下的矿石下放到井下，利用地下井巷进行运输提升；主竖井位置的选择可优先考虑选矿厂的位置，使其距破碎站原矿仓的距离最近，并采用皮带运输方式，减少地表矿石二次运输的距离和运输费用。

（4）露天矿生产系统及设备利用程度最高原则。地下系统建设期间，充分利用矿山已有的运输设备及其配套设施，最大限度发挥露天生产设备设施的潜能，提高其利用率，有利于加快工程建设速度和减少基建投资，对生产的调节具有积极的作用。在地下开采系统投产后，对露天生产设备设施的充分利用有利于降低生产成本和提高劳动生产率。

作为露采转地采的主要开拓工程——井筒位置的选择，既要考虑已有选矿厂的位置，以缩短地面运输距离；也要考虑充分利用露采已经形成的采矿工业场地，以降低工程建设投资；还要考虑露天已形成采坑，将井筒布置在采坑内以缩短井筒长度，将井下废石堆存于露采坑内，以减少建设用地。将主、副井布置在露天开采已有工业场地附近时，原采场办公楼、材料堆场、道路等各种设施均可利用。

4.1.2　开拓系统衔接方案分类

露天转地下开采的矿山，实质上是对同一个矿床采用露天与地下两种开采工艺进行开采。依据矿山地下和露天开采系统在开拓方式与采矿工艺上联系程度的不同，露天转地下开采开拓系统的衔接方式，可归纳为独立开拓系统、局部联合开拓系统以及联合开拓系统三种[2,15,53,54]。

根据目的和用途不同，按主要开拓工程类型，露天转地下开采矿山的开拓系统衔接可分为竖井、斜井、斜坡道、溜井和平硐（平巷）五种类型[54,55]衔接方案。

根据主体工程与露天坑的相互位置关系，上述五种方案可分为露天开采境界内开拓方案、境界外开拓方案和混合开拓方案三大类[154]。

4.1.2.1　露天开采境界内开拓方案

该方案是将用于深部资源开拓的各种功能的主体工程布置于露天坑境界内的适当位置，以实现对深部资源的开拓。其实质是露天开采的矿石可全部或部分利用地下开拓系统出矿，或是地下开拓系统局部利用露天开拓工程，达到露天与地下开采工艺系统的相互利用和完美结合，实现露天与地下共用的一体化开拓系统。方案的优点在于充分利用已有露天开拓系统对矿床的开拓深度、露天生产运输系统和设备设施的残余功能，因而能够减少地下开拓的工程量，达到缩短地下矿山建设工期和节省工程投资的目的。但是，考虑到露天矿边坡特别是地下开拓主体工程周围的边坡，以及需要长期保留和使用的露天运输台阶的稳定性问题，地下开拓主体工程的位置选择较为困难，同时会增加露天边坡的维护工作量与维护费用。若矿山的露天边坡稳定性高，境界内开拓方案具有明显的优势。

在露天坑边坡稳定条件下，当深部资源量不大，或是要对挂帮矿及露天矿残留的边坡矿进行回收时，可采用境界内开拓方案。

4.1.2.2 露天开采境界外开拓方案

该方案是将地下生产系统的主体开拓工程布置于露天坑开采境界以外，露天与地下开采系统在开拓和开采工艺上形成各自使用相互独立的开拓运输系统。其实质是在不同的空间位置上，对同一矿床采用露天与地下开采两种相对独立的工艺系统进行开采，矿床的开拓方式与回采工艺之间没有联系或联系甚微。它的优点在于地下开采系统的建设与露天坑的生产相对独立，地下开采系统建设与生产期间，不会对露天坑的正常生产产生影响或影响极小。但是，由于开拓系统相互独立，地下开采系统建设投入的基建工程量大，投资高，基建工期长；而露天深部生产的剥离量大，运输和排水的费用高。

在一定的地形地质条件和矿床的赋存条件下，这种开拓方案可以在进行矿床露天开采设计的同时，对深部和侧翼矿体进行地下开采设计，以便于露天与地下开采基建工作同时进行，使矿山顺利转入地下开采。

4.1.2.3 露天开采境界内外混合开拓方案

混合开拓方案是将地下开拓系统的部分主体工程布置在露天坑开采境界内，而另一部分主体工程布置于露天坑开采境界以外的情形。其优点在于能够充分利用已有露天开拓系统的开拓深度、露天生产运输系统和设备设施的残余功能，有效地加快地下开采系统建设的施工速度和降低工程投资。

对于露天转地下开采的矿山，在充分研究露天矿边坡稳定性的条件下，结合露天开采现状，应尽可能考虑采用境界内外混合开拓方案，以加快地下开采系统的建设速度和降低投资。

4.1.3 开拓系统衔接方案选择的影响因素与优化

4.1.3.1 影响开拓系统衔接方案选择的因素

主要开拓巷道的选择是露天转地下矿山开拓的核心，其选择在矿山设计中是至关重要的。主要开拓巷道类型的选择，受到以下几个条件的影响：

（1）地表地形条件。不仅要考虑矿石从井下（或硐口）运出后，通往选矿厂或外运装车地点的运输距离和运输条件，同时要考虑附近是否有容积较充分的排废石场地，否则因附近无排废石场地，势必造成废石的远距离运输，从而增加矿石成本。此外，还需考虑地表永久设施（如铁路）、河流等影响因素。

（2）矿床赋存条件。它是矿山选择开拓方法的主要依据，如矿体的倾角、侧伏角等产状要素对决定开拓方法有重要意义。

（3）围岩性质和边坡的稳定性。这里主要指的是矿体、围岩和已经形成的露天边坡的稳固情况。为减少露天和地下同时开采的影响而增加工程维护费用，在选择开拓方法时，必须考虑矿岩性质。

（4）采矿方法的选择。露天转地下的矿山不同于普通的地下矿山，在对开拓方式的选择上对采矿方法也有一定的依赖性。比如，在采用崩落法和充填法开采的时候，由于采矿引起的移动带是不同的，对开拓巷道的布置选择就不一样。

（5）生产能力。开拓巷道与巷道装备不同，其生产能力（提升或运输）也不同。一般来说，平硐开拓方法的运输能力最大，竖井高于斜井。

（6）矿石工业储量、矿石工业价值、矿床勘探程度及远景储量等。

（7）原有井巷工程存在状态。

（8）选场和尾矿库可能建设的地点。

另外，开拓巷道施工的难易程度、工程量、工程造价和工期长短等，虽然不能作为确定开拓方案的重要依据，但也绝不可忽视。尤其是露天转地下的矿山，为了稳产往往需要调整施工周期和产量等。因此，对矿山现有的施工力量和资源特点，在开拓巷道类型选择时也应考虑在内。

4.1.3.2 开拓系统衔接方案的优化途径

露天转地下开采的矿山，要真正达到提高工程建设速度、降低工程投入和节省成本的目的，就应将上述原则的实现作为工程项目建设各个阶段工作的主要工作。实现上述原则的主要途径有：

（1）加大露天转地下可行性研究和初步设计阶段的研究深度，从总体方案上把握研究成果技术经济的可行性与合理性，使项目总体方案达到最优化。

（2）广泛调查与了解条件相似、规模相近的矿山以及其他地下开采矿山在矿山设计与建设方面的先进技术与先进经验，特别是要关注其他矿山在工程子项设计中的设计优化成果，或是在施工中的有利于加快工程施工进度的好的施工方法，进而在施工图设计与工程施工中尽可能采用。

（3）加强设计优化研究，在保证工程使用功能的前提下，不断进行施工过程中的设计优化工作，以使设计、施工方案趋于更为合理[52]。

4.1.4 孟家铁矿露天转地下开拓系统与优化

合理的资源开发利用方案是实现矿产资源得到最大限度的回收、矿区环境得到最好的保护、土地资源占用量最小和企业获得的效益最大的基础和关键所在。矿山开采方案的选择合理与否，直接关系到项目的投资大小和效益好坏。在充分研究资源开采技术条件的基础上，依据资源储量分布特征对矿床开拓方案进行优化，能够有效简化工程布置方案，减少开拓工程量和降低工程投资[155]；而充分发挥各类工程的使用功能，避免功能浪费所产生的过度投资，有利于减少工程建设投入和加快工程建设速度[156]。

4.1.4.1 孟家铁矿露天转地下开采的开拓系统

孟家铁矿露天转地下开采工程，采用了露天境界外主、风井和境界内辅助斜坡道联合开拓方案，如图 4-1 所示。

主竖井为混合井，位于 42~43 号勘探线之间，矿体端部下盘附近岩石移动范围外，井筒净直径为 φ6.0m。井口标高为 +203.208m，井底标高 -225m，井筒全深 428.208m，在 -150m 水平设坑内破碎，在 -185m 水平设皮带装矿系统，-225m 水平设粉矿回收系统。阶段高度 60m，下设 +10m、-50m、-110m 三个阶段。竖井采用 JKM-4×4（Ⅰ）E 塔式多绳

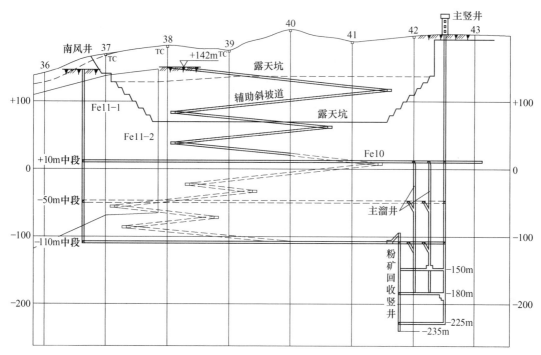

图 4-1 孟家铁矿露天转地下开拓系统示意图

摩擦轮提升机，4000mm×1800mm 双层单罐笼配 11.5m³ 箕斗提升方式，担负矿石、废石、人员、设备、材料提升任务。主竖井旁侧工程有主溜井系统、坑内破碎系统、皮带装矿系统和粉矿回收系统等。

辅助斜坡道位于露天坑境界内，38 线矿体下盘岩石移动范围外，规格为 4.0m×3.5m，开口标高为 +142.000m，线路平均坡度 12%。斜坡道主要担负无轨设备上下，并承担基建期采出矿的运输任务。

南风井位于 37 线以南附近，Fe10 与 Fe11 脉端部之间岩石移动范围外，井筒净直径为 $\phi 4.0$m，井口标高 +151.650m，井底标高 -110m，井深 261.650m，为矿区南翼回风井，井筒内设梯子间，作为井下第二安全出口。

设计采用下盘脉外加穿脉运输方式，各阶段采用 10t 电机车牵引 4m³ 底侧卸式矿车运输矿石，10t 电机车牵引 2m³ 侧卸式矿车运输废石。矿石、废石运往混合井旁侧溜井，最后由混合井提升至地表。矿石在地表由汽车转运至选厂原矿仓，废石由汽车转运至露天坑堆存。

4.1.4.2 孟家铁矿地下开采开拓系统的优化[153]

为实现降低工程投资、缩短地下矿井的建设周期、实现地下开采系统生产能力迅速增长的目的，开拓系统设计先后经历了三次大的优化，主要体现在矿床的开拓方式、生产的过渡方式、回采顺序和辅助工程的布置方式等方面。

多次优化后的孟家铁矿露天转地下开采工程开拓系统如图 4-2 所示。优化的主要内容包括以下几个方面：

（1）矿床的地下开拓方式从最初主斜井+副竖井+南风井的开拓方式，最终确定为主

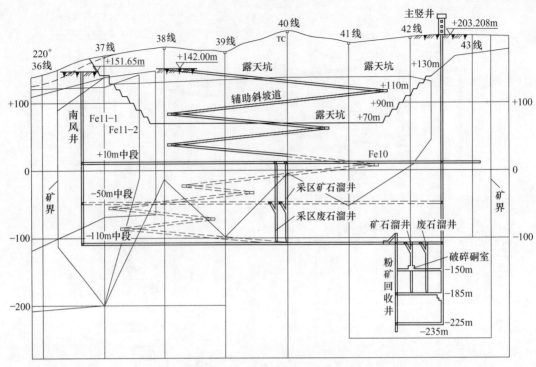

图 4-2　优化后的开拓系统示意图

竖井（混合井）+辅助斜坡道+南风井的侧翼对角式开拓方案。露天坑境界内辅助斜坡道对于地下开采系统的提前形成出矿能力具有关键性的作用，可有效缓解矿山生产接续的矛盾。

（2）采矿方法从分段空场法改变为分段崩落法，分段高度由 15m 增加到 20m，进路间距由 15m 增加到 20m。由于采矿方法的改变，露天开采向地下开采过渡的方式实现了由留露天坑境界底柱向不留境界底柱的转变，避免了露天境界底柱回采的诸多不便，底柱矿量得到了提前回收。

（3）主竖井旁侧的主溜井系统由高段溜井改为低段矿仓，上部阶段的采出矿石与掘进废石均通过采区溜井下放到 −110m 阶段，通过在 −110m 阶段的转载与运输，进入竖井旁侧矿仓，有效简化了工程布置，节省了工程建设投资，缩短了矿井建设周期。更重要的是通过溜井系统的简化，降低了矿石的运输功，有利于降低矿山的生产成本。

（4）排水系统的优化方面，增加了斜坡道临时排水系统和矿井主排水系统中水仓的有效容积，有效提高了露天转地下开采矿井的安全可靠性。

4.2　排水系统衔接技术

4.2.1　露天转地下矿山的矿坑充水因素

矿坑充水的因素主要包括水的来源、涌水的通道和涌水量的大小等三个方面。矿坑的充水因素是矿山生产与建设中进行涌水量计算、预测矿坑突水和矿山防排水设计的重要依据的先决条件。露天转地下矿山在地下开采时水的来源主要有以下四个方面：大气降水、地表水、地下水和老窿积水。

（1）大气降水的渗入是许多矿区矿坑充水的经常补给水源之一，大气降水渗入量的大小与地区的气候、地形、岩性构造和露天坑的汇水面积等因素有关。

（2）当矿山位于海、河、湖泊和水库等地表水的影响范围内时，在适当的条件下，地表水会成为矿坑涌水的主要水源，矿坑涌水量的大小与地层透水性的强弱密切相关。

（3）地下水主要是来自地下矿体及围岩的含水空隙，主要表现为孔隙水、裂隙水和岩溶水，含水空隙含水量的大小与导水通道（岩体中的构造、裂隙等）的连通性好坏，直接影响矿坑涌水量的大小。

（4）老窿水主要是矿山在开采前由于民采和滥采形成的采空区积累的水源，巷道一旦揭露（或通过构造导通），短时间可能会有大量水涌入矿坑，产生很大的破坏性。

一般情况下，上述四种水源不是孤立存在的，而是相互影响和综合作用的，矿区的地质构造，尤其是各种张性裂隙、张性构造，对地下水天然储量的大小、地表水与地下水及含水层的水力联系起着非常大的作用。

4.2.2 露天转地下矿山的防水措施

矿山建设与生产过程中，矿坑涌水是阻碍和破坏生产的极不利的因素。矿坑涌水的综合防治的主要目的是防止矿井水害事故发生，减少矿井正常涌水，降低采矿生产成本，在保证矿井建设和生产的安全前提下使矿产资源得到充分合理的回收，是矿山建设与生产过程中的一项必不可少的工作。

露天转地下开采矿山的防水要坚持"预防为主，防治相结合"的方针，防水的主要措施有：减少矿井充水水源或渗入矿井的水量，疏放降压或注浆封堵对矿井有威胁的地下水，阻止地表水或地下水进入井巷；充分利用矿区工程地质与水文地质条件，构筑必要的工程，减少或防止发生突水事件。不同的矿井充水水源往往会有不同的预防方法，通常情况下，对露天转地下开采矿山而言，矿井防水分为矿区地表防水、露天坑防水和井下防水等方法。

4.2.2.1 矿区地表防水

矿区地表防水是指在地表修筑各种防排水工程，防止或减少大气降水、汇水和地表水流、水体涌入采矿影响区域，保证采掘工作安全的一种技术措施，特别是对以大气降水和地表水为主要充水水源的矿井尤为重要。缩小地表汇水面积、拦截地表径流、防止地表水进入地下开采的塌陷区内，是露天转地下开采矿山矿区地表水防治的关键。具体措施包括：

（1）拦截地表径流。地处山麓或山前平原区的矿井，因山洪或潜水流入井下，构成的水害隐患或增大的矿井排水量，可在来水方向沿地形等高线布置排洪沟、渠，拦截洪水和浅层地下水，并通过安全地段引出矿区。具体实施时，对露天坑最终回填标高以上的地表水可利用露天回采期间的防排水工程进行拦截。对地下开采岩体移动界线以外的来水方向，应采取措施和增设防洪堤、截洪沟，拦截地表径流经露天采场涌入井下，在地下与露天沟通的井巷和采场要采取防水措施。

（2）填堵导水通道。矿区范围内，因采掘活动引起地面沉降、开裂、塌陷时，要对查明的地下矿井进水通道用黏土或水泥填堵；对较大的溶洞或塌陷裂缝，可在下部填碎石、上部盖以黏土分层夯实，且略高出地面，以防积水。在回填之前，应对回填范围内的涌水点进行认真调查、统计，包括位置、涌水量、水压、补充途径、水力联系等。

4.2.2.2　露天坑防水

露天转地下开采矿山的露天坑防水，根据是否保留露天境界底部矿柱，分为两种不同的形式：

（1）留露天境界底柱时，尽量清理露天坑底的块石，然后在露天坑底回填砂土混合材料，并进行碾压，使其达到密实，具备不透水或弱透水的特性。一般情况下，该回填层的厚度应保持在 1.0~2.0m。

（2）不留露天境界底柱时，覆盖岩层的结构和回填高度的共同作用，是露天转地下开采矿山的露天坑防水的主要技术措施。一般情况下，根据岩石块度的不同，覆盖岩层分为三层，第一层为碎石层，该回填层为无风化、含泥量少的大块废石，有较强的透水性；第二层为普通回填层，该回填层为无风化、含泥量少的中小块度废石，具有一定的透水性；第三层为砂土混合层，要求其不透水或具有弱透水性。

4.2.2.3　地下矿井防水

一般情况下，地下矿井在采掘过程中可能会揭露具有很大静水压力或是补给源丰富的含水层和水体等，形成突水。在采矿工程实践中，坑内涌水可能具有下列特征：涌水具有突然冲溃的形式，携带大量泥沙淤积矿内坑道，地下水储量大或者补给来源丰富，涌水量超过矿山现有排水能力等。

在露天转地下的生产实际中，除了必须根据水的补给来源采取上述地表防水措施以外，为确保在矿山开采时还应实施以下几点防水措施[157~159]：

（1）超前探水与放水。对掘进与回采工作面围岩及前方的地质构造、含水层及废旧巷道、空区（老窿）积水进行查探，对涌水量、突水的可能性进行预评估，如含水层、积水区没有动水补给或补给量不大，可放水疏干。若动水补给量大，应先切断补给源通道，然后实施放水。

（2）构筑防水设施。当矿井受有明显或有潜在水淹威胁时，应在有涌水危险地段与关键工程之间的巷道中设防水门或防水墙。

（3）封堵导水通道。对与含水层导通的张性节理裂隙、构造进行注浆封堵，切断水力联系通道。

（4）封闭采空区和废旧巷道。为防止开采挂帮矿时遗弃的废旧巷道形成导水通道，必须在适当部位采取一定的措施对废旧巷道进行封堵，避免露天坑底的积水涌入井下。

（5）留设防水矿柱。为防止承压水和其他水体的水通过不同的途径溃入或冲破围岩突入矿坑，可在废旧坑道（老窿）、构造两侧及其他可能突水的外围预留一定宽度和厚度的矿柱。

4.2.3　露天转地下矿山的排水方式

露天转地下矿山的排水方式，可以分为直接排水和接力排水两种：

（1）直接排水。直接排水是指矿井的排水系统位于矿井的最低开拓阶段，利用安装在泵房中的排水设备将矿井水直接排到地表。直接排水的优点较多，采用直接排水方案时，整个矿井只建有一个排水系统，矿山用于排水系统建设投资和排水系统运营费较少，管理也比较简单,易于实现排水系统的自动控制。

(2) 接力排水。接力排水是指矿坑水不是一次直接排到地面的,而是一次或多次排到上部水平的水仓,然后再排到地面的一种排水方式。

地下矿井采用多水平开拓时,根据矿井各水平涌水量的大小,既可以采用直接排水方式,也可以采用接力排水方式。如上部水平的涌水量大于下部时,最好采用接力排水方式;反之,如果下部水平中涌水量相当大,则最好采用直接排水方式。

4.2.4 孟家铁矿排水系统衔接方案与技术

4.2.4.1 矿床的充水因素

根据矿区工程地质与水文地质研究结果,大气降水的渗入和地表径流的直接流入是孟家铁矿床的主要充水因素;第四系砂砾含水层、风化裂隙含水带和磁铁石英岩构造裂隙含水带也是矿床的主要充水水源。

矿区地下水的补给来源为大气降水,矿区水文地质条件属微裂隙充水,水文地质条件属中等类型的矿床。

4.2.4.2 矿床涌水量预测

A 露天坑内涌(汇)水量预测

一般情况下,矿床露天开采时,正常降雨径流量可按式(4-1)计算:

$$Q_z = F \times H \times a \tag{4-1}$$

式中 Q_z——正常降雨量径流量,m^3/d;

F——汇水面积,m^2,根据矿区 1:2000 地形图,矿区的汇水面积为 669578m^2,在采取适当的截排水措施后,影响露天坑的汇水面积,也即露天开采区的汇水面积为 F=120862m^2;

H——正常降雨量,mm,根据当地气象资料,矿区的正常降雨量为 5.16mm;

a——正常降雨量径流系数,0.4。

设计暴雨降雨量径流量可按式(4-2)计算:

$$Q_b = F \times H_p \times a_1 \tag{4-2}$$

式中 Q_b——正常降雨量径流量(按照 20 年一遇暴雨计算),m^3/d;

H_p——设计频率暴雨降雨量,根据当地气象资料,矿区的设计频率暴雨降雨量为 195mm;

a_1——暴雨量径流系数,0.6。

孟家铁矿+70m 标高以上为露天开采,根据式(4-1)和式(4-2)计算的矿区正常降雨径流量为 249m^3/d,最大降雨径流量为 14141m^3/d。

B 地下开采系统涌水量预测

a 大气降水补给量计算

根据矿区水文地质情况,矿区地下水的补给来源主要为大气降水的有效入渗补给量。矿区地下水的总补给量可按式(4-3)计算:

$$Q_补 = Q_降 = F \times A \times \frac{a}{365} \tag{4-3}$$

式中　$Q_补$——矿区地下水的总补给量，m^3/d；

$\quad\quad Q_降$——大气降水有效入渗补给水量，m^3/d；

$\quad\quad\quad F$——矿区的汇水面积，m^2，$F=669578m^2$；

$\quad\quad\quad A$——年有效降水量，根据气象资料，矿区多年平均降水量 511.3~1108mm，按最大值 70% 作为入渗的有效降水量，$A=1108\times70\%=775.6mm$；

$\quad\quad\quad a$——大气降水入渗系数，$a=15\%$。

由式（4-3）计算可得：矿区地下水的总补给量为 $213m^3/d$。

b　矿坑涌水量计算

地下开采矿井的矿坑涌水量，可根据大井法计算公式计算：

$$Q = \frac{\pi K(2H - M)M}{\ln R_0 - \ln r_0} \quad\quad\quad (4\text{-}4)$$

式中　K——渗透系数；$K=0.0457m/d$；

$\quad\quad\quad H$——承压含水层的水头高度，m；

$\quad\quad\quad M$——含水层厚度，$M=24.6m$；

$\quad\quad\quad R_0$——引用影响半径。$R_0=R+r_0$，$R=10S\sqrt{K}$；

$\quad\quad\quad S$——抽水时的水位降深，m；

$\quad\quad\quad r_0$——引用半径，$r_0=456.5m$。

孟家铁矿床最低开拓标高为 -235m 水平，根据矿区水文地质勘察与研究的相关结果，由式（4-4）计算可得，预测矿井的正常涌水量为 $2485m^3/d$。

C　地下开采坑内总涌水量预测

孟家铁矿床开采过程中，大气降水与裂隙水是矿区地下水的补给来源，而排泄则是通过地下径流形式流出矿区外和矿床开采时的排水排出地表。

地下开采时，矿坑总涌水量包括了矿区地下水总补给量和矿坑涌水量两部分，预测 -235m 水平以上正常涌水量为 $2698m^3/d$，最大涌水量 $3239m^3/d$。

4.2.4.3　排水系统衔接技术与方案

A　露天矿防排水系统

根据涌（汇）水量预测，孟家铁矿正常降雨径流量 $249m^3/d$，最大降雨量径流量 $14141m^3/d$。为防止暴雨时露天坑内的汇水涌入地下矿井，造成地下矿井排水压力过大而酿成灾害，露天矿的防排水系统可采取如下措施。

a　转入地下开采前

第一，根据露天坑周边的地形地貌，在露天坑南、北两侧地表岩石移动范围外开挖 2.0m×2.0m 截洪沟，在西侧设 1.2m 高的挡土墙，以减小露天开采区的汇水面积，将大气降水引至矿区外。

第二，在露天坑 +70m 以下矿体崩落以前，利用矿山原有排水设备，在回填后的露天坑台阶上设移动泵站，及时将露天坑内的汇水量排走，防止进入井下。

第三，对 +70m 以上边坡进行及时清理、对滑体进行强制处理，对裂隙进行混凝土灌注，对所有坡面采用 2.0×2.0 网度的长锚索网喷护，防止边坡破坏对露天排水系统造成影响。

b 转入地下开采后

第一，用排弃废石回填露天坑，回填厚度大于 40m，以减缓露天坑内汇水进入地下开拓系统的速度，减轻地下系统的排水压力。

第二，露天坑回填覆盖层后，在雨季来临前，及时回填露天坑，并在露天坑底设集水坑，将坑内汇水集中，正常降雨时由原有潜水泵将坑内汇水排出坑外。

在露天坑集水坑底以上 5m 设固定水泵房，担负最大降雨时露天坑内集水的排水任务。固定泵房内安装 D155-30×2 水泵二台。电动机功率 45kW，流量 155m³/h，扬程 60m。最大降雨时，固定泵房内二台水泵同时工作。选用 ϕ180×7 无缝钢管作为排水管二条，沿露天坑壁敷设，正常降雨量时，一用一备；最大降雨量时，二条管路工作，担负排水任务。

第三，覆盖层形成后，不断回填露天坑，按自北向南的推进方式排放。由于露天坑南翼边坡低，最高处标高为 +159.8m，露天坑内的固定泵站可设在露天坑南翼，高出露天坑汇水面 5m 以上。随着露天坑的回填，露天坑内固定泵站逐渐上移，当露天坑回填到 +159.8m 时，露天坑汇水可自流排出，拆除露天坑内固定泵站。此后，为保证在雨季露天坑的汇水能自流排出，应尽量使露天坑的回填面按不小于 3‰的坡度，保持在北高南低的状态。

B 地下开采系统建设期排水方案

孟家铁矿地下开采系统建设期的竖井、斜坡道均采用临时排水系统。临时排水系统的能力应能满足施工期排水的需求。

(1) 南风井施工期的排水系统。南风井井筒施工期间的排水系统与常规竖井施工的排水系统完全相同。井筒施工结束转入平巷施工期后，由于从南风井一侧施工平巷为反坡掘进，工作面的积水采用潜水泵排到风井井底水窝，可利用设于井底水窝的潜水泵通过凿井期间的排水管路将水排至地表。

(2) 主竖井施工期的排水系统。井筒施工期的排水系统与常规竖井施工的排水系统完全相同。井筒施工结束转入平巷施工期后，可利用井底水窝的潜水泵通过凿井期间的排水管路将水排至地表。此排水系统应维持至矿井永久排水系统建成并投入运行。

(3) 斜坡道施工期的排水系统。斜坡道施工期的排水与斜井施工的排水方式相近。斜坡道施工到一定深度时，可利用斜坡道旁侧的躲避硐室施工简易临时水仓，安装两台卧泵，形成临时排水系统，工作面的积水采用潜水泵排至简易水仓，再由卧泵接力排至地表。

斜坡道施工至 +10m 阶段时，选择适当位置，施工 1355m³ 的临时水仓和水泵房，沿斜坡道敷设排水管路，形成斜坡道开拓系统的临时排水系统，以满足各分段运输巷道与采准、切割工程施工时的排水需求。临时泵房共安装 D155-67×4 水泵 3 台。

C 生产期排水方案

矿山正常生产期内的排水，主要依靠建于主竖井 -110m 阶段车场附近的永久水仓、泵房将坑内涌水直接排至地表。对于 -110m 水平以下的矿坑涌水和井筒淋水量全部汇至混合井粉矿回收平巷内的水仓内，由 -225m 阶段排水泵站排至 -110m 阶段水仓。生产期的排水系统如图 4-3 所示。

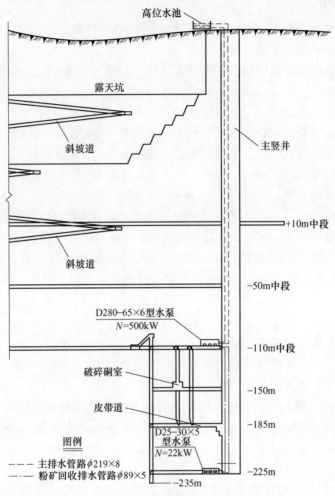

图 4-3　生产期排水系统

a　矿井主排水系统

矿井主排水系统设于−110m 阶段主竖井车场附近，主要由矿井中央变电站、主泵房和水仓等组成。主泵房内安装 D280-65×6 水泵 3 台，流量为 355～185m³/h，扬程 408～372m，配套电动机功率为 500kW。正常排水时，3 台水泵一台工作，一台备用，一台检修。最大排水时二台工作，一台检修。正常涌水时一台泵工作，11.11h 完成一天排水任务；当雨季来临出现最大涌水量时，二台同时工作，12.56h 可完成排水任务。

b　粉矿回收排水系统

如图 4-3 所示，井底水泵房设于−225m 水平粉矿回收巷道旁侧，泵房内选用 3 台 D25-30×5 型水泵，水泵主要参数：流量 $Q = 12.5$m³/h，扬程 $H = 150$m，配套电机功率 $N = 22$kW。排水管路选用两条 $\phi89×8$ 的无缝钢管，通过锚杆悬挂敷设于主竖井井壁上。

c　防水门布设

《金属非金属矿山安全规程》（GB 16423—2006）规定：同一矿区的水文条件复杂程度明显不同的，在通往强含水带、积水区和有大量突然涌水可能区域的巷道，以及专用的截水、放水巷道，也应设置防水门。

根据孟家铁矿开拓系统优化后的工程布置方案，突然涌水能够进入中央变电所、水泵房和竖井井筒内的通道主要有：-110m 阶段巷道和图 4-4 所示的 4 条车场巷道，考虑到地下开采系统各类工程之间的相互连通情况，防水门可按图 4-4 所示位置布设，其耐压强度应不低于 0.3MPa。

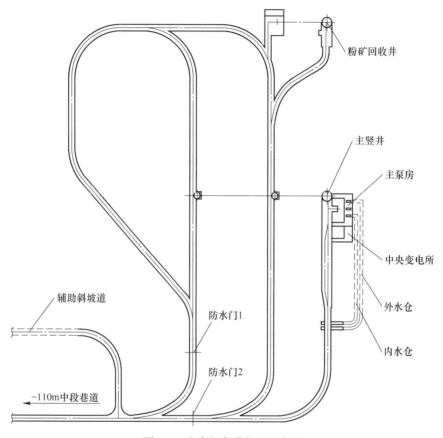

图 4-4 防水门布设位置示意图

4.2.5 孟家铁矿排水系统方案优化

排水系统优化的主要目的是在确保安全的基础上，提高排水系统的可靠度，防止突发性涌水给矿井带来灾难，确保矿山建设与生产的安全运营。因此，排水系统的优化并不意味着一定是节省工程量或是降低工程投资。孟家铁矿露天转地下开采工程的排水系统优化的主要内容表现在以下四个方面：

（1）增设斜坡道+10m 水平临时排水系统。基建工程结束后的斜坡道施工期，在+10m 水平形成的临时排水系统予以保留，一般情况下不再使用，但应保持完好，以备在生产期作为突发涌水时的辅助排水使用。

（2）利用南风井井底水窝作为风井侧平巷施工的排水系统。孟家铁矿南风井设计中没有考虑井底水窝。在南风井井筒施工结束后，为加快各阶段平巷（尤其是-110m 阶段巷道）施工进度，从南风井一侧施工阶段巷道，确保主井与风井提前贯通，南风井承担了-110m 阶段巷道近 80%的施工任务。因此，为满足南风井改绞和平巷施工期排水的需要，在南风井需增加 10m 深的井底水窝。-110m 水平巷道贯通后，利用-110m 水平矿井永久排水系统排水。

（3）增加永久水仓的有效容积。《金属非金属矿山安全规程》（GB 16423—2006）规定："涌水量较大的矿井，每个水仓的容积，应能容纳 2~4h 的井下正常涌水量。一般矿井主要水仓总容积，应能容纳 6~8h 的正常涌水量。"有效增加永久水仓的容积，一是能够提高矿井的防排水安全等级；二是在正常涌水量期间，可以有效调整排水时间，避免用电高峰期排水，降低排水电费。

正常涌水期间下，孟家铁矿矿井的总涌水量（含采矿生产回水量及露天坑汇水渗入量）达到 3113m³。该矿井永久水仓设计容积为 1000m³，其有效容积为 782m³，能满足 6.03h 的正常涌水量的蓄水，基本符合安全规程的要求，但容积偏小。在孟家铁矿露天转地下开采工程条件下，预测矿井的最大涌水量达 7038m³，在两条水仓完全排空的情况下，发生最大涌水量时，水仓的蓄水能力仅有 2.67h。在没有相关规范和规程规定的情况下，孟家铁矿永久水仓的有效容积建议按能容纳 8h 的最大涌水量考虑，亦即应将水仓的有效容积增加到 2350m³。此时，在正常涌水量情况下，水仓的蓄水能力可达到 18.12h，能有效满足用电调峰和降低排水电费对水仓容积的需求。

从突发涌水的应急处理角度，按图 4-4 所示位置设防水门后，能够有效防止突然涌水进入中央变电所、水泵房和竖井井筒内。当发生突然涌水后，关闭防水门，则-110m 阶段巷道对于全矿井来说，无疑成为一条新的水仓，根据该阶段基建期完成的工程量，其容积至少有 2500m³，矿井的总蓄水能力可达到 4850m³，在发生最大涌水量时矿井的蓄水能力将达到 16.54h。

（4）增加备用水泵位置。《金属非金属矿山安全规程》（GB 16423—2006）规定："井下主要排水设备，至少应由同类型的三台泵组成。工作水泵应能在 20h 内排出一昼夜的正常涌水量；除检修泵外，其他水泵应能在 20h 内排出一昼夜的最大涌水量。"考虑到国内曾经发生的露天转地下开采矿山的淹井案例，井下主泵房在设计与施工时预留了 1~2 台水泵位置。

4.3　通风系统衔接技术

矿井通风系统应严格遵守安全可靠、便于管理、通风系统建设费用和生产期经营费用最低的原则。露天转地下开采时，有些巷道或采空区可能与露天坑相通，根据坑内通风采矿设计的有关规定，对于回采区有大量通地表的井巷或覆盖岩层较薄、透气性强的矿山宜选用压入式或混合式通风系统。

4.3.1　生产过渡期通风系统方案

矿山在露天转地下开采过程中，通风系统的衔接对于加快地下工程的建设速度、提高井下空气质量起着关键性的作用。抽压结合的分区通风系统，具有网路短、漏风少和负压低的特性，在生产过渡期宜作为首选通风方案。

一般情况下，露天转地下开采生产过渡期的通风系统有以下实施方案：

（1）边坡残矿的回采可利用露天矿通风系统进行通风。

（2）挂帮矿和端帮矿的采掘工程通风，均可采用局扇与原露天矿通风系统相结合的方式解决，局扇的选择可根据通风距离、通风量等进行综合分析计算。

（3）地下矿山建设期的通风可按常规矿井建设的通风方式建立通风系统。当矿井建设进入二期工程施工阶段后，应首先进行主、副井的临时贯通工程施工，然后是主、副井与主回风井的贯通。

二期工程施工一段距离后，为解决平巷施工的长距离通风问题，可选择适当位置，施工一条天井，使井下巷道直接与露天矿坑底或露天边坡贯通，必要时，可在天井上口安装辅扇，形成负压，将井下污风排出。

（4）生产过渡期，特别是地下第一个生产水平的采掘工程通风，均可通过天井与露天矿坑底贯通。这些天井的定位一是要考虑与地下开采的采准工程的结合问题；二是要考虑工程的重复利用问题，如作为露天矿残矿回收的溜矿井、露天坑积水的泄水井等。

总之，生产过渡期通风系统方案的主要特点是根据露天与地下工程的进展，分时段实现局部扇风机与露天矿通风系统、局部扇风机与井下通风系统、露天矿通风系统与井下通风系统相结合，根据露天与地下工程的进展情况，和各工程阶段对通风工作要求的不同特点分时段灵活实施。

4.3.2　回采工作面通风方式

"形成贯穿风流，避免污风串联"，是确保矿回采工作面通风效果和通风质量的基本原则。不同的采矿方法有着不同的采准工程布置方式，不同的回采工作面也有着不同的通风效果。结合采矿方法和采准工程布置方案，选择合适的回采工作面通风方式，对于改善劳动条件、提高劳动生产效率至关重要。

4.3.2.1　回采工作面的常用通风方式

回采作业中，回采工作面可以采用贯穿风流通风和局部通风两种方式，其中贯穿风流通风又分为辅助井巷通风和爆堆通风两种类型，而局部通风又分为多进路通风和单进路通风两种方案。

（1）辅助井巷通风方案。该方案是在进路间或分段巷道间施工一系列的小断面天井或巷道作为辅助回风巷道，形成通风回路。瑞典的马尔姆贝格铁矿采用了这种通风方式。但这种通风方式掘进工程量大、管理复杂，而且不利于降低矿山生产成本。

（2）爆堆通风方案。该方案是在主扇总负压的作用下向进路提供新鲜风流，污风通过进路端部的爆堆流向崩落区，再通过崩落矿岩的缝隙排至回风巷道。如大冶尖林山铁矿曾用过多进路、多分段的爆堆通风方案。但这种通风方案存在有通风阻力大、风量不易调节的问题。

（3）多进路通风方案。该方案是以 2~5 条进路为一通风单元，并在回风天井或联络巷道内安装辅扇，对每一条进路进行通风。程潮铁矿在其采场通风中曾采用过此通风方案。但这种通风方案存在漏风量大、对风量大小难以实施调节、爆破作业易对通风设施造成较大破坏等问题。

（4）单进路通风方案。该方案是在每一回采进路中安装局扇，对工作面进行通风，它与普通独头巷道掘进的通风方式几乎一样。我国梅山铁矿和瑞典的基律纳铁矿均采用过此种通风方式，较好地解决了多进路通风方案存在问题。

4.3.2.2　孟家铁矿回采工作面的通风方式

孟家铁矿采矿方法采用了安全高效的无底柱分段崩落法，但该采矿方法存在采准工程布置复杂、回采进路多、通风条件差的问题。为有效提高回采工作面的通风质量，确保通风效果，必须在构建阶段通风网络的基础上，选择合理的回采工作面通风方式。

A　阶段通风网络的构建

一般情况下，为使各阶段作业面都能从进风井获得新鲜风流，并将污风送入排风井，需要对各阶段的进风、回风巷道统一安排，构成一定形式的阶段通风网路。建立阶段通风网路的目的在于：防止通风串联，使通风系统阻力小、漏风少、风流稳定、易于管理。

根据矿体赋存状态和阶段巷道的布置形式，孟家铁矿采用了平行双向式阶段通风网路。对于下部阶段，局扇安装在上部回风水平，新鲜风流由本阶段的脉外运输平巷经人行通风天井进入分段运输联络道和回采巷道；清洗回采工作面后，污风由安装在工作面附近的局扇和安装在阶段脉外运输平巷回风侧的局扇，采用压抽结合方式，将污风排至回风井内。

B　回采工作面的通风方式

无底柱分段崩落法的回采工作面为独头巷道，无法形成贯穿风流，只能采用局扇通风。因此，为保证孟家铁矿无底柱分段崩落法采场的通风效果和通风质量，可借鉴梅山铁矿和基律纳铁矿回采工作面通风的经验，采用单进路通风方式。可根据回采巷道的长度不同分别采取压入式、抽出式和混合式三种方式的任意一种。三种方式及其优缺点如下：

（1）压入式通风。利用局扇和柔性风筒将新鲜风流压入工作面，新鲜风流冲洗工作面后，污风经巷道排出。压入式通风具有出风速度大、风流射程远的特点，能够有效保证工作面的通风效果和通风质量，但巷道经常处于污风的污染状态。如图4-5所示。

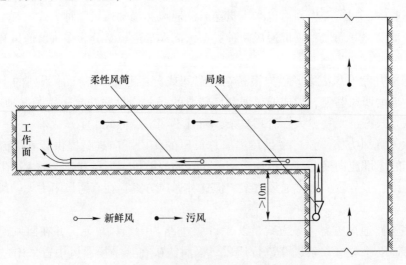

图4-5　工作面压入式通风方案示意图

（2）抽出式通风。利用局扇和刚性风筒将污风从工作面抽出，新鲜风流在负压的作用下进入工作面，污风由刚性风筒排出。采用抽出式通风方案时，巷道经常处于新风状态，不受污风污染，但由于刚性风筒造价高、重量大、安装不便，且风筒口距离工作面较远时，工作面易出现停滞区而造成通风效果不佳的情况。如图 4-6 所示。

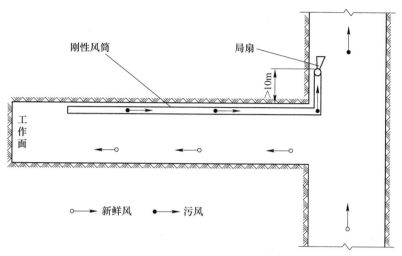

图 4-6 工作面抽出式通风方案示意图

为解决刚性风筒造价高、重量大、安装不便等问题，提出压出式通风理念：压出式通风是将局扇安装在工作面附近，将工作面的污风经柔性风筒排出工作面的通风方式。其优点在于新鲜风从巷道流入并冲洗工作面，巷道经常处于新风状态，不受污风污染；污风经柔性风筒排出，排放地点根据需要可任意控制。但由于局扇安装在工作面附近，若工作面有爆破作业时，局扇安装的位置应与工作面保持 30~40m 的距离，或是采取必要的防护措施。若局扇安装的位置距离工作面较远时，工作面也易出现停滞区而造成通风效果不佳的情况，压出式通风如图 4-7 所示。

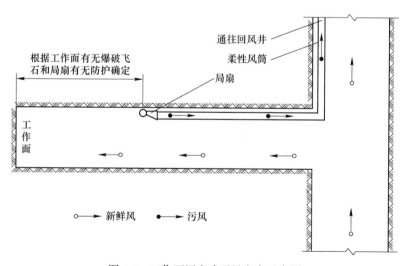

图 4-7 工作面压出式通风方案示意图

（3）混合式通风。是在同一工作面同时采用压入式和抽出式（或压出式）两种机械通风方式，该通风方式通风效果好，兼有压入式和抽出式通风的优点，但使用通风设备多，风筒占用巷道断面面积大。如图 4-8 所示。

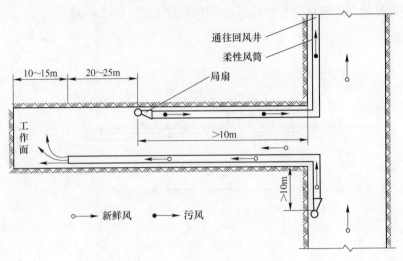

图 4-8　工作面混合通风方案示意图

4.3.3　通风构筑物与通风管理

在露天转地下开采工程建设与生产中，根据矿井及工作面的通风需要，及时构建矿井通风设施，调节风量，是确保通风效果和通风质量的关键举措。同时还要做好以下工作：

（1）及时封闭闭坑阶段及废弃采场天井，在各阶段风井与进风井之间设调节风门，在主要穿脉巷道内设调节风门，对各需风点风量进行合理分配。

（2）在穿脉运输道中的放矿漏斗处设喷雾洒水装置以抑制粉尘产生，防止粉尘对风流造成污染。

（3）在各阶段的辅助斜坡道联络道内设调节风门，控制与调节风流风量，确保辅助斜坡道少量回风。

（4）为防止风流短路，在破碎硐室联络道内、皮带道联络道内、粉矿回收平巷内设调节风门。

为保证进风的风流质量，应采取如下措施：在主井溜井卸载处及主运输阶段溜井装载处加设水雾降尘设施。除此之外，还必须定期对风流进行测定，要求其粉尘浓度必须满足安全规程有关新鲜风流风质的规定。

4.3.4　露天转地下开采矿井通风方案

本节以孟家铁矿为例，重点研究该矿的露天转地下开采矿井通风方案。

孟家铁矿露天转地下开采工程采用了竖井+辅助斜坡道开拓方式，采用机械通风方式、侧翼对角抽出式通风系统，新鲜风流由主竖井进入矿井，污风从南风井排出地表，主扇安装于南风井井口。原则上，辅助斜坡道不入风，可少量回风。全矿井的总需风量为 $99 \text{m}^3/\text{s}$，通风静压为 2370Pa。选用了具有反风装置的 DK45-6-№20 型轴流式风机，配套电动机功率为 $2 \times 250 \text{kW}$，电机型号为 Y335L2-6。风机的工况点为 $Q = 114 \text{m}^3/\text{s}$，$H = 2570 \text{Pa}$，$\eta = 75.1\%$。

全矿井的通风系统如图 4-9 所示。

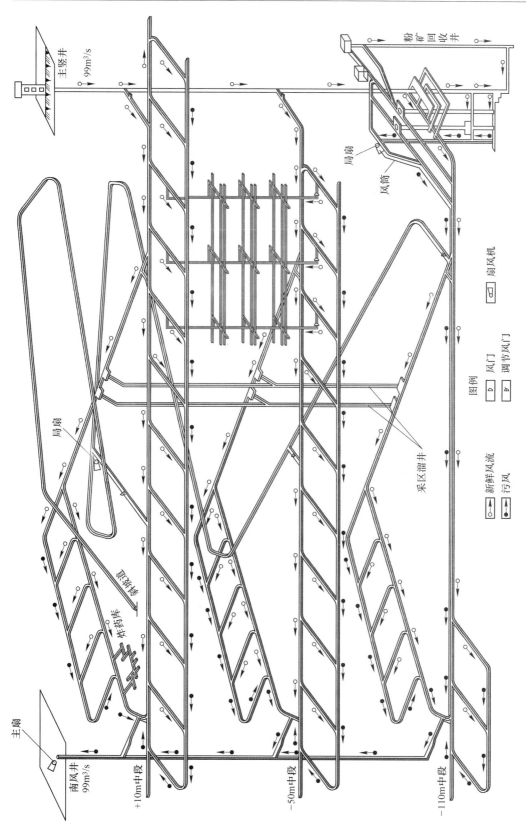

图 4-9 矿井通风系统示意图

图例

新鲜风流　污风　采区溜井　扇风机　风门　调节风门

主竖井 99m³/s　粉矿回收井　局扇　风筒

主扇　南风井 99m³/s　炸药库　+10m中段　-50m中段　-110m中段

为保证矿井的通风效果，在矿山生产期必须采取的主要措施如下：

（1）井下分区采用局扇和风门等设施调节风流，达到各分区通风效果和通风质量的要求。

（2）开采过程中要及时密闭废弃井巷与地下采空区，保持露天坑覆岩层的密实性，隔绝井巷与露天坑的连通。

（3）在入风井，即主竖井附近设置空气预热系统，保证冬季预热空气温度达到2℃以上，防止冻井情况发生。

4.4　集矿运输系统衔接技术

集矿运输系统是地下开采矿山实现矿石由回采工作面向地面转载与运输的关键系统。主要由采场溜井、运输平巷、主溜井、矿仓、破碎硐室、溜井装卸矿站和皮带道等工程系统组成。集矿运输系统方案的合理与否，对于矿（废）石的转运能力、地下开拓系统建设的关键线路工期、系统工程的施工难易程度、工程建设投资和使用寿命等均有较大影响。

本节主要以孟家铁矿集矿运输系统的衔接为例，论述其理念与关键技术[137]。

4.4.1　地下集矿运输系统的传统设计与问题

4.4.1.1　集矿运输系统的传统设计

传统的矿山工程设计中，集矿运输系统主要包括两大部分内容：一是溜井系统；二是坑内运输系统。

A　溜井系统

设计中，溜井系统分采场溜井系统与主溜井系统两类。其中采场溜井系统是由分布于各采场的各个溜井组成，主溜井系统由布置于主竖井旁侧的两条高段溜井组成。

（1）采场溜井。采场溜井是用来转运采场内的矿石。一般来说比较短，井筒净直径小，不支护。采场溜井的距离和数量一般由采场出矿设备和对出矿能力的要求确定的。

（2）主溜井系统。如图4-10所示，孟家铁矿主溜井系统原设计由上部卸矿站、溜井井筒、分支溜井、矿仓及下部溜口组成。

B　坑内运输系统

根据设计，各生产阶段的平均运

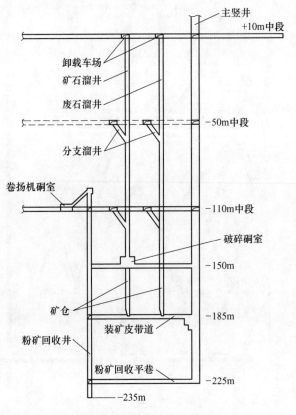

图4-10　主溜井系统示意图

输距离600m，矿石运输量2667t/d，废石运输量为500t/d。坑内运输系统设计采用有轨运输方案，下盘脉外巷道加穿脉运输方式。

各阶段采用10t电机车双机牵引10辆4m³侧卸式矿车运输矿石，10t电机车单机牵引15辆2m³侧卸式矿车运输废石，运输矿石的列车有效载重81.1t；运输废石的列车有效载重43.02t。各阶段生产的矿石与废石分别运往主竖井旁侧车场卸载站进行卸载，进入矿石与废石主溜井；然后通过主竖井箕斗提升并卸至地表矿仓；最后，矿石由汽车转运至选厂原矿仓，废石由汽车转运至露天坑堆存。

各阶段均采用单轨运输线路，坑内运输巷道铺设30kg/m钢轨，轨距762mm，采用730-6-35道岔，道岔及弯道处铺设木轨枕，其余铺设混凝土轨枕，整条线路重车方向3‰下坡。

4.4.1.2 传统设计存在的问题

孟家铁矿集矿运输系统设计中存在的问题主要表现在以下5个方面[154]：

（1）主竖井旁侧溜井系统的矿石、废石溜井及矿仓的高度过大，表现出工程施工难度大、施工工艺复杂、主竖井及其旁侧系统施工工期长的特点，不利于加快工程施工速度。

（2）主竖井旁侧的高阶段溜井系统在使用过程中，由于矿（废）石卸载高度大，卸矿时，溜井与矿仓井壁在矿块的冲击作用下，易造成破坏，缩短溜井与矿仓的使用寿命。为保证矿井服务期内溜井与矿仓井壁的完好，旁侧溜井系统设计与施工时，为减轻卸矿过程中矿块对溜井井壁的冲击破坏，必须采取有效的加固措施，增加了工程成本。

（3）主溜井为垂直溜井，且主溜井与各卸矿阶段的连接采用分支溜井方式。矿石从高处高速落下，将溜井中的储矿压实，容易造成溜井堵塞；同时，若溜井中的储料高度过大，超过下部阶段的分支溜井下口时，则会造成下部阶段分支溜井不能正常放矿而影响下部阶段正常生产。而在生产管理实践中，一般要求尽可能加大溜井中的储料高度。

（4）高阶段垂直溜井与各阶段卸矿站的连接采用分支溜井方式，矿废石在分支溜井中向主溜井运动时，容易造成对主溜井井壁的破坏。

（5）主竖井旁侧的高阶段主溜井布置方式，增加了上部阶段运输车场的开拓工程量和生产中的运输费用。按照这种布置方式，在主竖井旁侧，每一个阶段均需布置一个工程量庞大、结构比较复杂的井底车场。以孟家铁矿开拓工程为例，两条卸载车场和调车巷道的掘进工程量就达6399.10m³，不利于降低基建投资和缩短矿井建设周期。

4.4.2 集矿运输系统衔接的理念与关键技术

在确保工程使用功能和寿命的前提下，简化工程布置，减少开拓与支护工程量，降低工程施工难度，缩短工程建设周期，节省工程建设投资和降低生产运营成本是矿山建设方案优化的基本原则。

根据孟家铁矿集矿运输系统设计，集矿运输系统优化的对象主要是主溜井系统中存在的问题。优化的理念与主要内容体现在以下4个方面。

（1）降低主溜井段高，取消主溜井系统的分支溜井。

将主溜井分为主溜井和采区溜井两部分，取消+10m～-110m标高之间的主溜井，仅保留-110m 标高以下的矿仓段。由于主溜井段高的降低，减小了矿废石卸载时的下落高度，因此，矿废石对溜井井壁的冲击力大大降低；分支溜井取消后，也减小了矿废石向主溜井运动时对溜井壁的冲击，有效延长了溜井的使用寿命。同时，也有效减少了主溜井矿仓出现堵塞的可能。

（2）设采区溜井，实现矿废石由上部各阶段向-110m 阶段的转运和-110m 阶段的集中运输功能。

主溜井段高降低后，+10m 和-50m 阶段产出的矿石与废石向主溜井矿仓的转运可通过设立采区溜井的方式实现。井下的运输方式由各阶段分别向主溜井系统卸载转变为上部两个阶段向采区溜井卸载，而-110m 阶段集中向主溜井矿仓卸载，形成非集中运输卸载和集中运输卸载的坑内矿、废石运输卸载格局。

采区溜井设在 40 号勘探线附近，矿废石运到采区矿石溜井或废石溜井上口卸载，经安装于溜井下口的振动放矿机向-110m 阶段的电机车列车组装载，最后，集中运输到-110m阶段的主溜井矿仓卸载站进行卸载，以此方式实现矿废石从各阶段向主溜井矿仓的转运。同时，采区溜井的设计与施工，也有效减小阶段出矿的运输距离，降低了阶段运输成本。

（3）简化非集中运输阶段的井底车场结构形式，减少开拓工程量，降低基建工程投资。

设立采区溜井后，+10m 和-50m 阶段产出的矿石与废石通过采区溜井经-110m 阶段向主溜井系统集中运输卸载后，+10m 和-50m 阶段原设计的井底车场结构（图 4-11（a）），可简化为图 4-11（b）所示的结构形式，取消两个阶段的主溜井卸载巷道与调车巷道，仅保留阶段的主竖井井底车场，使主竖井旁侧工程量大幅度减少，有利于降低工程投资和缩短工程建设周期。

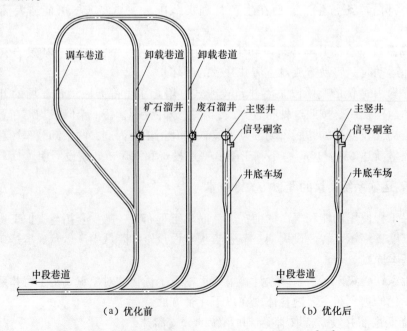

图 4-11 非集中运输阶段井底车场优化前后对比[154]

（4）采取倾斜方式布置溜井，延长溜井的使用寿命。

垂直溜井在使用过程中，井壁产生破坏的主要原因是矿石或废石在溜井中不同的运动状态对井壁产生的冲击与磨损。这种冲击破坏表现在矿石或废石在溜井中下落时，呈现出直线下落或折线下落的运动轨迹，易于造成溜井中的储料被二次压实和溜井井壁的损坏，严重时会导致溜井堵塞或溜井坍塌，给矿山生产带来严重困难；而磨损破坏表现在溜井下口卸载时，溜井中的储料整体下降对井壁产生的磨损。溜井的各种加固方式对延长溜井的服务年限有一定的作用，但由于溜井加固方式和加工材料的差异，国内外许多矿山的溜井系统在使用过程中仍出现了井壁破坏或溜井坍塌的事故。因此，选择合适的位置，通过改变溜井的设计结构来改变矿、废石在溜井中的运动轨迹，是延长溜井系统服务年限的有效途径。

基于上述原因，针对孟家铁矿露天转地下开采工程的溜井系统优化，一是选取围岩较坚硬、整体性较好的地段设立溜井，利用岩石本身的物理力学性质抵抗矿、废石在溜井中运动时产生的磨损破坏作用；二是将垂直溜井布置方式改变为倾斜溜井布置方式，改变矿、废石在溜井中的运动轨迹，可有效避免矿石或废石在溜井中下落时对溜井井壁产生的冲击破坏作用。为保证溜井中矿、废石的顺利下放和实现工程量的最小化，一般情况下，根据上下阶段的平面工程布置关系，倾斜溜井的倾角可在 $50° \sim 80°$。三是对于采区溜井系统，除溜井的上下口因设备设施安装需要进行混凝土砌筑外，其他部位均不支护，采取"裸井"井身结构，以充分利用围岩的物理力学特性。

优化后的集矿运输系统如图 4-12 所示。

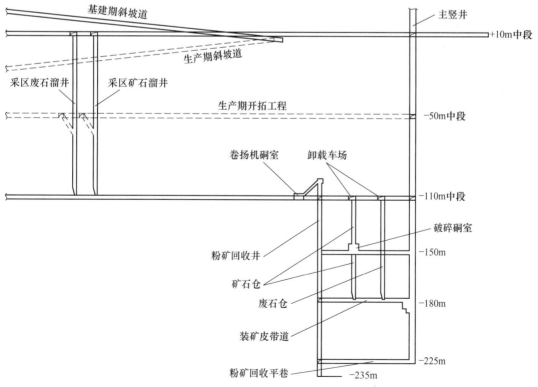

图 4-12 优化后的集矿运输系统

4.4.3　集矿运输系统优化前后的技术经济比较

表 4-1 给出集矿运输系统优化前后的可比工程量变化情况。

表 4-1　设计优化前后的可比工程量对比

序号	分项工程名称	原设计工程量		优化后工程量		工程量增减	
		开凿量/m³	支护量/m³	开凿量/m³	支护量/m³	开凿量/m³	支护量/m³
1	主矿石溜井	3531.45	1082.25	1358.25	416.25	-2173.20	-666.00
2	主废石溜井	3531.45	1082.25	1358.25	416.25	-2173.20	-666.00
3	采区废石溜井	0	0	954.00	0	954.00	0
4	采区矿石溜井	0	0	1166.00	0	1166.00	0
5	矿石分支溜井	212.00	26.10	70.67	8.70	-141.33	-17.40
6	废石分支溜井	212.00	26.10	70.67	8.70	-141.33	-17.40
7	+10m 阶段卸载巷道	6399.10	251.65	0	0	-6399.10	-251.65
8	-50m 阶段卸载巷道	6399.10	251.65	0	0	-6399.10	-251.65
	合　计	20285.10	2720.00	4977.84	849.90	-15307.26	-1870.10

比较优化前后两种方案，表现出以下优缺点：

（1）与原设计方案相比，优化后开凿工程量减少了 15307.26m³，支护工程量减少了 1870.10m³，减少基建工程费 457.8 万元，缩短基建工期 3.5 月。但在设备投入方面，比原方案增加了两部振动放矿机。

（2）与原设计相比，优化后的方案虽然 +10m 阶段和 -50m 阶段部分矿石存在反向运输，但阶段运输距离明显缩短，矿井的运输功减少，运输效率明显提高。

（3）采区溜井采用倾斜方式布置，能够充分利用岩石本身的物理力学性质抵抗矿、废石在溜井中运动时产生的磨损破坏和冲击破坏作用。生产过程中一旦溜井损坏可以择地另行施工采区溜井系统，不会对生产系统造成大的影响，灵活性好、工程成本低。

5 露天转地下开采安全高效采矿工艺

矿产资源开发利用过程中，合理地选择采矿方法对于确保矿床安全、实现高效回采有着极其重要的现实意义。对露天转地下开采的采矿技术研究，可以解决矿床在露天矿开采结束、地下开采接续时，矿山生产规模和生产能力下降等许多问题。研究的重点在于如何实现矿床的安全高效开采，最大限度地满足矿山生产对采矿能力的要求，不断提高矿山的生产效率与经济效益。

露天转地下开采矿山采矿方法与回采工艺的选择，应建立在维持矿山生产能力的稳定和适度增长，降低开采成本，提高资源开采利润率和回收率的基础上，充分考虑矿山目前的露天开采现状和地下工程的开拓现状，实现生产效率和经济效益的最大化。

对于露天转地下开采矿山的采矿方法的选择与优化主要集中在两个方面：一是通过开拓与采准工程布置形式的优化，降低万吨采掘比，进而降低采矿成本所分摊的生产期掘进费用，实现采矿生产的成本最低化和利润最大化；二是在矿床开采技术条件下和设备性能允许的条件下，通过对采场结构参数的优化，在不降低回采率的前提下提高采矿效率，降低千吨采切比，降低矿石贫化率，进而降低采矿成本和选矿成本。

5.1 露天转地下开采的采矿方法

一般情况下，只要矿体的赋存条件及开采技术条件适宜，空场法、崩落法、充填法及其所有的变形方案均能作为露天转地下开采采矿方法选择的备选方案。目前，国内外露天转地下开采使用的采矿方法，可以归纳为三类：

第一类是房柱式采矿法或嗣后充填的方法。主要有空场法、留矿法等，使用这类采矿方法，露天和地下可以同时在一个垂直面内作业，但要求从露天坑底到地下采矿阶段之间要留一定厚度的隔离矿柱，对地下开采的采场暴露面积大小、间柱规格和强度、露天和地下的爆破规模等都有严格的要求，与采用单一形式的地下开采矿山相比要复杂得多，矿区地压显现特征也有较大的区别。

第二类是崩落采矿法。包括分段崩落采矿法、有底柱和无底柱阶段崩落采矿法和自然崩落法。这类采矿方法要求在地下开采区域的上部留有安全缓冲垫层，其余的技术要求与地下开采相同。

第三类是联合采矿法。其实质就是房柱式采矿法和崩落采矿法的组合方法，兼有房柱式采矿法和崩落采矿法的优点，但采区的结构参数、回采工艺等都与一般的房柱式采矿法和崩落法不同，这类采矿方法适应于围岩中等稳固以上、矿体厚度较大的矿床开采。

国外从 20 世纪 70 年代以来已采用空场采矿法回采矿房，嗣后废石胶结充填矿房，暂留矿柱的过渡方案等。如芬兰皮哈萨米铜矿，在露天坑底预留 20m 隔离矿柱，地下采用留矿法、分段法回采，嗣后用废石、尾砂充填采空区；苏联盖伊斯基矿在 1 号露天采场下部用阶段矿房法回采矿房，出矿后用水砂砾岩充填，边采边充，1 号露天采场结束后，再回采残留在边坡和底部的矿石；我国折腰山铜矿先用水平分层尾砂胶结充填法回采矿柱，后用无底柱分段崩落法回采矿房，不仅实现了露天和地下在过渡期的同时开采，而且有利于采用高效率的崩落法。这种联合式的采矿方法近 10 多年来在国内外已被广泛应用。

5.1.1　阶段空场连续崩落采矿方法

大型化、连续化、高阶段、采切合一和一步骤回采是地下大规模高效采矿技术发展的方向，大直径深孔爆破技术是这种大规模高效采矿的技术核心，而连续开采是实现这种技术的有效方法。

国外超大规模地下金属矿山中，除澳大利亚的芒特-艾萨多金属矿因为矿石价值高采用嗣后充填的二步骤采矿方法外，其余均采用自然崩落法、高度大于 100m 的超级采场的空场采矿法、分段或阶段崩落采矿法。

自然崩落法是利用矿岩应力自行崩落的一种低成本大规模采矿方法，一般可以获得很好的投资回报，但对应用的技术条件，如矿石的可崩性、决定崩落矿岩块度的节理、裂隙特征以及矿体规模产状等，要求严格。从技术方面看，自然崩落法的应用有其特有的风险，国内外成功大规模应用的屈指可数，如澳大利亚的诺斯帕克斯铜矿、南非普雷米尔金刚石矿、智利埃尔索尼恩特矿。我国成功应用大规模自然崩落采矿法的矿山有铜矿峪铜矿和中条山铜矿，目前，位于云南省的普朗铜矿也采用自然崩落采矿法成功投产。

阶段空场采矿法和阶段强制崩落采矿法，是适宜开采价值不太高的低品位大型矿体的最常用的采矿方法，同属低成本、高效率采矿方法。但是，空场采矿法的矿柱回采和空区处理往往造成大量矿石资源损失和安全问题，阶段强制崩落采矿法的贫化损失控制相当复杂且困难。

阶段空场连续崩落采矿方法以大直径束状深孔高分层落矿与大抵抗线爆破技术、高阶段放矿技术为核心，矿块回采分为具有阶段深孔矿房单元、矿柱单元和放顶单元三部分，如图 5-1 所示。该方法适合于急倾斜厚大矿体的开采。

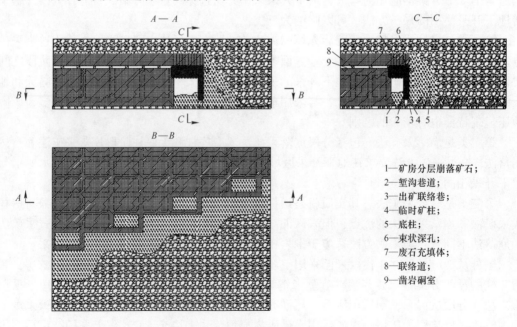

1—矿房分层崩落矿石；
2—堑沟巷道；
3—出矿联络巷；
4—临时矿柱；
5—底柱；
6—束状深孔；
7—废石充填体；
8—联络道；
9—凿岩硐室

图 5-1　阶段空场连续崩落采矿方法

矿块结构参数需依据矿体不同条件具体确定，矿块上部应布置凿岩巷道，下部出矿应视出矿设备类型采用平底堑沟式电耙道或底部结构。矿块间采用完全连续回采，矿块回采时先回采矿房，矿房中留部分矿石，矿房回采至最小安全底板厚度时，以矿房为补偿空间崩落矿柱，并同时崩落顶柱，矿块底部在覆盖围岩下放矿。在矿房回采形成的补偿空间的总体积比矿柱爆破所需的补偿空间大得多的情况下，矿房中保留部分矿石不放出，保证矿柱崩落的矿石不发生明显的位移，以提高矿石回收率。

阶段深孔矿房单元除了保证在矿块回采过程中实现适量的纯矿石回收以外，还可为实现大步距连续后退回采形成必要的补偿空间。矿柱阶段深孔崩矿部分采用束状孔阶段深孔的布孔方式，除了能简化减少凿岩水平的采准和掘进工作量，束状阶段深孔比均匀布孔可以明显改善爆破效果，提高每米崩矿量，降低消耗。矿柱底部均匀放矿的顺序应避免侧向崩落废石接触面过早混入矿石中，使矿块的出矿衔接成为连续的过渡，有利于降低贫化损失。

阶段空场连续崩落采矿法，兼有空场采矿法矿房回采的低贫化损失、高效率低成本和崩落采矿法无后续矿柱和采空区处理的特点，适用于阶段空场采矿法和崩落采矿法的应用条件，与原有两种采矿方法比较有如下技术先进性：

（1）阶段连续开采，高效率集中作业有利于实现综合机械化，可提高单元采场生产能力、降低矿石生产直接成本；

（2）在保证矿房回采纯矿石回收率的同时，可改善崩落覆岩下放矿条件，将矿石总回收率提至80%，贫化率不大于15%；

（3）所有作业都在经过支护的巷道中进行，可避免矿柱及空区处理工序，确保作业安全；

（4）采用当量球形药包大量落矿技术回采矿房及束状阶段深孔连续崩落，将较目前国内外常规技术显著提高矿石破碎质量及回采单元的连续大量供矿，特别有利于提高回采强度和采场生产能力。

5.1.2 基于阶段空场连续崩落法的露天转地下联合开采方案

如图5-2所示，当露天采掘工程在矿床的一翼达到最终设计深度时，露天开采作业可继续沿水平方向向矿体的另一翼推进。当形成的露天坑底沿矿体走向方向达到一定长度后，可在露天坑底按预先规划好的阶段空场连续崩落采场进行凿岩爆破回采，回采工作开始前须提前在矿块下部布置出矿底部结构。露天坑底凿岩应采用露天钻机，爆破回采的矿石利用地下运输系统出矿。回采过程中，应确保阶段空场连续崩落开采作业区与露天开采作业区之间始终保持足够的安全距离，同时在矿体另一翼应和上盘侧帮保留进出入露天作业区和阶段空场连续崩落开采作业区的通道。条件具备的情况下，也可将露天回采的矿石通过溜井下放到地下，通过地下运输提升系统运出。

鉴于崩落法开采时，要求有安全厚度的覆盖层。采用该方案时，可通过边回采边崩落上盘围岩的方式形成覆盖层，围岩崩落滞后于矿体回采约1~2个采场距离。

该方案的适用条件如下：

（1）急倾斜厚大矿体，矿体沿走向有足够长度。

（2）露天凿岩设备应具备钻凿阶段深孔的能力。若露天钻机凿岩能力不够，则应在

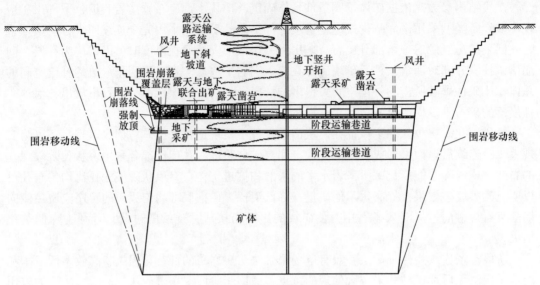

图 5-2　露天转地下联合开采方案

距离露天坑底以下 15~20m 位置开辟凿岩水平，采用地下大直径深孔钻机凿岩。

（3）在露天生产的后期，需提前进行地下矿体勘探和地下开拓运输系统建设；在露天开采达到设计深度时，应确保地下开拓运输系统具备出矿能力，这也是保证露天转地下开采实现不停产平稳过渡的关键。

该方案的优点：

（1）将地下大规模高效采矿技术与露天采矿设备相结合，有效延长了露天设备的服务年限，提高了设备的利用率，也有效提高了地下首采分段（阶段）的采出矿效率。

（2）以露天坑底为凿岩平台，减少了露天转地下开采第一个阶段的采准工程量，节省了地下开拓系统的准备时间，降低了生产成本，有利于地下开采系统提前投产。

（3）将地下大规模强化开采技术应用于露天转地下开采中，对于露天转地下开采的产量衔接及平稳过渡具有重要意义。

5.1.3　无底柱分段崩落法的露天转地下开采方案

我国自 20 世纪 50 年代从美国引进无底柱分段崩落采矿法并在大庙铁矿获得成功应用以来，该采矿方法以其安全高效、低成本等优点广泛应用于金属矿床地下开采。目前，具有大规模生产能力和效率的无底柱分段崩落法追求的安全、高效、低成本的大规模化理念，具体表现为采矿方法"两大一高一减少"，即大结构参数、大机械设备、高生产效率和减少采准工程量。如我国辽宁省本溪市的大台沟铁矿选择了与瑞典基纳律铁矿 1365m 新水平相似的结构参数，分段高度 28.5m，进路间距 25m，崩矿步距 3.5m，远远超出国内同类矿山，在世界上也处于领先水平。图 5-3 所示为典型的无底柱分段崩落法。

无底柱分段崩落法广泛用于不留露天境界矿柱的露天转地下开采工程，尤其是在冶金矿山应用更为广泛。不留境界矿柱时，通过崩落露天矿边坡围岩，或是通过回填露天坑的方法，很容易形成无底柱分段崩落法开采的覆盖岩层。

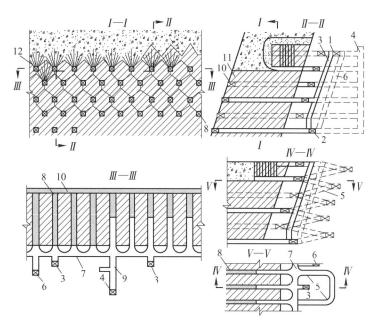

图 5-3 无底柱分段崩落法

1, 2—上、下阶段脉外运输平巷；3—溜井；4—设备井；5—斜坡道；6—人行天井；7—分段联络平巷；
8—进路；9—设备井联络道；10—分段切割平巷；11—切井；12—上向扇形孔

5.2 无底柱分段崩落法结构参数优化

最佳结构参数标准有两种：一种是贫化前纯矿石回收量最大，同时纯矿石回收率最高；另一种是停止放矿时，由矿石损失贫化所造成的经济损失最小。放矿过程是放出体在矿岩堆内扩展的过程，当放出体在矿石堆体内，放出的是纯矿石。当放出体为矿石堆体的内切放出体时就是最大的纯矿石放出体，此时放出矿石量为最大纯矿石量。继续放出时，放出体将超越矿石堆体边界进入覆岩中，出现岩石而产生贫化。贫化程度随放出体增大而增大，直到单位放出矿石品位达到截止品位时停止放出，此时放出体为最终放出体。依据放出总量与其中的岩石量计算矿石贫化率（岩石混入率），按放出的矿石量和矿石堆体数量（即新崩落的矿石量）计算矿石回收率。

无底柱分段崩落法的采场结构参数如图5-4所示，包括分段高度 H、进路间距 B、崩矿步距 L、进路尺寸 $b \times h$ 和崩矿孔边孔角 α 等。一般情况下，对矿石回收率和贫化率影响较大的参数主要有分段高度、进路间距和崩矿步距这三个参数。国内外对放矿理论、模拟实验和生产实践的研究成果表明，采矿方法结构参数之间存在相互联系和相互制约的关系，其中

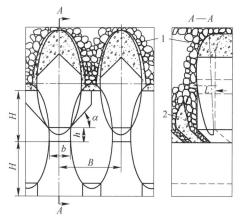

图 5-4 无底柱分段崩落法结构参数与矿石残留

1—脊部残留；2—端部残留

任何一个参数都不能离开其他参数而单独存在最佳值。

5.2.1　结构参数选择方法

对于无底柱分段崩落法，目前国内外普遍认同的确定最优结构参数的准则是"崩落矿石堆体的形态与放出体形态一致"。

无底柱分段崩落法的三维结构参数中，最难以改变的是分段高度，改变它涉及对整个开拓系统和采掘设备系统的变更，它的改变对矿山系统的影响主要是采切工程量和采矿效率等问题。其次是进路间距，它的改变不仅影响采切工程量，而且对放矿回收指标也产生影响，但它的影响主要在垂直进路方向上。当分段高度和进路间距确定后，放出体的大小就已确定，这时唯一可改变的就是崩矿步距，其成为影响放矿经济指标的关键因素，而且它也是最容易改变的参数。

5.2.2　分段高度

分段高度是矿山开采中较为敏感的参数，需根据矿山开拓系统、矿体条件、现有采掘设备等进行试验研究和综合规划。通过增加分段高度提高进路生产能力，对于强化开采和降低生产成本具有重要意义。

增加分段高度是国内外无底柱分段崩落采矿法的发展方向，在无底柱分段崩落法的三维结构（即分段高度、进路间距和崩矿步距）中，增加分段高度对降低掘进成本、提高回采效率的效果最为明显。要真正发挥无底柱分段崩落采矿法高效率、大规模采矿的优点，必须从增加分段高度入手。但是，增加分段高度与使用的凿岩设备密切相关，如果凿岩设备条件允许时，增大分段高度是改进结构参数和提高效益的重要途径。过去，由于凿岩设备性能的限制，我国无底柱分段崩落法采矿采用高端壁放矿，这种依靠增加凿岩分层来提高一次崩矿量的方案，无法减少掘进工程量，因而并非真正意义上的高分段回采。

随着国外先进凿岩设备的引进，我国无底柱分段崩落法的分段高度大幅度增加。1995年以前，我国无底柱分段崩落采矿法使用 SimbaH252 全液压凿岩台车，可实现 15m 的分段高度；而目前引进的主流凿岩台车是 SimbaH1354 全液压凿岩台车，其技术性能明显优于 SimbaH252 凿岩台车。SimbaH1354 全液压凿岩台车与 SimbaH252 一样采用顶锤式凿岩方式，其特点是凿岩速度快、效率高、成本相对较低。大量的应用试验表明，尽管 SimbaH1354 最大的凿岩深度可达到 55m，但有效的凿岩深度一般在 30m 以内，经济凿岩深度一般在 20m 以内。国内类似矿山采用 SimbaH1354 全液压凿岩台车的分段高度可达到 20m，并取得了很好技术经济效益。

将 20m 和 15m 分段高度进行对比，采用 20m 分段时，尽管部分炮孔深度超出设备经济凿岩深度，但与 15m 分段高度相比，所带来的经济效益要远远大于凿岩设备增加的损耗，其直接经济效益表现为采切比的降低。分段高度增加使分段数量减少，同时为使结构参数与放矿椭球体吻合，进路间距也势必随之增加，因此，可大幅度降低采切比；其间接经济效益是单步距崩矿量的增加带来的规模效益。由于分段高度的增加，进路间距、崩矿步距也随之增加，从而使单步距的崩矿量大幅度增加。国内外矿山经验表明，分段高度由 15m 增加到 20m，可降低采切成本 25%，单步距崩矿量增加至原来的 2~3 倍，有效降低开采成本、提高采场生产能力。

5.2.3 进路间距

无底柱分段崩落法的进路间距、矿石堆体与放出体三者之间存在相互自动调整适应的关系。进路间距 B 的值在一定范围内变化时，矿石损失贫化变化不大；分段高度 H 确定后，进路间距 B 可根据矿石在覆盖岩石下放矿的移动规律确定。

以杏山铁矿为例，分别按传统端部放矿理论和大间距排列放出体理论计算合理的进路间距。

5.2.3.1 按传统放矿理论计算

为确定进路间距，须先确定放出椭球体的横半轴尺寸，由分段高度 $H = 15\text{m}$ 知 $a = 15\text{m}$，根据类似矿山经验，横剖面偏心率 $\varepsilon_c = 0.92 \sim 0.95$，用关系式 $c = a\sqrt{1 - \varepsilon_c^2}$ 计算出放出椭球体的垂直进路上的短横半轴 $c = 4.7 \sim 5.9\text{m}$。

按端部放矿理论进路间距的确定方法：

$$B = 2c + 进路宽度 \tag{5-1}$$

取进路宽度为 4.0m，则 $B = 13.4 \sim 15.8\text{m}$。

5.2.3.2 按大间距排列理论计算

传统放矿理论只是孤立地研究了一个放出体，而大间距排列放矿理论研究了各放出体之间的相互关系，指出了采矿结构参数优化的实质就是放出体的空间排列问题。按此理论，进路间距计算如下：

$$B = 2\sqrt{3} \cdot c = 16.3 \sim 20.4\text{m}$$

可以看出，在分段高度为 15m 的条件下，采用 15m 和 20m 的进路间距均是合理可行的。在现有分段高度暂时难以改变的情况下，可通过适当增加进路间距，降低采切比，从而降低开采成本。因此，根据杏山铁矿目前的条件，可以选择 20m 的进路间距。

5.2.4 崩矿步距

5.2.4.1 按放矿步距计算

在无底柱分段崩落采矿的过程中，崩矿步距对采下矿石的损失贫化指标有着极其重要的影响。崩矿步距应与分段高度和回采进路间距相适配，以便崩落矿石层厚度与放出椭球体（椭体缺）相吻合。如果崩矿步距过大，放出椭球体很快伸入上部废石中，造成上部覆盖岩石从顶部大量混入并迅速到达出矿口，产生很大的矿石端部损失和顶部贫化；如果步距过小，则放出椭球体很快伸入正面废石中，造成正面废石大量涌入，致使放出的矿石达到截止品位后，还有部分矿石损失于工作面上部。

崩矿步距计算见式（5-2）：

$$\alpha L = b\cos\theta + a\sin\theta \tag{5-2}$$

式中　α——矿石爆破一次碎胀系数；

　　　L——崩矿步距；

　　　b——放矿椭球体沿进路方向的短半轴；

　　　a——放矿椭球体长轴；

　　　θ——放出体轴流角。

一般情况下，α 和 θ 的值较为确定。α 值在 1.1~1.3 之间，α 取值与爆破挤压程度和矿石自然松散系数有关，矿石自然松散系数为 1.43，故取 $\alpha = 1.25$；b 值受 ε_b 影响较大，根据类似矿山在类似条件下放矿椭球体试验取 $\varepsilon_b = 0.96 \sim 0.98$，对应 $b = a\sqrt{1 - \varepsilon_b^2} = 3.6 \sim 4.2\text{m}$。

将 $\alpha = 1.3$，$\theta = 3°$，$b = 3.6 \sim 4.2\text{m}$，$a = 15\text{m}$ 代入式（5-2）中得出：

$$L = \frac{b\cos\theta + a\sin\theta}{\alpha} = \frac{(3.6 \sim 4.2)\cos3° + 15\sin3°}{1.3} = 3.4 \sim 3.8\text{m}$$

故，杏山铁矿合理的崩矿步距应在 3.4~3.8m 之间。

根据式（5-2）计算的崩矿步距受相关参数取值的影响较大，实际生产中，最优崩矿步距需要结合爆破参数等并通过工业试验进行验证。

5.2.4.2　利用爆破参数验算

无底柱分段崩落采矿的工艺特点要求崩矿作业必须按一定的步距进行，即崩矿步距必须是炮孔排距的整数倍。由端部放矿理论知，崩矿步距与放矿效果密切相关，而炮孔排距又与矿岩的可崩性、炸药消耗等密切相关，最终影响到矿岩的爆破效果。无底柱分段崩落采矿法的矿石崩落和放矿作业，不是各自独立的而是相互关联的，崩矿步距是联系两者的桥梁。崩矿步距较小时，单排扇形孔爆破容易产生大块或产生"推墙"作用，布置两排扇形炮孔可能使得排距太小，降低生产效率；而崩矿步距较大时，炮孔布置的密集系数变小，导致炸药单耗增加，大块产率增大。因此，在确定无底柱分段崩落法凿岩爆破的试验参数时，必须与崩矿步距一起考虑。

爆破最小抵抗线：

$$W = d\sqrt{\frac{7.85\Delta\tau}{mq}} \quad \text{m} \tag{5-3}$$

式中　　d——炮孔直径 dm；

　　　　τ——装药密度，g/cm^3；

　　　　Δ——炮孔装药系数，0.7~0.8；

　　　　m——炮孔密集系数，对于扇形孔，孔底 $m = 1.1 \sim 1.5$，孔口 $m = 0.4 \sim 0.7$；

　　　　q——单位矿石炸药消耗量，kg/m^3。

杏山铁矿中深孔凿岩采用 SimbaH1354 凿岩台车，炮孔孔径 $d = 80\text{mm}$；采用粉状乳化与多孔粒状铵油混合炸药（1:5），$\tau = 1.0\text{g/cm}^3$；炮孔装药系数可取 $\Delta = 0.8$。

对于炮孔密集系数，一般认为当 m 过小时，炮孔过于密集，起爆后炮孔之间将先击穿形成爆破切割面，之后再整体向自由面推移，从而导致过量大块的产生或形成"推墙"，杏山铁矿岩层走向近乎垂直进路，这种情况将更突出；当 m 较大时，为保证爆破效果，势必要提高炸药单耗，或减小排间距（即减小最小抵抗线），爆破的后冲作用会对后排炮孔造成破坏，影响到下一循环的爆破效果，因此，综合考虑各种因素，取 $m = 1.0$。

一般情况下，地下矿山中深孔爆破吨矿炸药单耗 q 的取值在 0.3~0.5kg/t 之间。杏山铁矿矿石 f 系数为 12~14，矿石体重 3.35t/m^3，但矿石的可爆性较好，取 $q' = 0.38\text{kg/t}$。将各参数代入式（5-3）有：

$$W = 0.8 \times \sqrt{\frac{7.85 \times 1.0 \times 0.8}{1.0 \times 1.27}} = 1.78\text{m}$$

采用 78~80mm 炮孔孔径时，抵抗线与炮孔孔径比值为 23~26 时爆破效果较好，因此爆破抵抗线 $W = 1.7$~2m 是较合适的，故崩矿步距 $L = 2W = 3.4$~3.8m 是可行的。但生产实际采用的崩矿步距需要结合爆破参数通过试验的方式求得。

6 露天转地下采矿方法多目标优化决策及工业试验

6.1 露天转地下采矿方法多目标优化决策

　　矿山项目能否取得预期的经济效益，如何避免投资失误，是任何一个项目决策者都要认真考虑的首要问题。解决这一问题的主要途径是认真做好项目可行性研究和项目评价，它是实现投资决策科学化，保证项目获得预期效益的必要前提。矿山建设设计项目评价可分为技术评价和经济评价两部分。技术评价主要解决技术上的可能性与合理性的问题，经济评价主要估算企业经营与盈利的可行性问题，二者不可偏废，项目技术经济评价要兼顾技术上可行、经济上合理的原则。

　　技术评价主要是对开采设计中的主要技术决定是否正确、合理做出评判，是评价工作中十分重要的一环，只有通过技术评价认为合理的方案，才具备开展经济评价的基础。技术评价的主要内容是，生产能力与服务年限的确定、开采方式与开拓系统的选择、矿块布置与回采顺序的确定、回采工艺与主要设备的选型、开采计划的编制等主要技术决定是否合理可行。许多涉及技术可行性的问题可以直接用"是"或"否"进行回答，一般通过专家评审的方法进行评价。但是，一些衡量技术优越性的指标，如矿块生产能力、采切比、损失率、劳动生产率等则需要通过综合比较，并结合相关经济评价指标分析，从而选择最优方案，这就涉及多目标决策的问题。

　　本节主要以本溪孟家铁矿露天转地下无底柱分段崩落法采场结构参数进行优化选择为例，采用层次分析法（AHP）和模糊综合评判方法，确定影响采场结构参数选择的因素及子因素，建立采场结构参数的多层次结构评价模型，进行多目标优化决策[137]。

6.1.1 实例矿山地质与开采技术条件

6.1.1.1 矿区地质概况

　　孟家铁矿区位于华北地台辽东地块，太子河古凹陷的西段。居于阴山东西复杂构造带的东延部分和新华夏构造体系第二巨型隆起带的复合交接地带，寒岭断裂带的北侧。

　　矿区出露地层主要为太古界鞍山群茨沟组和第四系。

　　茨沟组（Arcg）：岩性主要为角闪磁铁石英岩、角闪变粒岩、角闪石英片岩和斜长角闪岩等，其中角闪石英片岩呈大面积分布，铁矿体赋存于磁铁石英岩中。第四系（Q4）：第四系地层主要有残积层、坡积层和冲积层，其主要岩性为腐殖土、砂、砾、卵石等。主要分布于矿区的沟谷中和较平缓的山坡处。

　　矿区地层为单斜构造。其总体产状为走向北东 30°~45°，倾向南东和北西，倾角 70°~88°。矿区内未发现较大的断层。

　　矿区内岩浆岩不发育，未发现较大的侵入体，仅在局部见有规模很小的闪长岩脉，花岗伟晶岩脉，这些小岩脉均沿地层层理方向分布。

6.1.1.2 矿床地质概况

孟家铁矿床属沉积变质矿床，又称"鞍山式"铁矿。矿体赋存于太古界鞍山群茨沟组中。铁矿体呈透镜体状产于太古界鞍山群茨沟组的角闪变粒岩和角闪石英片岩层中。矿床类型为沉积变质矿床，地层历经区域动力热流变质作用，变质程度为角闪岩相，以角闪变粒岩和角闪石英片岩为特征。

矿区内已探明5条矿体，在采矿许可证范围内的矿体为Fe10、Fe11矿体。其中Fe10矿体为孟家铁矿区中规模较大的矿体，矿体总体呈N40°E走向产出，倾向南东；Fe11矿体北端呈南北走向产出，南端呈西南走向产出，矿体倾向为西~西北。

矿体形态、倾角变化不大，呈透镜状产出，勘探类型为Ⅱ类型。矿区内共计3个矿体，分别编号为Fe10、Fe11-1、Fe11-2。

（1）10号矿体（Fe10）。Fe10矿体为区内较大的一个铁矿体，呈透镜状产于茨沟组中、上部的角闪变粒岩和角闪石英片岩中。矿体南端始于34线~200m标高；北端尖灭于43线~200m标高，走向长度约900m，矿体沿走向及倾向已全部控制清楚。37线以北，矿体部分裸露地表，在侵蚀面上，矿体受到剥蚀；37线以南未遭到剥蚀，但已近于透镜体的端部，并且逐渐尖灭于34线~200m标高。因此，10号矿体的形态实为一残存的不完整透镜体，其东北端抬起，往南西端侧伏，矿体在走向和倾斜上变化不大，走向为N40°E，倾向SE65°~70°，矿体倾角62°~87°，矿体厚度20~50m不等，中间大、两端小，平均厚度36m。矿体顶底板围岩主要为角闪变粒岩和角闪石英片岩。

（2）11号矿体（Fe11-1，Fe11-2）。Fe11矿体位于矿区的西部，与Fe10矿体相邻，相距120m左右，南西部有部分采矿坑，北端局部矿体裸露地表，部分为第四系冲积层所覆盖。钻探工程证实Fe11矿体基本是由两个互相平行的透镜体组成，由上而下划分为Fe11-1、Fe11-2，其中以Fe11-2规模为大，占Fe11矿体储量的77.35%。Fe11-1矿体走向延长400m，垂深200~250m，厚5~10m；Fe11-2矿体走向延长500m，垂深250~330m，厚7~20m不等。矿体在37勘探线附近，最厚可达35m。矿体向南逐渐变小，到37勘探线矿体变薄至7m，矿体趋于尖灭。

矿体走向总体为N40°E，倾角较陡，几乎于近直立，略向东倾。37线以北矿体，走向变为南北；37线以南矿体，倾向发生变化，从0m标高开始，出现反倾。

矿区内矿体顶、底板岩石较简单，主要为角闪变粒岩及角闪石英片岩。矿体与围岩界线清楚，铁矿体完整，氧化微弱。

矿体中具含磁铁的角闪石英片岩、斜长角闪岩的夹层和伟晶岩脉等，厚度不大，一般2~3m，最大夹层厚度5m，夹石率为6.96%。

6.1.1.3 矿石质量

（1）矿石矿物成分。矿石的主要金属矿物为磁铁矿，少量赤铁矿和黄铁矿，偶见黄铜矿和闪锌矿，主要非金属矿物为石英、角闪石、黑云母，次要产物为绿泥石、透闪石、白云母和电气石等。

（2）矿石化学成分。孟家铁矿属磁铁贫矿，TFe含量在25%~35%之间，基本上不存在氧化矿石；SiO_2平均含量为47.52%，S含量0.034%、P含量0.068%，属低S、P矿石。

（3）矿石结构、构造。矿石结构为半自形-他形粒状变晶结构。矿石构造主要为条纹状和条带状，少数为块状构造。矿石自然类型主要为磁铁石英岩，其次为角闪石英岩和少量黑云磁铁石英岩。矿石工业类型属磁铁贫矿。

6.1.1.4 矿床开采技术条件

（1）矿区自然地理条件。矿区位于细河 U 形蛇曲北侧的超河漫滩一级至三级阶地及低山丘陵，山顶呈圆形，呈东北高、西南低地势，属低山丘陵地貌。矿区内海拔标高 140~235m，相对高差 95m。矿体侵蚀基准面标高为 125m。地形坡度 15°~20°。细河从矿区南东侧约 220m 处流过，该河常年流水，水流量较大，但对矿山生产没有构成威胁。

据当地气象台 1955~1986 年资料降水量为 511.3~1108mm，冻土深度为 0.81~1.49m，7 月平均最高气温 24.9℃，1 月平均最低气温-15℃。

（2）含水层及隔水层。矿区内矿石与围岩中构造裂隙不甚发育，岩石的含水性和透水性弱。矿区内的主要含水层为第四系砂砾石孔隙潜水含水层、风化裂隙含水层和前震旦系鞍山群磁铁石英岩构造裂隙微弱含水带。

Fe10 矿体单位涌水量为 0.026L/（s·m），平均渗透系数 0.154m/d，属微弱含水带；Fe11 矿体单位涌水量为 0.15L/（s·m），平均渗透系数 0.118m/d，属中等富水带。矿区地下水受大气降水补给，以渗流形式排泄于沟谷中。矿区年降水量一般为 511~1108mm，主要集中在 7~8 月，年蒸发量为 1374~1775mm。

矿区内隔水岩层主要有黑云变粒岩和角闪变粒岩、角闪石英片岩两类。其中黑云变粒岩上覆有第四系砂砾含水层及风化裂隙含水带，岩心较完整，裂隙不发育，构成矿区的隔水岩层；而角闪变粒岩与角闪石英片岩是 Fe10、Fe11 矿体的上下盘围岩，岩心完整，裂隙不发育，钻孔中只在局部曾发现轻微漏水，为矿区的隔水岩层。

（3）矿坑充水因素。矿床充水的主要因素是大气降水和地表径流的直接补给。第四系砂砾含水层、风化裂隙含水带、磁铁石英岩构造裂隙含水带也是矿床主要充水水源之一。

矿区地下水补给来源为大气降水，矿区水文地质条件属于微弱裂隙充水，水质为 HCO-Ca 型，水文地质条件属简单类型。

（4）环境地质。孟家铁矿区地貌属山地丘陵，地形变化不大。

该矿床首期开采为露天采矿，同时进行一些地表工程建设，不同程度地破坏了矿区植被。因露天采矿活动可能诱发局部边帮崩塌和滑坡，+70m 标高以下矿体采用地下开采，对环境不会造成大的危害。废渣排放大部分是排放在采空区内或随矿石运出矿区外，废渣排放量很小，地面排放主要为地表土，堆放量不大，破坏影响环境较小。

矿区地震基本烈度为Ⅶ度。据 1476 年以来的地震资料记载，该区尚未发生过大的破坏性地震。矿山开采过程中，废渣的排放会给地质环境造成影响，凿岩、爆破、运输等作业对环境也有一定的影响。矿区的环境地质条件复杂程度中等。

（5）开采技术条件。矿体的顶底围岩主要为角闪石英片岩和黑云变粒岩，矿石为角闪磁铁石英岩。这些岩石均为硬质岩石，抗压强度较高。岩体裂隙（风化带以下）不甚发育，较完整，钻孔工程与露天开采未发现有明显的较大的软弱层和大的破碎带，矿区矿体与顶底板围岩均较稳定，工程地质条件良好，矿床工程地质条件为简单~中等。

主要矿岩参数：

矿石体积密度 3.24t/m³　　　岩石体积密度 2.75t/m³

岩石硬度系数 $f=8\sim14$　　　岩石松散系数 1.63

6.1.2　矿产资源保有量

6.1.2.1　矿床勘探情况简评

依据《铁、锰铬矿地质勘查规范》（DZ/T 0200—2002），结合矿区勘探成果和露天开采现状，该矿床勘探类型为Ⅱ类，勘探工程网度为 200m×200m。按工程网度 200m×200m 求得 122b 基础储量；单工程控制的块段求得 333 资源量。

矿区于 2005 年开始露天开采的 Fe10 矿体为矿区的主矿体，该矿体的实际勘探网度为浅部为 100m×100m，其深部则以 200m×（150~100m）网度控制了矿体的形态、规模、产状和质量变化。钻孔工程证实，矿体已全部控制清楚，矿体储量类型为 122b 基础储量。

Fe11-1、Fe11-2 两矿体特征与矿体很相近，只是规模不同和深部控制程度略有差异。因此，Fe11-1 和 Fe11-2 矿体-100m 标高以上的矿体储量类型为 333 资源量。

6.1.2.2　矿床铁矿石工业指标

根据《铁、锰、铬矿地质勘查规范》（DZ/T 0200—2002）的规定，孟家铁矿露天转地下开采工程设计的资源储量估算采用的铁矿石工业指标为：

边界品位：　　　TFe≥20%；

工业品位：　　　TFe≥25%；

最小可采厚度：　≥2m；

夹石剔除厚度：　≥2m。

6.1.2.3　矿床保有资源量

孟家铁矿床矿体呈透镜状、似层状，矿体倾角较陡，近似直立，剖面线基本垂直矿体走向。为较准确地掌握矿山的资源保有情况，采用 Surpac 软件建立了矿床的三维立体模型，如图 6-1 所示。

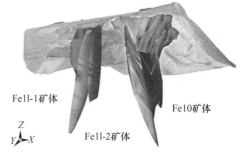

图 6-1　矿床三维立体模型

截止到 2008 年末，矿区范围内共估算 122b+333 资源量 25079kt，TFe 品位 26.32%；其中，122b 基础储量为 18377kt，TFe 品位 26.39%；333 资源量为 6702kt，TFe 品位 26.06%。见表 6-1。

表 6-1　铁矿资源/储量估算结果

矿体编号	资源量级别	矿石量/kt	TFe 品位/%	备注
Fe10	122b	18377	26.39	
Fe11-1	333	2230	25.87	
Fe11-2	333	4472	26.17	
	122b	18377	26.39	
	333	6702	26.06	
合计	122b+333	25079	26.32	

6.1.2.4　地下开采设计利用资源量

露天转地下开采设计范围是孟家铁矿采矿许可范围内 35~42 线、+70~-100m 标高之间的 Fe10、Fe11 号矿体。根据矿床的勘探程度，以及矿体赋存规律和空间形态、产状等特点，对 122b 储量全部利用，333 资源量利用系数为 65%。

设计利用资源/储量见表 6-2，矿石量为 17178.39kt，TFe 品位 26.34%。其中，+70m 标高以上矿体资源/储量 3934.57kt，TFe 品位 26.39%，利用露天进行开采；+70m 标高以下矿体资源/储量采用地下开采，可利用储量矿石量 13243.82kt，TFe 品位 26.34%。

表 6-2　各阶段利用资源/储量估算

阶段及储量	Fe10	Fe11-1	Fe11-2	阶段矿石量 /kt	TFe 品位 /%
	122b	333	333		
+70m 以上（露采）	2856.60	575.81	502.16	3934.57	26.39
+10m	4775.05	434.81	539.16	5749.02	26.31
-50m	3866.03	454.27	604.86	4925.16	26.35
-110m	1675.70	295.28	598.66	2569.64	26.33
地下开采小计	10316.78	1184.36	1742.68	13243.82	26.34
合　计	13173.38	1760.17	2244.84	17178.39	26.34

6.1.3　矿床开采现状

孟家铁矿根据矿体的赋存特征及开采技术条件，首期采用露天开采方式进行回采，经过近 10 年的露天开采，矿山已由山坡开采转入凹陷开采，露天坑封闭圈标高为+155m，坑底最低标高为+70m。到 2009 年 1 月底，露天开采境界范围内保有的可采储量约 2856.6kt，按 1200kt/a 的采矿生产能力，露天开采的剩余服务年限仅有 2.38 年。

根据矿山的开采现状和地形特征，矿山采用了生产灵活、适应性强、投资小、经济效益好的公路汽车运输方式。露天坑采矿生产采用多台阶作业，由高至低逐个生产台阶开采。各生产台阶均由南开沟，形成采矿作业面后，由南向北水平推进至境界。

由于孟家铁矿区东、南、西三个方向均紧靠本溪北台钢厂厂区，露天开采境界如果跨入本溪北台钢厂厂区，将破坏本溪北台钢厂设施；此外，由于矿体倾角陡，剥离量大，生产剥采比要大于经济合理剥采比，缺乏经济合理性。

矿床在露天开采结束时，露天坑坑底标高为+70m，坑底长度约 500m，坑底宽为 22~36m，最终边坡角上盘为 52.6°，下盘为 48.8°。

矿山在露天采矿场北侧建有与露天采矿生产能力配套的选矿厂，配套辅助设施齐全，采用磁选工艺流程，生产工艺指标理想。

6.1.4　采矿方法设计概况

孟家铁矿矿区东南部与北台钢厂设施有山坡相隔，直线距离 245m；南部与北台钢厂设施有山坡相隔，直线距离 176m。矿区范围内有露天坑及排土场，无保护性建筑，矿区地形条件允许陷落。根据矿体的赋存特点和矿山对生产能力的要求，设计推荐无底柱分段崩落法作为该矿的首选采矿方法。

6.1.4.1 矿块布置方式

对于厚度大的 Fe10 矿体矿块垂直走向布置，如图 6-2 所示；对于厚度小的 Fe11 矿体，矿块沿走向布置，如图 6-3 所示。根据储量分布情况，两种布置方式比例为 80%、20%。

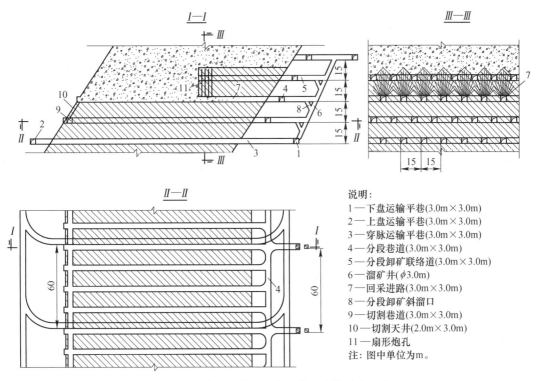

说明：
1—下盘运输平巷(3.0m×3.0m)；
2—上盘运输平巷(3.0m×3.0m)；
3—穿脉运输平巷(3.0m×3.0m)；
4—分段巷道(3.0m×3.0m)；
5—分段卸矿联络道(3.0m×3.0m)；
6—溜矿井(φ3.0m)；
7—回采进路(3.0m×3.0m)；
8—分段卸矿斜溜口；
9—切割巷道(3.0m×3.0m)；
10—切割天井(2.0m×3.0m)；
11—扇形炮孔
注：图中单位为m。

图 6-2 垂直走向布置无底柱分段崩落采矿方法

6.1.4.2 采场结构参数

设计中，无底柱分段崩落法的矿房构成要素按单台铲运机的有效工作范围确定。

对于 Fe10 号矿体，矿块垂直矿体走向布置，长为矿体水平厚度，宽为 60m，阶段高度 60m，分段高度 15m，回采进路垂直矿体走向布置，进路间距 15m，上下相邻的分段回采进路呈菱形布置。

对于 Fe11 号矿体，矿块沿走向布置，矿块长 60m，采场宽为矿体厚度，采场高度 60m，为设计阶段高度。分段高度 15m，分段巷道垂直走向布置，进路间距为 60m，回采进路沿矿体走向布置。

6.1.4.3 设计矿块生产能力

垂直走向布置的无底柱分段崩落法采场，单台铲运机的出矿能力为 500kt/a，根据矿块参数和出矿设备的效率等因素，综合确定矿块生产能力 1000t/d；沿走向布置的无底柱分段崩落法采场，单台铲运机的出矿能力为 150kt/a，根据矿块参数和出矿设备的效率等因素，综合确定矿块生产能力为 300t/d。

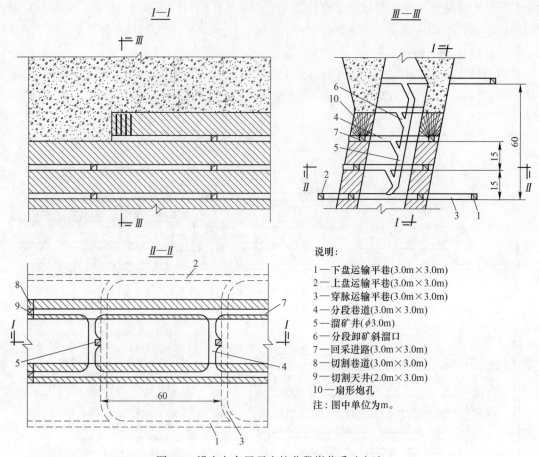

图 6-3　沿走向布置无底柱分段崩落采矿方法

说明:
1—下盘运输平巷(3.0m×3.0m)
2—上盘运输平巷(3.0m×3.0m)
3—穿脉运输平巷(3.0m×3.0m)
4—分段巷道(3.0m×3.0m)
5—溜矿井(ϕ3.0m)
6—分段卸矿斜溜口
7—回采进路(3.0m×3.0m)
8—切割巷道(3.0m×3.0m)
9—切割天井(2.0m×3.0m)
10—扇形炮孔
注:图中单位为m。

6.1.5　采场结构参数的优选

　　合理选择采矿方法的采场结构参数对于采矿生产能否达到预期的经济效果非常重要。在确保安全生产的条件下,结构参数的确定要与矿山的地质条件相适应,并符合放矿时矿岩的运动规律和地压显现规律,利于降低损失率和贫化率,有利于地压管理;要与选用的工艺技术和装备水平相适应,充分发挥设备的生产能力和先进技术的效益,尽可能地提高矿床的开采强度,提高开采的技术经济效果。

　　采场结构参数之间存在着相互联系和制约的关系,其中任何一种参数都不能离开其他参数而单独存在最佳值。传统的采矿方法及采场结构参数的选择多以经验法和工程类比法为主。由于影响采矿方法及采场结构参数选择的诸多因素中既有定量化的因素,又有定性化的因素,这些因素既相互影响又相互制约,采用传统经验法和工程类比法选择采矿方法或采场结构参数,往往带有较强的主观任意性,所得出的选择结果在实际应用中总是不尽人意。

　　近年来,层次分析法和模糊综合评判方法在采矿方法选择方面的广泛应用和所取得的研究成果,已经彰显其在解决多层次、多因素、多指标和多目标决策问题中的优势。本节以孟家铁矿采矿方法采场结构参数优化为例,将层次分析法和模糊综合评判方法应用于该矿分段崩落采矿法采场结构参数的优化与选择方面，以合理确定采场结构参数，实现该矿深部资源的安全高效回采，达到减少采切工程量和降低生产成本的目的。

6.1.5.1 采场结构参数的层次结构模型构建

进行分段崩落法采场结构参数 AHP-Fuzzy 优化的前提与关键在于确定影响采场结构参数选择的因素及子因素，建立采场结构参数的多层次结构评价模型。一般情况下，影响采场结构参数确定的因素有安全因素、技术因素和经济因素三大类，对于不同的采矿方法，这三种因素具有各自不同的子因素。

如图 6-4 所示，依照层次分析法的基本原理，在孟家铁矿矿床赋存条件和开采技术条件下，分段崩落法采场结构参数的层次模型可划分为三个层次，包括目标层（A）：最优结构参数；准则层（P）：经济指标（P_1）、安全因素（P_2）和技术指标（P_3）；指标层（X）：掘进成本（X_1）、支护成本（X_2）、千吨采切比（X_3）、采矿凿岩爆破成本（X_4）、采矿作业点通风条件（X_5）、出矿效率（X_6）、采场生产能力（X_7）、矿石损失率（X_8）、矿石贫化率（X_9）、脊部矿石残留量（X_{10}）。

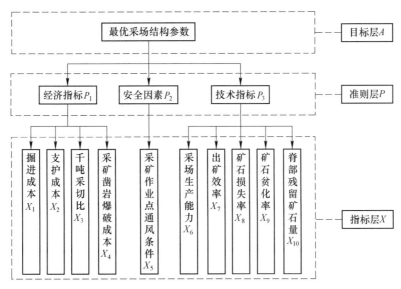

图 6-4 分段崩落法采场结构参数优选层次结构模型

6.1.5.2 判断矩阵构造及指标权重确定

A 比较标度构造

根据 Satty 教授提出的 1-9 及其倒数标度法[105]，对同层次两两因素之间进行比较和重要度评价，对每个子因素的相对重要性按表 6-3 的定义，采用专家打分法赋权值。

表 6-3 因素重要度判定标度法

标度	重要度定义	含 义
1	同样重要	表示因素 X_i 与 X_j 重要性相同
3	稍微重要	表示因素 X_i 的重要性稍高于 X_j
5	明显重要	表示因素 X_i 的重要性明显高于 X_j

标度	重要度定义	含　义
7	非常重要	表示因素 X_i 的重要性极大地高于 X_j
9	绝对重要	表示因素 X_i 的重要性绝对高于 X_j
2、4、6、8		上述判断的中间值

注：各数的倒数表示因素 i 与 j 比较的判断为 h_{ij}，则因素 j 与 i 比较的判断为 $h_{ji} = \dfrac{1}{h_{ij}}$。

B　判断矩阵构造及指标权重确定

根据影响分段崩落法采场结构参数的层次结构模型，按每一子层次元素以相邻上一层次各元素为基准，构造判断矩阵，用几何平均的方法计算各因素对上一层次的权重，然后进行归一化处理，得出该判断矩阵的权重矩阵。目标层 A 对准则层 P 的判断矩阵见表 6-4。

表 6-4　目标层 A 对准则层 P 判断矩阵

最优结构参数 A	经济因素（P_1）	安全因素（P_2）	技术因素（P_3）	权向量	归一化权重
经济因素（P_1）	1	1/2	1/2	2	0.191
安全因素（P_2）	2	1	1/2	3.5	0.333
技术因素（P_3）	2	2	1	5	0.476

同理可以得出准则层 P 对指标层 X 的判断矩阵及权重系数。由于安全因素（P_2）对应的指标层只有"采矿作业点通风条件（X_5）"一个子因素，故对该因素及其子因素的判断矩阵及权重系数不再列出，只列出经济因素（P_1）和技术因素（P_3）所对应的指标层各子因素的判断矩阵及权重系数，见表 6-5 及表 6-6。

表 6-5　准则层 P_1 对指标层 X 判断矩阵

经济因素 P_1	掘进成本（X_1）	支护成本（X_2）	千吨采切比（X_3）	采矿成本（X_4）
掘进成本（X_1）	1	1	1	3
支护成本（X_2）	1	1	1	2
千吨采切比（X_3）	1	1	1	5
采矿成本（X_4）	1/3	1/2	1/5	1

表 6-6　准则层 P_3 对指标层 X 判断矩阵

技术因素 P_3	采场生产能力（X_6）	出矿效率（X_7）	损失率（X_8）	贫化率（X_9）	脊部残留矿量（X_{10}）
采场生产能力（X_6）	1	3	2	2	1/2
出矿效率（X_7）	1/3	1	2	2	1/3
损失率（X_8）	1/2	1/2	1	1/3	1/3
贫化率（X_9）	1/2	1/2	3	1	1/2
脊部残留矿量（X_{10}）	2	3	3	2	1

C 判断矩阵的一致性检验

由于目标层 A 对准则层 P 判断矩阵和准则层 P 对指标层 X 的判断矩阵的定性指标均是由专家凭个人知识和经验建立起来的，受主观因素影响很大。为避免主观因素对判断结果的影响，使判断结果与实际情况趋于一致，通常需按下述步骤对判断矩阵进行一致性检验。

（1）计算判断矩阵最大特征值 λ_{max}。对于比较得到的判断矩阵 D 的特征值和特征向量 W，可按方根法求出其近似值，特征向量 W 经正规化后作为各因素的排序权重。然后按式（6-1）计算判断矩阵最大特征值 λ_{max}。

$$\lambda_{max} = \frac{1}{n} \sum_{i=1}^{n} \frac{(DW)_i}{W_i} \tag{6-1}$$

（2）进行一致性检验。对于判断矩阵 D 的一致性检验，按式（6-2）进行。当 $C_R < 0.1$ 时，认为判断矩阵 D 满足一致性条件，否则，需对判断矩阵进行调整，直至满足一致性检验为止。

$$C_R = \frac{C_I}{R_I} \tag{6-2}$$

$$C_I = \left| \frac{\lambda_{max} - n}{n - 1} \right| \tag{6-3}$$

式中，C_I 为一致性检验指标；R_I 为不同阶数判断矩阵的平均随机一致性指标；n 为判断矩阵 D 的阶数；λ_{max} 为判断矩阵的最大特征值；W 为 λ_{max} 所对应的特征向量。

一致性检验指标 R_I 按表 6-7 取值。

表 6-7 不同阶数判断矩阵的平均随机一致性指标赋值

判断矩阵阶数	1	2	3	4	5	6	7	8	9
R_I	0	0	0.52	0.89	1.12	1.26	1.36	1.41	1.46

根据各层次子因素的权重计算判断矩阵的最大特征值 λ_{max}，对表 6-2、表 6-3 及表 6-4 所列的判断矩阵是否满足一致性条件进行检验。所得判断矩阵的最大特征值 λ_{max}、权重 ω_i 和一致性检验结果见表 6-8。

表 6-8 判断矩阵一致性检验

判断矩阵	权重 ω_i	λ_{max}	C_I	R_I	一致性检验	
					C_R	是否满足
A-P	[0.196, 0.311, 0.493]	3.054	0.027	0.52	0.052	满足
P_1-X	[0.297, 0.269, 0.338, 0.096]	4.073	0.024	0.89	0.027	满足
P_2-X	[1]	1	0	0	0	满足
P_3-X	[0.254, 0.151, 0.087, 0.146, 0.363]	5.296	0.074	1.12	0.066	满足

因此，得到层次总排序，见表 6-9。

表 6-9　层次总排序

指标层 X	P_1 (0.196)	准则层 P		权重 W
		P_2 (0.311)	P_3 (0.493)	
X_1	0.488			0.096
X_2	0.248			0.049
X_3	0.175			0.034
X_4	0.089			0.017
X_5		1		0.311
X_6			0.254	0.125
X_7			0.151	0.074
X_8			0.087	0.043
X_9			0.146	0.072
X_{10}			0.363	0.179

根据层次总排序，得影响分段崩落法采场结构参数优选的权重向量为：

$$W = \begin{bmatrix} 0.096 & 0.049 & 0.034 & 0.017 & 0.311 & 0.125 & 0.074 & 0.043 & 0.072 & 0.179 \end{bmatrix}$$

6.1.5.3　模糊综合评价指标体系

A　采场结构参数的备选方案

为实现安全高效和低成本开采，根据目前国内分段崩落法开采的应用现状，结合孟家铁矿的深部资源赋存情况、开采技术条件和设计标准矿块尺寸，共提出四种采场结构参数备选方案，见表 6-10。

表 6-10　分段崩落法采场结构参数备选方案

结构参数	方案 1	方案 2	方案 3	方案 4
分段高度/m	15	18	20	20
进路间距/m	15	15	18	20
崩矿步距/m	3.0	3.0	3.0	3.0
单次爆破崩矿量/t	2187.0	2624.4	3499.2	3888.0
千吨采切比/m·kt^{-1}	10.31	9.42	8.54	8.34

B　综合评价指标体系

在影响分段崩落法采场结构参数选择的因素集 X 中，定量指标包括了掘进成本（X_1）、支护成本（X_2）、千吨采切比（X_3）、采矿成本（X_4）和脊部残留矿量（X_{10}）。其中前两项成本指标为根据工程承包价格分摊到每吨出矿量的费用，千吨采切比为不同采场结构参数下的采切比，采矿成本为包含出矿在内的采出矿承包价格。定性指标由专家按 9 级标准进行评判，得到采场结构参数各影响因素的指标见表 6-11。

表 6-11　采场结构参数影响因素指标值

目标层 A		方案 1	方案 2	方案 3	方案 4
准则层 (P_i)	指标层 (X)				
经济因素 (P_1)	掘进成本 (X_1)/元·t^{-1}	14.76	13.49	12.23	11.94
	支护成本 (X_2)/元·t^{-1}	2.95	2.70	2.45	2.39
	千吨采切比 (X_3)/m·kt^{-1}	10.31	9.42	8.54	8.34
	采矿成本 (X_4)/元·t^{-1}	37.50	37.50	37.50	37.50
安全因素 (P_2)	采矿作业点通风条件 (X_5)	中	中	中	中
技术因素 (P_3)	采场生产能力 (X_6)	最差	很差	较好	最好
	出矿效率 (X_7)	最差	很差	较好	最好
	损失率 (X_8)	好	较好	中	较差
	贫化率 (X_9)	好	较好	中	较差
	脊部残留矿量 (X_{10})/kt	6.56	6.56	9.45	11.66

6.1.5.4 隶属矩阵确定

A　定量指标的相对隶属度矩阵

影响采场结构参数的指标体系中，存在 5 个定量指标，建立特征向量矩阵为：

$$D_{1,2,3,4,10} = \begin{bmatrix} 14.76 & 13.49 & 12.25 & 11.94 \\ 2.95 & 2.70 & 2.45 & 2.39 \\ 10.31 & 9.42 & 8.54 & 8.34 \\ 37.50 & 37.50 & 37.50 & 37.50 \\ 6.56 & 6.56 & 9.45 & 11.66 \end{bmatrix}$$

对于优化判断矩阵中的定量指标，应将表中指标无量纲化，并用 0~1 之间的数表示。按收益性指标越大越好、消耗性指标越小越好的原则，对定量指标特征向量矩阵规格化，得定量指标相对隶属度矩阵为：

$$D_{1,2,3,4,10} = \begin{bmatrix} 0.809 & 0.885 & 0.975 & 1 \\ 0.810 & 0.885 & 0.976 & 1 \\ 0.809 & 0.885 & 0.977 & 1 \\ 1 & 1 & 1 & 1 \\ 1 & 1 & 0.694 & 0.563 \end{bmatrix}$$

B　定性指标的相对隶属度矩阵

对于定性指标，根据表 6-12 对其隶属度进行赋值。

表 6-12　定性指标 9 级标准赋值表

标准	最好	很好	好	较好	中	较差	差	很差	最差
赋值	0.95	0.85	0.75	0.65	0.55	0.45	0.35	0.25	0.15

得定量指标相对隶属度矩阵为：

$$\boldsymbol{D}_{5,6,7,8,9} = \begin{bmatrix} 1 & 1 & 1 & 1 \\ 0.15 & 0.25 & 0.65 & 0.95 \\ 0.15 & 0.25 & 0.65 & 0.95 \\ 0.75 & 0.65 & 0.55 & 0.45 \\ 0.75 & 0.65 & 0.55 & 0.45 \end{bmatrix}$$

综上可以得到影响采场结构参数优化选择的综合隶属度矩阵为：

$$\boldsymbol{D}_{1,2,3,4,5,6,7,8,9,10} = \begin{bmatrix} 0.809 & 0.885 & 0.975 & 1 \\ 0.810 & 0.885 & 0.976 & 1 \\ 0.809 & 0.885 & 0.977 & 1 \\ 1 & 1 & 1 & 1 \\ 1 & 1 & 1 & 1 \\ 0.15 & 0.25 & 0.65 & 0.95 \\ 0.15 & 0.25 & 0.65 & 0.95 \\ 0.75 & 0.65 & 0.55 & 0.45 \\ 0.75 & 0.65 & 0.55 & 0.45 \\ 1 & 1 & 0.694 & 0.563 \end{bmatrix}$$

6.1.5.5　分段崩落法最优采场结构参数的模糊综合评判

根据前面得到的影响分段崩落法采场结构参数优化选择的权重向量和指标综合隶属度矩阵可得综合评判向量为：

$$\boldsymbol{A} = \boldsymbol{W} \cdot \boldsymbol{D}_{1,2,3,4,5,6,7,8,9,10} = \begin{bmatrix} 0.096 \\ 0.049 \\ 0.034 \\ 0.017 \\ 0.311 \\ 0.125 \\ 0.074 \\ 0.043 \\ 0.072 \\ 0.179 \end{bmatrix}^{\mathrm{T}} \cdot \begin{bmatrix} 0.809 & 0.885 & 0.975 & 1 \\ 0.810 & 0.885 & 0.976 & 1 \\ 0.809 & 0.885 & 0.977 & 1 \\ 1 & 1 & 1 & 1 \\ 1 & 1 & 1 & 1 \\ 0.15 & 0.25 & 0.65 & 0.95 \\ 0.15 & 0.25 & 0.65 & 0.95 \\ 0.75 & 0.65 & 0.55 & 0.45 \\ 0.75 & 0.65 & 0.55 & 0.45 \\ 1 & 1 & 0.694 & 0.563 \end{bmatrix}$$

$$= \begin{bmatrix} 0.768 & 0.790 & 0.819 & 0.849 \end{bmatrix}$$

综上可得 4 个方案的综合优越度为：方案 1 为 76.8%，方案 2 为 79.0%；方案 3 为 81.9%，方案 4 为 84.9%。根据最大隶属度原则，方案的优劣次序依次为：方案 4、方案 3、方案 2、方案 1。最终确定方案 4 为孟家铁矿分段崩落法采场结构参数首选方案，即分段高度 20m、进路间距 20m、崩矿步距 3.0m、单次爆破崩矿量 3888t、千吨采切比为 8.34m/kt 的采场结构参数方案。

6.1.6　采矿方法优化及主要技术经济指标

6.1.6.1　矿块布置与结构参数

A　矿块布置方式

根据孟家铁矿分段崩落法采场结构参数优化选择结果，结合矿体厚度和选用的出矿设备的有效运距，对该矿的采矿方法及工艺进行调整，优化后的矿块布置方式，Fe10 矿体的矿块垂直向布置如图 6-5 所示；Fe11 矿体的矿块沿走向布置，如图 6-6 所示。

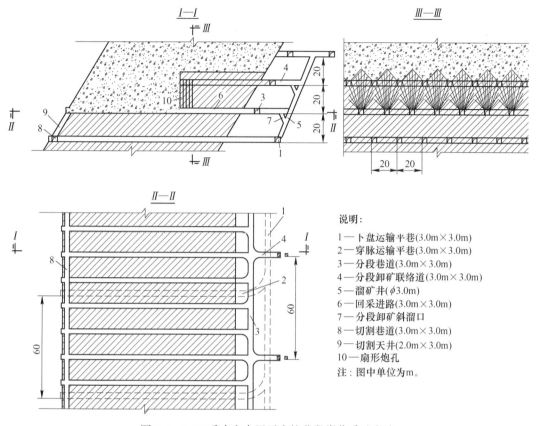

说明：
1—上盘运输平巷(3.0m×3.0m)
2—穿脉运输平巷(3.0m×3.0m)
3—分段巷道(3.0m×3.0m)
4—分段卸矿联络道(3.0m×3.0m)
5—溜矿井(ϕ3.0m)
6—回采进路(3.0m×3.0m)
7—分段卸矿斜溜口
8—切割巷道(3.0m×3.0m)
9—切割天井(2.0m×3.0m)
10—扇形炮孔
注：图中单位为m。

图 6-5 Fe10 垂直向布置无底柱分段崩落采矿方法

B 结构参数

为减少地下开拓工程量，降低基建投资，根据矿体倾角、矿体的产状、崩落矿石的流动性和矿岩的稳固程度，在技术经济分析的基础上，按能大勿小的原则，确定阶段高度。

根据采场结构参数的模糊数学优选结果，为减少采准工程量和降低矿石成本，对于 Fe10 号矿体，矿块长为矿体水平厚度，宽为 60m，阶段高度 60m，分段高度 20m，回采进路垂直矿体走向布置，进路间距 20m，上下相邻的分段回采进路呈菱形布置。

对于 Fe11 号矿体，矿块沿走向布置，矿块长 60m，采场宽为矿体厚度，采场高度 60m，为设计阶段高度。分段高度 20m，分段巷道垂直走向布置，回采进路沿矿体走向分别布置于 Fe11-1 号和 Fe11-2 号矿体中间。

6.1.6.2 采准与切割工程布置

A Fe10 号矿体的采准与切割

沿矿体走向布置下盘脉外运输巷道和上盘脉外运输巷道，其中上盘脉外回风巷道距矿体边界 20m，下盘脉外运输巷道距矿体边界 40m，在上下盘脉外运输巷道内每隔 60m 布置一条穿脉运输巷道。上下盘阶段运输沿脉平巷与阶段运输穿脉构成环形运输系统。

分段运输巷道布置在下盘围岩中，并通过分段卸矿联络道与溜井联通；在分段巷道内

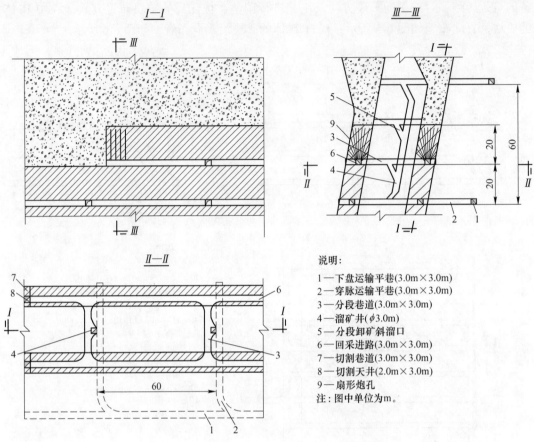

图 6-6　Fe11 沿走向布置无底柱分段崩落采矿方法

垂直矿体布置回采进路，回采进路采用"非"字形沿走向布置，上下分段进路交错布置；溜井沿穿脉运输巷道布置，间距 60m；辅助斜坡道布置在下盘围岩中，通过联络道与各分段巷道连通，作为人行通风及无轨设备的通道，斜坡道直线段坡度 15%，净断面 3.6m×3.2m，支护厚度 300mm，通过联络道与各分段巷道相连。

切割工作包括切割巷道、切割天井和形成切割槽。沿矿体上盘边界垂直回采巷道掘进 3m×3m 的切割巷道贯通各回采巷道端部，每隔一个回采进路掘进一条 2m×3m 切割天井，在切割巷道内布置平行中深孔，以切割天井为自由面，单侧后退逐排爆破，形成切割槽。

B　Fe11 号矿体的采准与切割

由于 Fe11-1 与 Fe11-2 矿体相隔 20～30m，倾向一致，倾角 70°～90°，设计回采方案时，矿体上下盘分别布置有脉外运输巷道，其中上盘运输巷道距矿体边界 20m，下盘运输巷道距矿体边界 30m，并沿上下盘脉外运输巷道每隔 60m 布置一条穿脉运输巷道，将两条矿体统一采准、同步回采。

分段运输巷道垂直矿体走向布置，在穿脉运输巷道内施工溜矿井与分段巷道贯通，溜井间距 60m；在分段巷道内沿两矿体布置回采进路，分段运输巷道经联络道与辅助斜坡道相连，作为人行通风及无轨设备的通道。

切割工作包括切割巷道、切割天井和形成切割槽。沿两矿体端部边界垂直回采巷道掘进一条 3m×3m 的切割巷道，在切割巷道内掘进一条 2m×3m 切割天井，在切割巷道内布置平行中深孔，以切割天井为自由面，一侧后退，逐排爆破形成切割槽。

以 +10m 阶段为例，该矿的开拓与采准工程布置如图 6-7 所示。

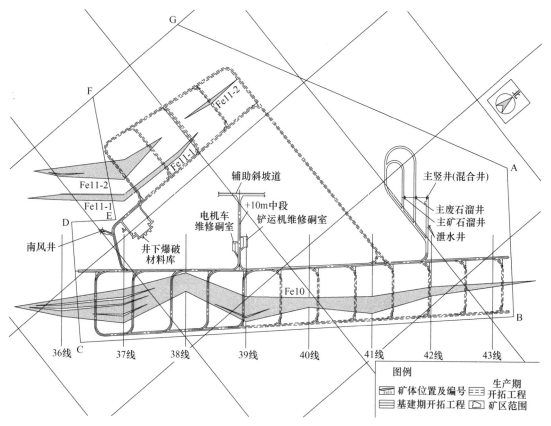

图 6-7　+10m 阶段开拓与采准工程布置图

6.1.6.3　回采工艺与回采顺序

A　凿岩、爆破

两种采场布置形式采用同样的凿岩爆破工艺。主要是切割凿岩采用 YGZ-90 型凿岩机在切割巷道中凿上向平行炮孔，回采凿岩采用 YGZ-90 型导轨式独立回转凿岩机配 TJ25 型圆盘式钻架在回采进路中凿前倾 75°~80° 的扇形炮孔，边孔倾角 50°，每排孔 11~12 个，总长 120~130m。爆破采用铵松蜡炸药，BQF-100 装药器装药，毫秒导爆管起爆，挤压爆破方式，每次爆破 2 排炮孔，爆破步距为 3.0m。凿岩爆破参数见表 6-13。

表 6-13　凿岩爆破参数

炮孔布置方式	炮孔直径 d/mm	钎头直径/mm	最小抵抗线 W/m	W/d	孔底距/m
扇形中深孔	60~65		1.5	25	1.5~2.0
崩矿步距/m	孔深/m	炸药	装药方式	装药系数	起爆材料
3	6~16	铵松蜡	BQF-100 装药器	0.85	导爆管

B　分段回采顺序

采场各分段之间的开采顺序为自上而下。为减少贫化，在同一分段中各进路的回采尽可能保持在一条直线上。当上下两个采场同时回采时，上部采场回采工作面超前下部采场工作面的距离不小于50m。

根据生产需要，矿山须3个分段同时工作：一个出矿、一个采矿、另一个采准。

C　采场矿石运搬

对于垂直走向布置和沿走向布置的无底柱分段崩落法两种采场结构形式，采场矿石运搬采用两种设备。采场垂直矿体走向布置时，矿石运搬采用 $4m^3$ 电动铲运机，铲运机台年效率为500kt；采场沿矿体走向布置时，矿石运搬采用 $2m^3$ 电动铲运机，铲运机台年效率为150kt。出矿最大块度不大于350mm，二次破碎采用 TM-15-2 型移动式碎石机在出矿进路中进行。

D　采场通风

两种采场结构形式的回采工作面均采用局扇通风。局扇安装在上部回风水平，新鲜风流由本阶段的脉外运输平巷经人行通风天井进入分段联络道和回采巷道，清洗工作面后，污风由铺设在回采巷道和回风天井的风筒引至上水平回风巷道，并利用安装在上水平回风巷道的局扇抽出。

E　采空区和露天边坡管理

为形成崩落法正常回采条件和防止围岩大量冒落造成安全事故，设计中明确"在崩落矿石层上面必须覆以岩石层，岩石层厚度应大于40m"。在矿床没有采用露天开采的区段，采用强制崩落围岩；而对于露天开采区段，则在第一分层回采前，采用将排土场废石运往露天坑、回填露天坑的方法形成覆盖岩层。

为了解覆盖岩层对露天边坡稳定性的作用机理，本书在第8章采用数值模拟方法，对随地下开采深度的不断下降，露天边坡围岩的变形规律和失稳破坏特征进行专题研究，重点考虑三种方案：一是在不考虑形成崩落法正常回采条件时，在崩落矿石层上面不形成覆盖岩层；二是在崩落矿石层上面形成厚40m的覆盖岩层，此后覆岩层的厚度不再增加，随着地下采深的不断下降，覆岩层也随之下降的情形；三是随着地下采深的不断下降，向覆岩层上方不断回填岩石，使覆盖岩层的上平面始终维持在某一固定标高的情形，旨在为采空区和露天边坡管理提供合理的方案。

6.1.6.4　主要技术经济指标

综合考虑孟家铁矿的矿体赋存条件、矿石可选性和选矿工艺流程、矿山实际生产指标和铁矿石市场情况等情况，确定无底柱分段崩落法损失率为12%，贫化率为20%。

对于采场垂直走向布置和沿走向布置的两种情形，选取不同的标准矿块尺寸。对 Fe10 号矿体取标准矿块 36m（长）×60m（宽）×60m（高），对 Fe11 号矿体取标准矿块 60m（长）×10m（宽）×60m（高）。不同矿块的地质储量及采出矿量见表6-14、表6-15，垂直走向布置采场的采切工程量计算见表6-16。

表 6-14　矿块地质储量

项目名称	采场布置方式	标准矿块参数			矿块地质储量	
		宽度/m	长度/m	高度/m	矿石体重/t·m⁻³	地质储量/t
Fe10 矿块分段矿量	垂直走向	60	36	20	3.24	139968

项目名称	采场布置方式	标准矿块参数			矿块地质储量	
		宽度 /m	长度 /m	高度 /m	矿石体重 /t·m⁻³	地质储量 /t
Fe10 矿块矿量	垂直走向	60	36	60	3.24	419904
Fe11 矿块分段矿量	沿走向	10	60	20	3.24	38880
Fe11 矿块矿量	沿走向	10	60	60	3.24	116640

表 6-15 矿块采出矿量计算

项目名称		工业储量 /t	回采率 /%	贫化率 /%	采出矿量/t			占矿块采出矿石比重/%	占矿块工业储量比重/%
					矿石	岩石	小计		
Fe10 矿块	矿块指标	419904	88	20	369516	92379	461895	100	100
	分段指标	139968	88	20	123172	30793	153965	100	100
Fe11 矿块	矿块指标	116640	88	20	102643	25661	128304	100	100
	分段指标	38880	88	20	34214	8554	42768	100	100

表 6-16 垂直走向布置采矿块采切工程量计算

序号	工程名称	数量 /条	断面 /m²	长度/m			掘凿量/m³		
				矿石单条	岩石单条	总长	矿石	岩石	合计
1	穿脉运输巷道	1	3×3.0	36	60	96	309	513	821
2	分段巷道	2	3×3.0		60	120		1026	1026
3	分段溜井联络道	4	3×3.0		10	40		342	342
4	上盘回风巷	1	3×3.0		60	60		513	513
5	溜矿井	1	ϕ3.0		65	65		460	460
6	分段卸矿斜口	2	ϕ3.0		8	16		113	113
7	回采进路	9	3×3.0	37		333	2849		2849
8	切割巷道	3	3×3	60		180	1539		1539
9	切割天井	4.5	2×3	20		90	540		540
10	竖向切割槽						7200		7200
合 计						1437	15341	3707	15404

从表 6-15 和表 6-16 可以得知，根据优化后的采场结构参数，对 Fe11 号矿体进行采矿方法优化设计后，单矿块采出矿量为 128304t，单矿块采切工程量为 11062m³，折合 2765.5 标准米，则采切比为 21.55Nm/kt。

沿走向布置采场的采切工程量计算见表 6-17。

表 6-17　沿走向布置采场两个矿块采切工程量计算

序号	工程名称	数量/条	断面/m²	长度/m			掘凿量/m³		
				矿石单条	岩石单条	总长	矿石	岩石	合计
1	穿脉运输巷道	1	3×3.0	20	80	100	171	684	855
2	分段巷道	3	3×3.0		60	180		1539	1539
3	溜矿井	1	φ3.0		65	65		460	460
4	分段卸矿斜口	2	φ3.0		8	16		113	113
5	回采进路	6	3×3.0	60		360	3011		3011
6	切割巷道	6	3×3.0	20		120	1026		1026
7	切割天井	6	2×3.0	20		120	720		720
8	竖向切割槽						14400		14400
	合　计					961	19328	2796	22124

优化后的主要技术经济指标见表 6-18。

表 6-18　优化后的主要技术经济指标

指标名称	指标单位	采场布置形式		平均
		垂直走向时	沿走向时	
采场综合生产能力	t/d	1000	300	860
潜孔凿岩机台效	m/台班	40	40	40
铲运机出矿效率	t/台班	1200	500	1060
采矿掌子面工班效率	t/（工·班）	40	20	36
采矿损失率	%	12	12	12
采矿贫化率	%	20	20	20
千吨采切比	m/kt	8.34	21.55	13.07

6.1.7　采矿方法多目标优化决策结论

以孟家铁矿分段崩落法采场结构参数的优选为研究目标，运用层次分析法和模糊数学原理，对提出的四种采场结构参数备选方案进行了多目标优化决策，取得了如下研究成果：

（1）依据影响分段崩落法采场结构参数选择的 10 个因素，运用层次分析法和模糊数学原理，建立了分段崩落采矿方法采场结构参数优化选择的多层次分析模型，确定了各因素的灰色关联系数矩阵，采用层次分析法确定各层及相关指标的权重，通过二级模糊综合评判，计算孟家铁矿分段崩落法采场结构参数备选方案的最终关联度，并按隶属度最大方案最优准则综合评价了各种采场结构参数方案的优劣，取得了良好的效果。最终确定孟家铁矿分段崩落法采场结构参数为分段高度为 20m，进路间距为 20m。

（2）基于层次分析法和模糊数学原理，对孟家铁矿分段崩落法采场结构参数进行优化选择，避免了采场结构参数选择时容易受到主观经验影响的问题。

（3）根据模糊综合评判的结果，对孟家铁矿的采矿方法及回采工艺进行了优化设计，使 Fe10 号矿体开采的千吨采切比从原设计的 10.31 标 m/kt 下降到了 8.34 标 m/kt，根据矿山掘进工程承包单价 358 元/m³ 计算，可使 Fe10 号矿体开采的综合采矿成本下降 2.82 元/t；Fe11 号矿体的千吨采切比从原设计的 26.8 标 m/kt 下降到了 21.55 标 m/kt，可使综合采矿成本下降 7.52 元/t；平均千吨采切比从原设计的 16.20 标 m/kt 下降到了 13.07 标 m/kt，可使矿山平均综合采矿成本下降 4.48 元/t。按矿山 1200kt/a 生产能力计算，每年可节省生产成本 451.20 万元，有效降低了矿山的综合采矿成本。

6.2 露天转地下采矿方法工业试验

本节以杏山铁矿为例，介绍露天转地下采矿方法工业试验的过程和结果。

6.2.1 矿山地质与开采技术条件

6.2.1.1 矿区地质概况

杏山铁矿矿区内出露的地层以太古界迁西群三屯营组变质岩系为主，地层情况见表 6-19。矿床主体为一被 F9 断层破坏的向斜构造。向斜枢纽总体走向 350°，向南倾伏，倾伏角 40°左右，轴面倾向 SW，倾角 75°左右；向斜东翼倾向 SW，倾角 50°~56°；西翼倾向 SEE，倾角 60°~65°。向斜北部仰起端及西翼受旋扭断层 F9 的破坏，使向斜形态变得不够完整。F9 断层：走向 20°~50°，倾向 NW，倾角 83°；走向长 500m，宽 8~10m，倾向延伸可达 700~800m，属正断层。

表 6-19　矿床地层简表

地层单位	地层代号	岩　　　　性
新生界第四系	Q	由坡积物及采场废石等组成，厚 0~100m
中元古界长城系	Pt_2ch	由底砾岩、长石石英砂岩夹灰色页岩等组成，厚约 400m
下太古界三屯营组	Ars^{4-5}	以角闪变粒岩为主，夹黑云变粒岩、斜长角闪石岩。混合岩化作用形成中粗粒含角闪黑云混合片麻岩
	Ars^{4-4}	以黑云变粒岩为主。次为黑云浅粒岩夹斜长角闪岩，顶部有透镜状铁矿与 Ars^{4-5} 为界，混合岩化作用形成肉红色中粒黑云母混合岩
	Ars^{4-3}	为含矿层，以石榴黑云变粒岩、黑云变粒岩、角闪磁铁石英岩为主，夹矽线石榴黑云变粒岩、石英变粒岩、大理石及斜长角闪岩。混合岩化作用形成黄褐色中细粒混合黑云变粒岩
	Ars^{4-2}	以黑云变粒岩为主，夹黑云浅粒岩及斜长角闪岩。底部有透镜状铁矿与 Ars^{4-1} 分界。混合岩化作用形成肉红色中粗粒黑云混合岩
	Ars^{4-1}	以角闪黑云斜长片麻岩为主，夹斜长角闪岩、角闪黑云变粒岩、黑云变粒岩。混合岩化作用形成暗灰色中粗粒黑云混合片麻岩（局部含角闪石及紫苏辉石）

6.2.1.2 矿床地质

杏山矿区位于华北地台北缘燕山沉降带中部，迁安隆起西缘的褶皱带南部杏山复向斜构造中。矿床属于鞍山式沉积变质贫铁矿床，赋存于太古代迁西群三屯营组黑云变粒岩、浅粒岩、斜长角闪岩及混合岩中。受 F9 断层破坏，矿床被分割为大杏山和小杏山两部分：

（1）大杏山。分布 F9 断层以西至 C16 线，矿体走向 40°～10°，倾向 SE～SEE，倾角 60°。矿体长 440m，平均厚度 120m，矿体呈上下薄或尖灭，中间厚的杏核形。矿体赋存标高绝大部分在 -30～-330m 之间，也是 C 级控制标高；C16 线以西全部为 D 级储量，-610m 标高以下仍有较厚大的矿体存在，矿体形态剖面上呈层状、似层状，投影呈大椭圆形。

（2）小杏山。分布 F9 断层以东至 A_2 线，矿体走向 110°，-100m 以下转向南或南西，倾向 SW，倾角 50°～56°。矿体连续长 450m，平均厚度 30～50m，矿体赋存标高绝大部分在 +20～-300m 之间，也是 C 级控制标高。A8 线以西全部为 D 级储量，最深控制标高 -510m 以下。矿体形态剖面上呈层状、似层状、呈大半个向斜状；矿体下部具分支复合现象，分为小杏山上和小杏山下两层矿。

杏山铁矿床矿石类型和物质组成简单，属于中硫、低磷、贫磁铁矿石。矿石中金属矿物主要为磁铁矿，其次为黄铁矿；脉石主要矿物为石英、镁铁闪石及辉石，少量碳酸盐矿物。磁铁矿呈它形粒状和半自形粒状集合体，多呈条带状分布。

黄铁矿呈星点状，它形粒状，含量小于 1%，分布在磁铁矿中，交代磁铁矿现象明显。矿石结构多为粒状变晶结构，见有交代残留结构及包裹结构，矿石构造多为条纹、条带状构造和片麻状构造。按矿石矿物成分、结构构造可划分为三种矿石自然类型：角闪磁铁石英岩、辉石磁铁石英岩及赤铁石英岩。工业类型按 FeO/TFe 的比值可分为磁铁矿石和赤铁矿石。该矿床矿石工业类型均属磁铁矿石。主要化学成分为硅、铁，少量钙、镁、铝。铁主要为磁性铁，少量硅酸铁；其他有害组分很少。

6.2.1.3　矿床开采技术条件

根据地质报告提供的试验数据，结合类似矿山的经验值，矿岩主要物理力学性质指标见表 6-20。

表 6-20　矿山岩主要物理力学性质指标

指标名称	指 标 值		备 注
	矿石	岩石	
相对体重度 γ	3.35	2.7	
普氏硬度系数 f	12～14	10～12	
松散系数 K	1.43	1.38	

6.2.1.4　矿石储量

（1）储量工业指标：

1）边界品位 SFe≥20%；

2）最低工业品位 SFe≥25%；

3）可采厚度≥2m；

4）夹石剔除厚度≥2m。

（2）矿石地质储量。受地形等因素的限制，矿床生产勘探只完成了设计 15 个钻孔中的 8 个，并提交了相应的地质报告，但是完成的工作仍未能对 F9 断层大杏山一侧的部分矿体进行计算和升级。矿山露天开采期间，已经查明控矿构造 F9 断层及两侧矿体的连续性；历次勘探工作中也已经有钻孔对控矿构造进行控制，并证实了断层附近矿体的存在。截止到 2004 年 11 月末矿山保有地质储量：B+C+D 级 89672.3kt；其中 B+C 级 53068.2kt，D 级 36604.1kt。

6.2.1.5 露天开采现状及存在的问题

杏山铁矿 1966~1968 年采用露天开采，生产规模 350kt/a，后停产，1981 年重新恢复生产。1997 年 10 月~1998 年 6 月进行扩帮设计，设计规模为 1500kt/a，最低开采深度为 -33m，实际生产规模最高曾达 3000kt/a。

矿山露天采场采用汽车开拓，台阶高度 12m。露天采场最高标高为 305m，露天境界最低标高为 -33m，封闭圈标高为 117m。露天采场上口尺寸为 900m×630m，下口尺寸为 410m×20m。露天采场总出入沟布置在矿体下盘，位于矿体东北端部，标高为 132m。运输线路折返式布置，除 39~-9m 台阶运输线路布置在上盘以外，其余线路全部布置在下盘。露天主要生产设备中，穿孔设备为 φ250mm 的 KV250 牙轮钻，铲装设备为 4m³ 电铲，运输设备为 42 吨级自卸汽车。采出矿石运至采场外倒装料台后，采用 4m³ 电铲倒装机车运至大石河选厂。倒装料台位于总出入沟以北 300m 附近，标高为 117m。选矿厂位于矿区北侧，距离约 6km。排土场布置在采场四周，在用排土场为北排土场和东排土场。矿石类型为磁铁矿，矿体界线十分明显。

截至 2005 年年底，杏山铁矿露天开采已近尾声，但杏山采区 -33m 水平以上露天境界外还残留一部分挂帮矿体，-33m 水平以下深部还有丰富的矿产资源。为此，矿山决定将露天境界外挂帮矿体和深部矿体转为地下开采，并且，挂帮矿体将作为露天转地下开采的首先开采地段。

杏山采区露天采场生产已进入尾声，由于露天采场上盘 B11 勘探线和下盘 B13 勘探线附近部分边坡滑坡，导致露天采场生产越来越困难，闭坑时间被迫推迟。截至 2005 年 7 月底，露天采场最低开采标高为 -9m，境界内矿量为 1228.1kt，岩量为 889kt。

不难看出，杏山铁矿在露天转地下开采的过渡期内，挂帮矿体开采将成为其维持生产的关键。同时，露天边坡的稳定性将对露天转地下过渡期内的开采产生直接影响。

6.2.2 试验场地及条件

杏山铁矿露天转地下开采设计采矿方法为无底柱分段崩落法，采矿方法工业试验主要对设计的 15m×20m 的大间距结构参数进行，并对 20m 进路间距下的崩矿步距进行优化。工业试验地点选在 -45m 分段大杏山矿体中进行。

工业试验地点的矿体顶底板围岩主要为石榴黑云斜长片麻岩和混合花岗岩。岩体稳定性中等，其岩石质量指标 RQD 值平均大于 65%；岩体质量指标 M 值平均 0.66。此外，由于 F9 断层影响在断裂带及其附近软弱夹层较多，节理裂隙发育，岩石比较破碎，强度较低。

6.2.3 试验采准工程布置

无底柱分段崩落采矿法的主要采准工程包括上下盘脉外联络道、回风联络道、出矿进路。在上下盘沿脉联络道垂直矿体走向掘进回采进路，进路间距 20m，进路断面规格 4.8m×4.2m。每隔 50~70m 掘进垂直于进路的联络道，以便于通风和作业设备进出；在联络道或进路一侧溜井对应位置开设溜井卸矿口。-45m 分段的进路与 -30m 分段交错布置，从而在进路端部形成"菱形"回采断面。

6.2.4 崩矿步距优化试验

6.2.4.1 试验内容

崩矿步距优化试验在 -45m 分段大杏山矿体 6 号进路，具体试验内容如下：

(1) 合理崩矿步距试验。根据理论计算的最优崩矿步距，通过不同崩矿步距下回采时矿石回收率与贫化率的比较，对最优崩矿步距进行验证。扇形中深孔崩落矿石时，炮孔的密集系数对爆破效果影响较大，由于不同的崩矿步距对应不同的爆破抵抗线，在炸药单耗一定的情况下，抵抗线越大，炮孔密集系数越小；抵抗线越小，炮孔密集系数也越大。因此，在对比合理崩矿步距的同时，需要分析炮孔密集系数对爆破效果的影响。

(2) 单排炮孔整体起爆与排内分组起爆对比试验。无底柱分段崩落法爆破中，为简化爆破工序和避免孔口"带炮"现象，一般采用单排炮孔整体起爆的方式。实践证明，这种方式具有一定的缺陷：一方面，单排炮孔整体起爆后，容易造成炮孔之间形成贯通裂缝，并使崩落矿层整体向自由面方向推移，从而导致大块的产生；另一方面，采用单排整体起爆后，崩落矿层破碎后被整体向前推移，容易产生"推墙"现象，从而造成出矿困难，严重影响出矿效率。

采用排内分组起爆可有效避免上述两方面的不利因素，因此需要对单排炮孔整体起爆与排内分组起爆进行对比，研究合理的起爆方式。

(3) 挤压放矿试验。出矿过程中，破碎矿岩的压实程度对矿岩的流动性影响较大，当碎岩较密实时，其流动性差，反之则流动性好。端部出矿中可利用这一特性改善出矿效果，即采用控制爆破方式将靠近废石的矿石压密，而临近出矿口的矿石则相对松散，压密的矿石可阻止端部废石过早混入，从而有利于改善矿石的贫化损失指标。

6.2.4.2 试验设计

A 合理崩矿步距试验

结合第 5.2 节的理论计算结果，崩矿步距试验采用 3m、3.4m、3.8m、4.2m 四个步距进行，每个步距共进行三组试验。炮孔设计参数见表 6-21~表 6-24。

表 6-21 4.2m 崩矿步距试验炮孔布置参数

排 号	孔号	倾角（锐角）	孔深/m	装药长度/m	装药量/kg	备注
13P、15P、17P	1	57°0′0″	10.67	9.67	38.68	图6-8（a）
	2	64°24′55″	14.37	9.35	37.4	
	3	71°29′9″	15.55	14.12	56.48	
	4	78°6′17″	17.08	10.8	43.2	
	5	84°12′35″	18.98	16.83	67.32	
	6	89°45′30″	21.31	12.92	51.68	
	7	84°12′35″	18.76	15.98	63.92	
	8	78°6′17″	16.88	9.72	38.88	
	9	71°29′9″	15.36	13.94	55.76	
	10	64°24′55″	14.19	9.19	36.76	
	11	57°0′0″	10.66	9.66	38.64	
合　　计			173.81	132.18	528.72	

排 号	孔号	倾角（锐角）	孔深/m	装药长度/m	装药量/kg	备注
14P、16P、18P	1	57°0′0″	10.67	9.67	38.68	图6-8（b）
	2	65°15′37″	14.48	10.25	41	
	3	73°4′9″	15.87	14.82	59.28	
	4	80°18′6″	17.7	12.15	48.6	
	5	86°52′51″	20	18.25	73	
	6	87°8′39″	19.89	16.16	64.64	
	7	80°31′12″	17.56	12.01	48.04	
	8	73°13′37″	15.72	14.67	58.68	
	9	65°20′39″	14.32	10.1	40.4	
	10	57°0′0″	10.66	9.66	38.64	
合 计			156.87	127.74	510.96	

表 6-22 3.8m崩矿步距试验炮孔布置参数

排 号	孔号	倾角（锐角）	孔深/m	装药长度/m	装药量/kg	备注
1P、3P、5P、7P、9P、11P、19P、21P、23P	1	57°0′0″	10.67	9.67	38.68	图6-9（a）
	2	65°15′37″	14.48	8.92	35.68	
	3	73°4′9″	15.87	14.82	59.28	
	4	80°18′6″	17.7	12.15	48.6	
	5	86°52′51″	20	18.25	73	
	6	87°8′39″	19.89	11.6	46.4	
	7	80°31′12″	17.56	13.26	53.04	
	8	73°13′37″	15.72	14.67	58.68	
	9	65°20′39″	14.32	8.56	34.24	
	10	57°0′0″	10.66	9.66	38.64	
合 计			156.87	121.56	486.24	
2P、4P、6P、8P、10P、12P、20P、22P、24P	1	57°0′0″	10.67	9.67	38.68	图6-9（b）
	2	66°9′28″	14.61	9.81	39.24	
	3	74°44′28″	16.24	13.77	55.08	
	4	82°35′23″	18.42	13.52	54.08	
	5	89°45′30″	21.31	20.31	81.24	
	6	83°19′31″	18.45	13.55	54.2	
	7	75°16′40″	16.18	13.7	54.8	
	8	66°26′31″	14.47	9.68	38.72	
	9	57°0′0″	10.66	9.66	38.64	
合 计			141.01	113.67	454.68	

表 6-23   3.4m 崩矿步距试验炮孔布置参数

排号	孔号	倾角（锐角）	孔深/m	装药长度/m	装药量/kg	备注
25P、27P、29P	1	57°0′0″	10.67	9.67	38.68	图 6-10（a）
	2	66°9′28″	14.61	8.52	34.08	
	3	74°44′28″	16.24	13.77	55.08	
	4	82°35′23″	18.42	12.25	49	
	5	89°45′30″	21.31	20.31	81.24	
	6	83°19′31″	18.45	12.29	49.16	
	7	75°16′40″	16.18	13.7	54.8	
	8	66°26′31″	14.47	8.39	33.56	
	9	57°0′0″	10.66	9.66	38.64	
合　　计			141.01	108.56	434.24	
26P、28P、30P	1	57°0′0″	10.67	9.67	38.68	图 6-10（b）
	2	67°32′45″	14.83	10.88	43.52	
	3	77°18′56″	16.87	15.87	63.48	
	4	86°4′12″	19.68	16.29	65.16	
	5	86°14′55″	19.53	13.38	53.52	
	6	77°26′57″	16.71	15.71	62.84	
	7	67°37′7″	14.66	10.79	43.16	
	8	57°0′0″	10.66	9.66	38.64	
合　　计			123.61	102.25	409	

表 6-24   3.0m 崩矿步距试验炮孔布置参数

排号	孔号	倾角（锐角）	孔深/m	装药长度/m	装药量/kg	备注
31P、33P、35P	1	57°0′0″	10.67	9.67	38.68	图 6-11（a）
	2	67°32′45″	14.83	9.83	39.32	
	3	77°18′56″	16.87	15.87	63.48	
	4	86°4′12″	19.68	15.02	60.08	
	5	86°14′55″	19.53	13.89	55.56	
	6	77°26′57″	16.71	15.71	62.84	
	7	67°37′7″	14.66	9.74	38.96	
	8	57°0′0″	10.66	9.66	38.64	
合　　计			123.61	99.39	397.56	

排号	孔号	倾角（锐角）	孔深/m	装药长度/m	装药量/kg	备注
32P、34P、36P	1	57°0′0″	10.67	9.67	38.68	图 6-11（b）
	2	69°1′59″	15.09	11.05	44.2	
	3	80°3′29″	17.63	16.37	65.48	
	4	89°45′30″	21.31	15.2	60.8	
	5	80°21′27″	17.51	16.26	65.04	
	6	69°21′59″	14.96	10.93	43.72	
	7	57°0′0″	10.66	9.66	38.64	
合　计			107.83	89.14	356.56	

B　单排炮孔整体起爆与排内分组起爆对比试验

单排炮孔整体起爆与排内分组起爆对比试验采用 3.8m 崩矿步距进行，炮孔参数与 3.8m 崩矿步距试验的参数一致，共进行三组试验。炮孔设计参数见表 6-22。

C　挤压放矿试验

挤压放矿试验采用 3.8m 崩矿步距进行，前一排孔抵抗线为 1.6m，后排孔抵抗线为 2.2m，试验共进行三组。炮孔设计参数见表 6-25。

表 6-25　3.8m 崩矿步距挤压放矿试验炮孔布置参数

排号	孔号	倾角（锐角）	孔深/m	装药长度/m	装药量/kg	备注
37P、39P、41P	1	57°0′0″	10.67	9.67	38.68	图 6-12（a）
	2	66°9′28″	14.61	8.52	34.08	
	3	74°44′28″	16.24	13.77	55.08	
	4	82°35′23″	18.42	12.25	49	
	5	89°45′30″	21.31	20.31	81.24	
	6	83°19′31″	18.45	12.29	49.16	
	7	75°16′40″	16.18	13.7	54.8	
	8	66°26′31″	14.47	8.39	33.56	
	9	57°0′0″	10.66	9.66	38.64	
合　计			141.01	108.56	434.24	
38P、40P、42P	1	57°0′0″	10.67	9.67	38.68	图 6-12（b）
	2	64°24′55″	14.37	9.35	37.4	
	3	71°29′9″	15.55	14.12	56.48	
	4	78°6′17″	17.08	10.8	43.2	
	5	84°12′35″	18.98	16.83	67.32	
	6	89°45′30″	21.31	12.92	51.68	
	7	84°12′35″	18.76	15.98	63.92	
	8	78°6′17″	16.88	9.72	38.88	
	9	71°29′9″	15.36	13.94	55.76	
	10	64°24′55″	14.19	9.19	36.76	
	11	57°0′0″	10.66	9.66	38.64	
合　计			173.81	132.18	528.72	

D　端部废石处理

6 号进路矿体上盘边界距离端部拉槽区为 13m，为确保试验在纯矿体中进行，需预先崩落进路端部的上盘废石。共布置 6 排炮孔，炮孔参数与 3.8m 崩矿步距试验的参数一致。

E　试验方案

在崩落进路端部上盘废石时，可不断调整装药量，通过观察爆破效果确定合理的炸药单耗，作为后续试验的装药设计依据。

每一次爆破后主要统计的数据包括步距崩矿量、每米崩矿量、出矿贫化率、损失率、大块率、出矿效率。

F　凿岩工程量

试验布孔沿进路方向共布置 42 排炮孔，长度为 75.4m，炮孔总凿岩量为 5584.17m（其中崩落端部废石的炮孔量为 893.64m），见图 6-8~图 6-11。

4.2m崩矿步距前排炮孔（13P、15P、17P）：
a底=2.05m；W=2.2m；
单耗0.365kg/t(以炮孔控制边界计算矿量)

4.2m崩矿步距后排炮孔（14P、16P、18P）：
a底=2.3m；W=2.0m；
单耗0.388kg/t

3.8m崩矿步距前排炮孔（1P、3P、5P、7P、9P、11P、19P、21P、23P）：
a底=2.3m；W=2.0m；
单耗0.369kg/t

3.8m崩矿步距后排炮孔（2P、4P、6P、8P、10P、12P、20P、22P、24P）：
a底=2.6m；W=1.8m；
单耗0.384kg/t

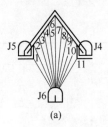

(a)

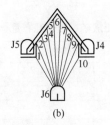

(b)

图 6-8　4.2m 崩矿步距炮孔布置

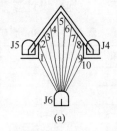

(a)

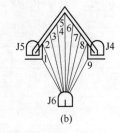

(b)

图 6-9　3.8m 崩矿步距炮孔布置

3.4m崩矿步距前排炮孔（25P、27P、29P）：
a底=2.6m；W=1.8m；
单耗0.366kg/t

3.4m崩矿步距后排炮孔（26P、28P、30P）：
a底=2.92m；W=1.6m；
单耗0.388kg/t

3.0m崩矿步距前排炮孔（31P、33P、35P）：
a底=2.92m；W=1.6m；
单耗0.377kg/t

3.0m崩矿步距后排炮孔（32P、34P、36P）：
a底=3.35m；W=1.4m；
单耗0.387kg/t

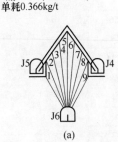

(a)

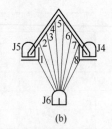

(b)

图 6-10　3.4m 崩矿步距炮孔布置

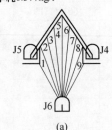

(a)

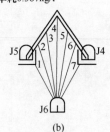

(b)

图 6-11　3.0m 崩矿步距炮孔布置

6.2.4.3　试验结果与分析

A　试验数据

根据现场凿岩需要，对试验炮孔位置进行了适当调整。3.4m 和 3.8m 崩矿步距试验在 5 进路端部纯矿体中进行；4.2m 崩矿步距试验和分组起爆对比试验在 6 进路端部纯矿体中进行；3.0m 崩矿步距试验和挤压放矿试验放在 7 进路端部纯矿体中进行。各排炮孔参数按试验设计进行凿岩。试验炮孔设计指标见表 6-26。

挤压放矿试验前排炮孔
(37P、39P、41P):
$a_底$=2.6m; W=1.6m;
单耗0.412kg/t

挤压放矿试验后排炮孔
(38P、40P、42P):
$a_底$=2.15m; W=2.2m;
单耗0.365kg/t

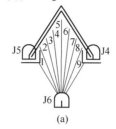 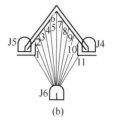

(a)　　　　　(b)

图6-12　挤压放矿炮孔布置

表6-26　试验设计指标

爆破次序	进路	排号	实验内容	装药/kg	崩矿量/t	每米孔崩矿量/t·m⁻¹	炸药单耗/kg·t⁻¹	原矿品位/%	备注
1	J5	15、16	3.8m崩矿步距	944	2482	8.33	0.380	32.8	原19、20排
2	J6	7、8	分组起爆对比	937	2482	8.33	0.378	32.5	原21、22排
3	J7	4、5	3.0m崩矿步距	756	1960	8.47	0.386	32.3	原23、24排
4	J5	17、18	3.8m崩矿步距	938	2482	8.33	0.378	32.8	原7、8排
5	J6	9、10	分组起爆对比	940	2482	8.33	0.379	32.5	原9、10排
6	J7	6、7	3.0m崩矿步距	754	1960	8.47	0.385	32.3	原11、12排
7	J5	19、20	3.8m崩矿步距	940	2482	8.33	0.379	32.5	原31、32排
8	J6	11、12	分组起爆对比	943	2482	8.33	0.380	32.1	原33、34排
9	J7	8、9	3.0m崩矿步距	753	1960	8.47	0.384	32.2	原35、36排
10	J5	21、22	3.4m崩矿步距	843	2221	8.39	0.380	32.5	原25、26排
11	J6	13、14	4.2m崩矿步距	1040	2744	8.30	0.379	32.1	原27、28排
12	J7	10、11	挤压放矿试验	965	2482	7.88	0.389	32.2	原29、30排
13	J5	23、24	3.4m崩矿步距	841	2221	8.39	0.379	32.3	原13、14排
14	J6	15、16	4.2m崩矿步距	1038	2744	8.30	0.378	31.9	原15、16排
15	J7	12、13	挤压放矿试验	963	2482	7.88	0.388	32.1	原17、18排
16	J5	25、26	3.4m崩矿步距	845	2221	8.39	0.380	32.3	原37、38排
17	J6	17、18	4.2m崩矿步距	1045	2744	8.30	0.381	31.9	原39、40排
18	J7	14、15	挤压放矿试验	962	2482	7.88	0.388	32.1	原41、42排

工业试验过程中，除分组起爆对比试验采用排内微差起爆外，其他试验炮孔均采用整排同段起爆，每次爆破两排，相邻两排微差起爆。分组对比试验中，每排扇形孔中间的3~4个孔先起爆，然后是两边炮孔起爆，两排孔起爆雷管段位为1~4段。

每次爆破后统计出矿量、出矿品位、大块数量。由于现场直接统计大块率较为麻烦，因此，以大块数量来衡量爆破块度指标。各次爆破后的指标见表6-27。

表 6-27　各次爆破后出矿指标

爆破次序	试验内容	崩矿量/t	原矿品位/%	放矿量/t	出矿品位/%	大块数量/个	贫化率/%	回收率/%
1	3.8m 崩矿步距	2482	32.8	2518	26.9	35	17.9	83.3
2	分组起爆对比	2482	32.5	2397	26.5	30	18.6	78.6
3	3.0m 崩矿步距	1960	32.3	2285	24.2	19	25.2	87.2
4	3.8m 崩矿步距	2482	32.8	2438	25.8	25	21.2	77.4
5	分组起爆对比	2482	32.5	2445	26.1	15	19.7	79.1
6	3.0m 崩矿步距	1960	32.3	2078	26.3	10	18.5	86.4
7	3.8m 崩矿步距	2482	32.5	2353	26.8	19	17.5	78.2
8	分组起爆对比	2482	32.1	2395	25.6	21	20.1	77.1
9	3.0m 崩矿步距	1960	32.2	2092	24.9	7	22.8	82.4
10	3.4m 崩矿步距	2221	32.5	2221	26.9	30	17.3	82.7
11	4.2m 崩矿步距	2744	32.1	2623	26.9	44	16.1	80.2
12	挤压放矿试验	2482	32.2	2113	28.4	51	11.8	75.1
13	3.4m 崩矿步距	2221	32.1	2221	25.7	18	20.3	79.7
14	4.2m 崩矿步距	2744	31.9	2518	25.9	37	18.7	74.6
15	挤压放矿试验	2482	32.1	1908	27.8	35	13.5	66.5
16	3.4m 崩矿步距	2221	32.3	2372	25.6	21	20.6	84.8
17	4.2m 崩矿步距	2744	31.9	2408	26.3	16	17.4	72.5
18	挤压放矿试验	2482	32.1	2014	27.3	33	15.1	68.9

B　试验分析

由于现场试验数据有一定的离散性，对每组试验中三次试验结果进行加权平均，取其平均值作为试验最终指标，见表 6-28。

表 6-28　试验平均指标

序号	试验内容	崩矿量/t	原矿品位/%	放矿量/t	出矿品位/%	大块数量/个	贫化率/%	回收率/%
1	3.0m 崩矿步距	1960	32.3	2152	25.1	12.0	22.2	85.3
2	3.4m 崩矿步距	2221	32.4	2271	26.1	23.0	19.4	82.4
3	3.8m 崩矿步距	2482	32.7	2436	26.5	26.3	18.9	79.6
4	4.2m 崩矿步距	2744	32.0	2516	26.4	32.3	17.4	75.8
5	分组起爆对比	2482	32.4	2412	26.1	22.0	19.5	78.3
6	挤压放矿试验	2482	32.1	2012	27.8	39.7	13.5	70.2

a　崩矿步距试验

从崩矿步距试验结果可以看出，贫化率随崩矿步距的增加有逐渐减小的趋势，回收率随崩矿步距的减小有增加的趋势。通过对工业试验及其结果的分析发现：当崩矿步距较小时，进路端部的正面废石将首先到达放矿口并被放出，而此时上部的废石距离放矿口仍有一定的距离，说明放矿椭球体内的矿岩沿水平方向的移动速率小于竖直方向，即进路端部正面废石的混入速率小于顶部矿石的放出速率；由于废石与矿石接触时间过早，造成了矿石贫化率高、回收率高的现象。反之，当崩矿步距较大时，会出现相反的情况，即矿石贫化率低、回收率低。因此，理想的放矿效果应是进路端部的正面废石与上部废石同时到达放矿口，只有这样，放矿才能达到贫化率最低和回收率最高的效果。

可以看出，若单纯地利用贫化率或回收率指标来研究合理崩矿步距是难以取得效果的，考虑到贫化率和损失率在采矿技术指标中的重要性，因此，引入回贫差（K）的概念，它指的是回收率（S）与贫化率（P）之差，即：

$$K = S - P \tag{6-4}$$

从理论上讲，只有当回贫差的指标值达到 100% 时，放矿效果最为理想，此时，矿石可实现全部回收，而废石没有混入。但是，实际放矿过程中这种情形是不可能实现的。因此，回贫差是一个人为设定的能够反映放矿过程中矿石损失与贫化的综合指标，采用回贫差指标评判放矿效果时，应注意两点：

（1）指标值越大，放矿效果越好。实际放矿过程中，可能表现为回收率高、贫化率小；

（2）指标值越小，放矿效果越差。可能表现为回收率低、贫化率大的问题。

根据工业试验结果，图 6-13~图 6-15 分别给出了杏山铁矿贫化率、回收率及回贫差与崩矿步距的关系曲线，图中横坐标 1、2、3、4 分别代表了 3.0m、3.4m、3.8m 和 4.2m 四种崩矿步距。

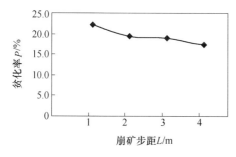

图 6-13 贫化率与崩矿步距的关系

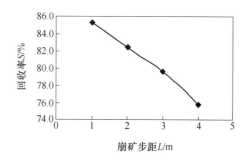

图 6-14 回收率与崩矿步距的关系

从图 6-15 可以看出，回贫差曲线随着崩矿步距的减小而降低，并在 3.4m 处出现拐点，其对应的回贫差为 63%。尽管崩矿步距为 3m 时回贫差最大（值为 63.2%），但两种崩矿步距的回贫差值已差别不大。由于工业试验只进行了 4 组崩矿步距的试验，对于崩矿步距小于 3m 时的回贫差变化趋势，没有直接的试验数据可以参照。

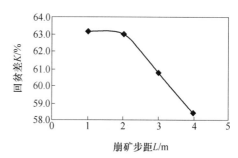

图 6-15 回贫差与崩矿步距的关系

理论上讲，随着崩矿步距的减小，进路端部的正面废石将会更早地到达放矿口并被放出，引起矿石的贫化，从而使放矿更早地达到放矿截止品位。此时放矿口上部仍有大量的矿石未能放出，造成矿石回收率的大幅降低，引起回贫差的减小。因此可以肯定，在崩矿步距小于或等于 3m 的某点处，随着崩矿步距的减小，一定存在回贫差减小的拐点。

在崩矿步距试验中，爆破块度指标总体变化不大，但 3m 步距的爆破块度指标比其他明显好些。分析认为，这可能是崩矿步距较小时，在同样的炸药单耗条件下，随着爆破挤压条件的改善，爆破块度也有所改善。

根据工业试验结果，合理的崩矿步距应在 3~3.4m 之间。这与第 5.2 节理论分析得到的 3.4~3.8m 崩矿步距有一定差别。造成这一结果的原因是，理论分析的诸多参数是根据类似矿山的经验数据选取的，如对理论计算结果影响较大的矿石爆破一次碎胀系数 α、椭球体偏心率 ε_b 等值的选取，与矿山实际可能存在不一致性。根据理论分析与试验结果，结合爆破经验数据，确定杏山铁矿合理的崩矿步距为 3.4m。

b　分组起爆对比试验

分组起爆对比试验主要是针对排内分组起爆与单排整体起爆的爆破效果进行对比，考察在两种起爆方式下爆破块度的差异。从表 6-27 中可以看出，排内分组起爆的爆破块度略好于单排整体起爆，但差别并不特别明显。原因可能在于，排内分组起爆分散了单排炮孔整体起爆时的总体爆破能量，在挤压条件一定的情况下，其对爆破块度的改善情况并不明显。同时，排内分组起爆若要取得较好的效果，应与炮孔密集性系数相适应，且应在最优崩矿步距下进行试验，方能对矿山具有指导意义。

理论上，排内分组起爆爆破块度比单排孔整体起爆要好些，但具体应用时应分情况对待。当采用"小排距、大孔底距"的爆破参数时，该方式对爆破的改善作用不明显；当孔底距与排距相差不大时，采用这种方式对改善爆破块度有效果，但实际应用中也可能存在孔口附近"带炮"的现象。

c　挤压放矿试验

挤压放矿试验主要是利用前排孔强挤压效果，使端部正面废石处于压实状态，以降低端部正面废石的流动性，从而达到降低贫化损失的目的。从表 6-28 中可以看出，挤压放矿试验与 3.8m 崩矿步距试验相比，贫化率大幅度降低，这与试验预期是一致的；但回收率也降低较多，这可能由于端部挤压过紧，造成端部压实的矿石无法正常放出，顶部矿石与废石则相对"过快"地放出，造成端部矿石损失。

通过试验可以看出，采用端部加强挤压的方式，对降低贫化的作用是明显的，但也容易造成端部矿石损失。实际应用时应分情况对待：当崩矿步距较小时，这种方式可有效减少端部废石的混入，同时使顶部矿石顺利放出，总体上对于减小贫化、损失的作用是有效的；但当崩矿步距较大时，这种方式则可能起相反作用，即在减小贫化的同时，也造成了大量的矿石损失。

C　工业试验结论

通过杏山伯矿采矿方法工业试验得出：

（1）在 15m×20m（分段高度×进路间距）的结构参数下，采用 ϕ80mm 炮孔，其合理的崩矿步距应在 3.4m 左右。

（2）排内分组起爆方式的爆破块度比单排孔整体起爆要好。当孔底距与排距相差不大时，采用排内分组起爆方式对改善爆破块度有一定的效果，但实际应用中也可能存在孔口附近"带炮"的现象。排内分组起爆分散了单排炮孔整体起爆时的总体爆破能量，在挤压条件一定的情况下，对爆破块度的改善情况并不明显。

（3）采用端部加强挤压的爆破方式，对降低矿石贫化的作用是明显的，但也容易造成端部正面矿石的损失。当崩矿步距较小时，可以考虑采用这种方式以改善贫化损失。

6.2.5 大间距结构无底柱分段崩落开采试验

根据崩矿步距优化试验结果，在-45m 分段其他路进一步开展了 15m×20m 大间距结构参数试验。

（1）中深孔凿岩。根据崩矿步距优化试验，合理步距为 3.4m 左右，取炮孔排距 1.6~1.8m，扇形孔边孔角 57°，每排 11~12 个炮孔。

（2）切割拉槽。在进路端部位置的上盘脉外联络道内掘进切割天井，自上盘沿脉联络钻凿上向平行或扇形炮孔，每排 4~5 孔，以切井为补偿空间向一侧逐排爆破形成切槽。

（3）采场爆破回采。沿进路从矿体上盘向下盘方向后退式回采，每次爆破 2 排，特殊条件下（如巷道岔口位置）爆破排数视具体情况而定，为防止出现"挤死"现象，每次爆破排数最多不超过 3 排。利用中深孔装药器上向装药，每个炮孔孔底安装一枚起爆弹，采用导爆管雷管孔底起爆，每排孔同段起爆。

（4）每次爆破、通风结束后，利用铲运机在进路端部出矿。

采用 15m×20m 大间距结构参数，在-45m 分段多进路并行回采，回采至 8 号进路时，累计采出矿石 50 万吨。采矿技术经济指标见表 6-29。

表 6-29 -45m 大间距结构参数回采技术经济指标

采切比/m³·kt⁻¹	贫化率/%	回收率/%	每米孔崩矿量/m·t⁻¹	炸药单耗/kg·t⁻¹
45.2	19.2	85.4	8.67	0.41

6.2.6 技术经济效益分析

工业试验结果表明：与露天矿挂帮矿回采时 15m×15m（分段高度×进路间距）的结构参数相比，采用 15m×20m 的结构参数，采切比由原来的 52.6m³/kt 降低至 45.2m³/kt，采切比降低约 14.07%，采矿成本降低约 12.27%；通过对崩矿步距优化，矿石回收率由原先的 80.2%提高至 85.4%，提高约 6.48%。各项指标见表 6-30。

表 6-30 技术经济指标

结构参数	采切比/m³·kt⁻¹	回收率/%	贫化率/%	采矿成本/元·t⁻¹
15m×15m（挂帮矿开采）	52.6	80.2	19.8	+14.2
15m×20m（地下开采）	45.2	85.4	19.2	±0.0

不难看出，通过增大进路间距和优化崩矿步距，对于降低矿石贫化率和开采成本、提高采矿回收率的效果是显著的。

6.2.7 工业试验成果

基于地下大规模高效采矿技术，杏山铁矿采矿方法工业试验结果表明，在综合考虑技术、经济、安全及工艺适配性的情况下，结合试验矿山露天转地下开采的特定技术条件，无底柱分段崩落法是适合露天转地下开采的大规模采矿方法之一。工业试验取得了如下研究成果：

（1）根据试验矿山凿岩装备条件，杏山铁矿无底柱分段崩落开采的分段高度在 15~20m 之间均是可行的。鉴于采用大的分段高度对于降低开采成本、提高开采强度有着显著的效果，矿山应进一步开展 20m 分段高度的开采试验。

（2）根据大间距放矿理论及技术经济分析，在 15m 的分段高度条件下，最优进路间距为 20m。

（3）崩矿步距优化试验结果表明：在 15m×20m（分段高度×进路间距）的结构参数下，采用 ϕ80mm 炮孔，其合理崩矿步距应在 3.4m 左右。

（4）与该矿挂帮矿回采工艺相比，通过无底柱分段崩落法结构参数优化，采切比可降低 14.07%，采矿成本降低 12.27%；矿石回收率提高 6.48%。

7 覆盖层的结构特性及其形成

7.1 覆盖层的主要作用

露天转地下开采的覆盖层主要是由具有自然级配特性的、块度大小和形状不相同的、爆破或自然冒落产生的碎石组成。覆盖层的主要功能表现在满足分段崩落法开采工艺的需要和满足地下开采系统安全生产的需要两个方面。对于前者，其具体表现为覆盖层能够为回采进路端部的挤压爆破形成必要的条件，并为崩落矿石的碎胀提供补偿空间[92]，以实现覆岩下放矿。而对于后者，覆盖层的主要功能表现在首先是为采空区上盘围岩的大面积冒落起到缓冲作用[92]，防止在地下采掘空间形成气浪冲击；其次是对地表降雨进入地下采空区起到延滞作用，缓解雨季矿井的排水压力；最后是防止井下通风系统与地表窜风导致的风流短路，确保矿井通风效果。

覆盖层作为露天转地下开采中的保护层，在地下开采中主要作用如下[160,161]：

（1）防止冲击地压。随着采矿活动的进行，围岩滞后冒落的面积可能越来越大，在达到一定面积后，围岩在自重应力的作用下会发生大规模的突然冒落，产生巨大的气浪冲击，形成冲击地压，对井下设施及生产人员带来严重灾难。满足一定厚度及结构要求的覆盖岩层能够使冲击气浪的压力与速度大幅度降低，起到保护井下人员及设备安全的作用。

（2）形成挤压爆破和端部放矿条件。崩落采矿法的主要特征是采出矿活动在废石或矿石的覆盖下进行，崩落围岩充填到采空区，为端部放矿提供了挤压爆破的条件，并为崩落矿石提供爆破补偿空间。

（3）滞水作用。露天转地下的覆盖层一般由具有天然级配的崩落岩石、表土、黏土和人工添加的尾矿砂等组成，地表降水的下渗过程受到覆盖层的阻滞作用，使地表降水的下降速度得到较大的延缓，可防止大量雨水突然灌入地下造成淹井事故，为地下排水系统赢得足够的防排水时间。

（4）减少矿井漏风。覆盖层的存在使地下采场处于一个相对封闭的系统里，采场、巷道、硐室等不与外面的大气直接相连，有利于减小漏风，改善地下开采工作面的工作环境，保证矿山生产的安全。

（5）防寒保暖。北方冬季环境温度很低，露天坑和井下巷道直接连通时，井下的温度会降低。温度太低，不利于井下设备正常工作，甚至会冻裂冻坏设备。覆盖层的存在使井下和露天坑隔开，便于井下温度的控制，有利于保护井下工人生产和设备运转。

（6）预防泥石流。由于覆盖层中存在着大量的细小颗粒，在降雨来临时，露天坑底会汇集大量的降水，降水在下渗的过程中会携带大量泥沙，通过崩落矿岩涌入进路，引发井下泥石流。合理结构的覆盖层可以通过其内部结构的合理级配，降低覆盖层中的水渗透压力，预防泥石流的发生。

为研究露天转地下开采的覆盖层的作用特征及其结构特性，在本章的后续章节中，将结合国家"十一五"科技支撑计划（No. 2006BAB02A17）的研究成果进行论述[162]。

7.2 覆盖层的力学特性和移动特性

7.2.1 覆盖层结构与力学特性分析

覆盖层是由形状和大小不均的岩块颗粒组成，岩块颗粒的移动变化受其自身结构和属性的影响，并符合自身的物理特性。随着地下开采和放矿工作的进行，上覆松散的覆盖层在其自重及外加载荷的作用下，产生水平和垂直方向上位移以及内部结构的变化，使其逐渐被压实，并充满采空区。覆盖层的移动是其内部属性和地下开采活动共同作用的结果，覆盖层的结构及其物理特性与放矿制度，共同影响着覆盖层的移动变化[160]。

7.2.1.1 覆盖层的结构特性分析

（1）块度组成对覆盖层运动影响。覆盖岩的块度是影响覆盖层流动性的重要因素之一，在一定程度上也影响着放矿效果。覆盖层的块度组成不同，其流动特性也不同，放矿过程中覆盖岩石随着矿石的不断放出而下移，在重力的作用下，呈现出大块下降速度慢而小块下降速度快的特征。这一方面会导致小块岩石提前混入崩落的矿石中一同被放出而产生贫化；另一方面因为废石的放出而使覆盖层的厚度有所减小。在采空区围岩没有产生新的崩落以前，这种不断"损失"对覆盖层的厚度影响很大。

因此，无底柱分段崩落法放矿过程中，因覆盖层中不同粒级岩石的流动特性不同而产生的小粒径岩石的提前混入，不仅导致矿石的贫化，影响所出矿石的质量，而且导致覆盖层厚度的减小，最终影响覆盖层在满足回采工艺要求方面所起的作用。同时，随着覆盖层中小粒径岩石的不断被"放出"，也使得覆盖层的组成结构发生了变化，覆盖岩层的孔隙率增大，导致覆盖层的抗渗性能降低，阻风特性变差，难以起到阻滞或延缓地表水进入地下采掘空间和防窜风的作用。

（2）覆盖层厚度对其运动的影响。露天转地下开采过程中，覆盖层的厚度首先要满足一定的放矿工艺要求，其次还要满足一定的防漏风和延缓水力渗透作用。不同厚度的覆盖层，其运动变化形式也会不同。

（3）含水量影响覆盖层运动分析。地下开采的实践表明，崩落矿岩的含水量是影响放矿效果的重要因素。合适的块度条件下，当覆盖岩及崩落矿岩的含水量较小时，水能起到"润滑"作用，使矿岩具有较好的松散性和流动性，可以得到较好的放矿效果。

当覆盖岩中细颗粒的含量增大时，由于水分的作用，覆盖层颗粒间的黏聚力增大，反而降低了覆盖层的流动性，严重影响放矿效果。但当覆盖层的含水量超过一定限度，达到水饱和程度时，覆盖岩颗粒间的内摩擦力和黏聚力反而减小，覆盖岩的流动性增强。在雨季，如果覆盖岩中存在大量的小块及黏性物质，很容易形成井下泥石流，严重改变覆盖层的运动方式和结构。

7.2.1.2 覆盖层运动力学特性分析

放矿开始之前，松散的覆盖岩颗粒处于自然平衡状态。放矿开始之后，放矿漏斗上部颗粒的平衡状态遭到破坏，矿石颗粒开始从放矿口流出。一个颗粒的降落会破坏其周围颗粒的平衡，使周围颗粒也开始向放矿口运动。随着放矿的进行，散体颗粒的平衡状态被打破，矿石从放矿口放出，覆盖岩不断下降，直到达到新的平衡，这一运动方式构成了覆盖层颗粒运动的本质。

A 覆盖层平衡拱运动分析

放矿过程中，矿岩从出矿口流出时，流动带内的松散颗粒受到内摩擦力、黏聚力及其他力的作用，在一定的条件下能够达到力学平衡。这种平衡在矿岩放出的过程中不断形成又不断被破坏，使松散矿岩以"脉冲"方式流出放矿口。

放矿过程中，松散介质间的力是通过颗粒的接触点来传递的。每一个松散介质具有一定的强度，能够承受一定的微变形，各相邻松散介质组成运动偶。松散介质由于受到重力作用而沿着近似直线的轨迹渐渐合拢来向下运动，同时在运动体内形成一种平衡拱结构，承受着上覆介质的一定压力。在松散介质被放出时，这种拱结构又起着力的传递作用。

平衡拱的形成原理和作用于拱上的诸力如图7-1所示。松散介质在流动带内的速度不同，流动带内不同位置的荷载也不同。在每一层流动带内，拱轴心位置的颗粒的速度最大，边缘部位颗粒的速度最小，由此引起的拱轴心位置所受荷载最大，边缘位置所受荷载最小。

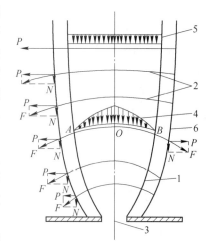

图 7-1 运动体内拱的形成原理及作用力

1—流动带；2—平衡拱；3—放矿口；
4—拱承受的荷载；5—成拱前流动带的均布载荷；6—最大的水平动侧压力影响边界

随着高度的增加，流动带内每一层颗粒的运动速度差别逐渐减小，在流动带达到一定高度时，可以认为整个拱面上的荷载是近似于均匀分布的。

B 放矿制度对覆盖层的影响分析

根据放矿学理论，在放矿过程中，随着放出椭球体被放出，放出体和松动体向上发展，在松动体发育到的范围内，覆盖层递补下部放出体所占的空间形成覆盖层的向下移动，形成下凹漏斗；随着放矿的继续进行，松动体向上发育，覆盖层的凹陷区域和深度加大。

覆盖层的变化是通过放矿过程中放出体和松动体的发育而实现的，不同的放矿方式和放矿制度决定了放出椭球体和松动椭球体的大小。露天转地下开采时，为保证覆盖层的厚度，紧挨覆盖层的地下开采的首采分段往往实行低贫化放矿或无贫化放矿，这与截止品位放矿有较大区别。低贫化放矿或无贫化放矿对覆盖层的影响比截止品位放矿小得多，截止品位放矿对覆盖层的影响较大，部分覆盖层的岩石会混到矿石里被放出，由此导致覆盖层的结构发生变化。另外，各进路能否实现均匀放矿，也会对覆盖层的移动产生较大的影响。

7.2.1.3 放出体与松散覆盖层理论厚度

散体介质从采场底部放出时，并不是采场内所有的散体颗粒都参与运动，散体运动的范围和形状呈近似椭球体，也即采场内矿石在放矿过程中是按近似椭球体的形状流出的，此即为椭球体放矿理论。

放矿时，底部一部分矿石放出，周围的散体颗粒填充放空的体积并产生松散。随着放矿的不断进行，上述过程循环进行，这样会产生一个松动椭球体。松动椭球体的递补发育过程如图 7-2 所示。

当从底部漏斗口放出散体 V_f 后，其所占
空间由 $2V_f$ 范围内的散体下落递补，由于散
体下移过程中产生二次松动，所以实际递补
的空间为：

$$K_e(2V_f - V_f) = K_e nV_f \qquad (7\text{-}1)$$

式中，K_e 为二次松散系数，故在 $2V_f$ 范围内
余下的空间为 $\Delta_2 = 2V_f - K_e V_f$。

依此类推，$3V_f$ 递补 $2V_f$ 以及 $4V_f$ 递补
$3V_f$ 等，直至余下的空间为零且不再扩
展。即：

$$\Delta_n = nV_f - K_e(n - 1)V_f = 0 \qquad (7\text{-}2)$$

由此推出：

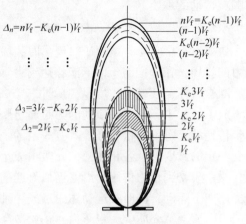

图 7-2　松动椭球体发育过程

$$nV_f = K_e(n - 1)V_f \qquad (7\text{-}3)$$

式中，nV_f 为松动体 nV_s，亦即放出散体 V_f 后的移动范围。

由式（7-3）可得：

$$n = \frac{K_e}{K_e - 1} \qquad (7\text{-}4)$$

计算表明松动椭球体的高度为放出椭球体高的 2.22 ~ 2.52 倍。对于采用崩落法的地
下矿山，覆岩下放矿必须有足够的覆盖层高度，以实现最可能多的放出矿石，提高矿石回
收率，减小贫化。因此，需根据放矿椭球体高和松动体高度的关系来确定覆盖层的厚度，
以满足放矿工艺要求。若仅从崩落采矿法放矿工艺来考虑，为形成完整的松动椭球体，覆
盖层的厚度不应低于放出椭球体高度的 1.5 倍。

但是，对于露天转地下的矿山，如果露天坑底的覆盖层厚度不够，还可能会造成放矿
尚未达到截止品位而地下采场已与露天连通，不能形成完整的椭球体，矿石得不到很好的
回收，而且还会造成采场大量漏风，或地表水大量渗漏等，无法完成覆盖层的功用。

因此，覆盖层的厚度应不小于松动椭球体的高度，即覆盖层的厚度不小于放出椭球体
高度的 2.5 倍。

7.2.2　覆盖层移动特性的物理模拟

无底柱分段崩落法应用中，合理的覆盖层厚度是能够满足采矿工艺要求和生产安全需
求的厚度。在特定的生产方式和生产条件下，要确定合理的覆盖层厚度，就必须认真研究
覆盖层的作用特征及其组成特性，分析其影响因素。因此，围绕杏山铁矿露天转地下开采
的实际情况，利用相似材料进行物理模拟实验，研究覆盖层的移动特性，找出覆盖层的运
动变化规律，为该矿露天转地下开采的覆盖层合理厚度和安全结构确定提供依据。

7.2.2.1　覆盖层移动模拟方案

覆盖层的块度组成、厚度、含水率是影响覆盖层移动的主要因素，因此，覆盖层移动
特性的物理模拟将以这三个因素为主要研究对象。

覆盖层颗粒配比根据矿区露天坑底坍塌滑落的废石确定，最终根据爆破覆盖岩的块度

范围设定。根据现场矿岩粒度调查的结果，将颗粒体积比转换为重量比后，得到物理模拟实验材料的粒度组成。

参照矿山初步设计确定的覆盖层高度，模型按模拟覆盖层高度 20m、40m 和 60m，研究覆盖岩颗粒的流动速度、运动轨迹、覆盖层界面变化情况。

覆盖层含水率小于 4%~7% 时，松散矿石具有良好的松散性和流通性。矿区在雨季时松散矿石的含水量可超过 8%，旱季为 2%~6%。实验以旱季为主要研究对象，选取松散覆盖岩的含水率为 2% 和 6%，研究含水量对覆盖层的影响。实验方案见表 7-1。

表 7-1　三元一次回归正交设计试验方案及实验指标

试验号	z_1	z_2	z_1z_2	z_3	z_1z_3	覆岩块度组成 x_1	覆岩厚度 x_2/m	覆岩含水率 x_3/%
1	1	1	1	1	1	Ⅰ	60	10
2	1	1	1	-1	-1	Ⅰ	60	2
3	1	-1	-1	1	1	Ⅰ	20	10
4	1	-1	-1	-1	-1	Ⅰ	20	2
5	-1	1	-1	1	-1	Ⅲ	60	10
6	-1	1	-1	-1	1	Ⅲ	60	2
7	-1	-1	1	1	-1	Ⅲ	20	10
8	-1	-1	1	-1	1	Ⅲ	20	2
9	0	0	0	0	0	Ⅱ	40	6
10	0	0	0	0	0	Ⅱ	40	6

7.2.2.2　相似材料模型设计

根据杏山铁矿的地下开采设计，在露天坑底 -33m 水平以下，采用垂直矿体走向布置的无底柱分段崩落法，分段高度 15m，相邻进路间距 20m，进路断面规格为宽×高 = 4.5m×4.0m，放矿崩落步距为 3.6m。采用型号为 Toro 1400E 的铲运机，铲斗容积为 6.0m³，铲斗铲取深度为 1.5m，每台铲运机控制 6 条进路顺序出矿。

物理相似材料模型模拟确定模拟比例为 1:50。考虑到矿山开采时前两个分段放矿过程中对覆盖层的影响较大，覆岩的移动规律明显，故模拟时矿石层采用两个分段高度，即模拟 30m 的矿层高度。为保证覆盖岩层具有足够的高度，模型按最高能装 60m 的覆盖层设计。考虑到边界条件的影响，模型设计每个分段布置 4 条进路，以保证中间进路不受边界条件的影响。模型框架采用钢架结构，模型前后面使用有机玻璃，使其能够清晰地观察到覆盖层界面的变化，模型侧面选用塑料隔板。

为准确观察覆盖层界面的沉降和颗粒的移动变化情况，在模型框里采用直角坐标线进行标定。根据模型比例，水平和垂直方向上每 50mm 为一格，每一格代表实际尺寸为 2.5m。放矿时可以直接通过玻璃观察、描述和记录矿岩颗粒及标志层在每次放矿的移动情况。

7.2.2.3　实验结果与分析

为尽量减小放矿活动对覆盖层的影响，依据现场出矿要求，采用 4 个进路依次等量分步出矿方式，每个进路每次出矿量和现场 6m³ 铲运机每次铲运的矿石相当。第一分段采用无贫化放矿，第二分段放矿采用截止品位条件放矿，20m、40m、60m 厚度的覆盖层在放矿过程中移动变化情况如图 7-3~图 7-5 所示。

(a)放矿前矿岩原始标志线

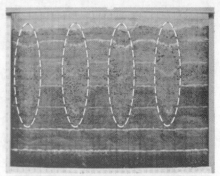

(b)第一分段放矿结束(无贫化放矿)

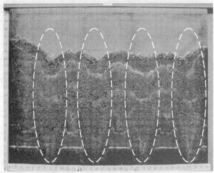

(c)第二分段放矿进路开始出现废石

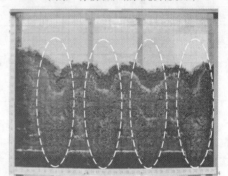

(d)第二分段放矿达到截止品位

图 7-3　覆盖层厚度 20m 时矿岩变化及松动椭球体发育过程

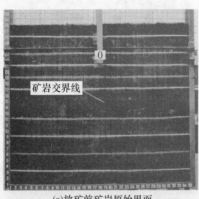

(a)放矿前矿岩原始界面

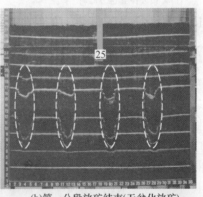

(b)第一分段放矿结束(无贫化放矿)

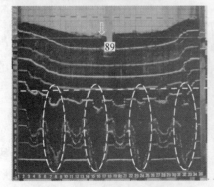

(c)第二分段放矿进路开始出现废石

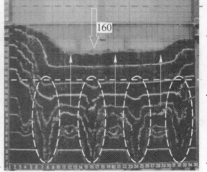

(d)第二分段放矿达到截止品位

图 7-4　覆盖层厚度 40m 时矿岩变化及松动椭球体发育过程

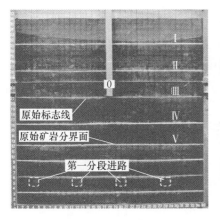

(a)放矿前矿岩原始标志线

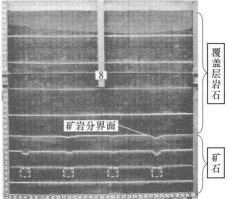

(b)第一分段第8步放矿结束

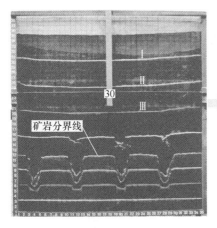

(c)第一分段放矿结束

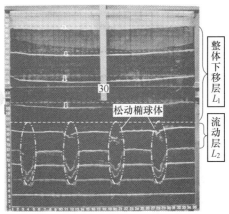

(d)第一分段放矿结束

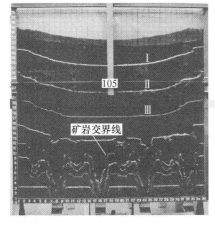

(e)第二分段放矿进路开始出现废石

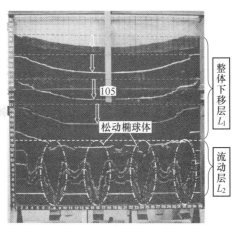

(f)第二分段放矿进路出现废石

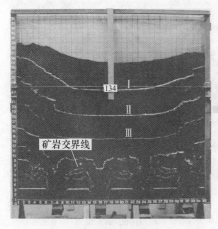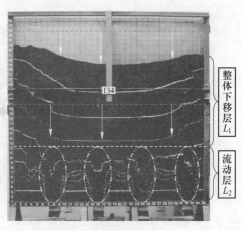

(g)第二分段放矿结束   (h)第二分段放矿结束

图 7-5　覆盖层厚度 60m 时矿岩变化及松动椭球体发育过程

覆盖层厚度 20m 时，第一分段放矿结束时松动椭球体发育到覆盖层顶部，第二分段放矿进行时，覆盖层整体结构变化较大，松动椭球体发育不全，放矿截止时覆盖层整体下降高度约 12.5m，此时覆盖层顶部距矿岩接触面最近处约 10m，已小于分段高度 15m，无法起到较好的滞水、防风和缓冲冲击地压效果。

覆盖层为 40m 厚度时，放矿过程中矿岩石移动表现出明显的分层特性，松动椭球体以上覆盖岩层在放矿过程中整体均匀下移，结构保持完整，颗粒介质之间相对位置不变（不考虑模型边界影响），这一层可称之为整体下移层 L_1；松动漏斗以内的岩石随矿石的放出呈漏斗形下降，矿岩接触面附近的岩石部分侵入矿石中和矿石一起被放出，这一层可称之为流动层 L_2。从实验过程可知，流动层岩石在放矿过程中结构发生了较大变化，颗粒介质之间相对位置变化较大，松动漏斗内的岩石呈漏斗形下降，松动漏斗之间岩石无移动。根据实验结果可知，当第二分段放矿达到截止品位时，椭球体发育高度约 37.5m，整体下移层厚度约为 7.5m，覆盖层整体下降 17.5m，矿岩接触面上剩余最小覆盖层厚度约为 32.5m，略大于本分段 30m 的放出高度，从覆盖层的厚度来说，基本上能满足覆盖层的要求。

覆盖层厚度为 60m 时的两分段放矿过程如图 7-5 所示。

从放矿过程中覆盖层的移动情况来看，随着各分段进路矿石的分步均匀放出，覆盖层岩石呈整体均匀下沉的趋势，覆盖层结构和稳定性主要受放矿松动椭球体发育的影响。从图 7-4、图 7-5 可以看出，放矿松动椭球体上的覆盖岩层在移动过程中表现出明显的分层特性，即整体下移层 L_1 和流动层 L_2。整体下移层 L_1 位于放矿松动椭球体之上。从整个放矿过程可以看出，整体下移层覆盖岩整体结构和移动连续性保持较好，不考虑两边边界影响时，整体下移层 L_1 则呈现整体均匀下降的趋势，覆盖层结构稳定，对露天转地下开采具有很重要的工程意义，可通过设计优化稳定层的粒级结构，达到较好的滞水、防风效果；流动层 L_2 位于放矿松动椭球体范围内，受放矿影响较大，随着各进路矿石的放出，L_2 层内的覆盖岩层结构变化较大，本层设置的标志线呈现锯齿形，位于松动椭球体内的部分覆盖岩侵入到矿石中，并和矿石一起从进路放出，覆盖层有一定量的损失。

根据三组实验结果，60m 覆盖层在第二分段放矿达到截止品位时，松动椭球体发育高度约为 35m，覆盖层整体下降高度约为 17.5m，矿岩接触面上覆盖层最小剩余高度约为 55m。三种不同覆盖层厚度下，两分段放矿覆盖层厚度变化关系见表 7-2。

表 7-2 覆盖层厚度随分段出矿的变化关系

覆盖层厚度/m	放出矿量/%		覆盖层下降高度/m	覆盖层剩余厚度/m	放矿制度
20	一分段	28.20	2.5	17.5	无贫化
	二分段	74.36	12.5	10.0	截止品位
40	一分段	29.30	1.5	38.5	无贫化
	二分段	75.93	17.5	32.5	截止品位
60	一分段	31.60	0.5	59.5	无贫化
	二分段	76.98	17.5	55.0	截止品位

7.2.2.4 覆盖层移动与松动体的关系

从实验过程可以看出，随着地下采矿活动的进行，覆盖层向下移动。这一过程中覆盖层的变化与松动体的发育有关。如图 7-6 所示，根据放矿学理论，从放矿漏斗放出的矿岩在原来空间所占位置近似为一旋转椭球体，随着旋转椭球体被不断放出，其所占空间由上部矿岩递补，引起覆盖层下降。

随着放矿的进行，松动体随放出体的放出继续向上发育。松动体发育范围内的覆盖层的沉降凹陷加深，覆盖层变化的区域也随之增大。根据实验中放出量计算结果，在第一阶段无贫化放矿结束时，各实验中的放出量及松动体的发育高度见表 7-3。

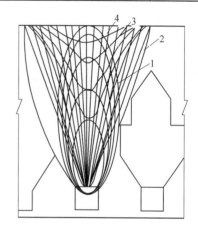

图 7-6 无底柱分段崩落法
放矿时崩落矿岩移动过程
1—放出体；2—松动体（移动范围）；
3—放出漏斗；4—移动界线

表 7-3 第一分段结束时放出量及松动体高度

实验序号	放出体高度/m	放出量/t	松动体高度/m
1	15	757.50	37.1
2	15	736.50	36.9
3	15	701.00	36.6
4	15	822.75	37.8
5	15	805.25	37.3
6	15	792.25	37.1
7	15	810.75	37.4
8	15	790.25	37.1
9	15	806.25	37.3

从实验数据可以分析得出，在无贫化放矿时覆盖层受松动体发育影响的高度约为 1.5 倍分段高度，当覆盖层的厚度低于 1.5 倍的分段高度时，松动体得不到完整发育，生产中对提高矿石回收率不利。

因此，综合上述情况可知，覆盖层厚度为 20m 时不能满足松动体发育的高度要求，且该厚度下第二分段放矿达到截止品位时，覆盖层整体结构变化较大，上表面凸凹不平，形成波浪形，无法起到较好的滞水、防风和缓冲冲击地压效果；而覆盖层厚度在 40m 条件下，当第二分段放矿达到截止品位时，覆盖层底部虽有部分废石随矿石放出，且底部结构发生了一定变化，但大部分覆盖层整体结构保持较好，上表面较为平整，能够起到较好的滞水、防风和缓冲冲击地压作用，建议覆盖层的厚度不小于 40m。

7.2.2.5　放矿过程中覆盖层的损失

放矿过程中，随着矿石的不断放出，松动体向上发育，覆盖层参与了松动体的发育。不同的放矿制度对覆盖层的影响不同。无贫化放矿时，由于覆盖层递补放出椭球体原来所占的空间而产生沉降凹陷，放出量越大，松动体发育的范围越大，覆盖层产生的沉降凹陷量也越大；截止品位放矿时，在没有放出废石之前，覆盖层的变化情况和无贫化放矿情况下一样，继续放矿，矿石开始出现贫化，部分覆盖岩随矿石一起被放出，引起覆盖层的损失，截止放矿品位越低松动体发育的程度越强，覆盖层的损失越大。因此覆盖层的损失与放矿截止品位有关。

7.2.3　覆盖层移动特性数值模拟

为研究不同厚度下覆盖层的移动规律，进一步摸清露天转地下开采对覆盖层的厚度要求，选用 PFC^{2D} 作为模拟分析软件，模拟无底柱放矿条件下覆盖层的移动问题。PFC^{2D}（particle flow code in 2 dimensions）即二维颗粒流程序，是由离散元发展起来的一款数值模拟程序，其通过运用离散单元的方法模拟颗粒间的运动及相互作用规律。覆盖层由大小不同的颗粒组成，具有较强的松散性，比较适合颗粒流程序的研究范围。

7.2.3.1　数值模拟模型

模拟分段高度 15m，进路间距为 20m，进路布置为垂直矿体走向，采用菱形方式布置。矿石层用圆圈表示，覆盖岩用圆球表示。为方便观察覆盖层界面，在覆盖岩中每 5m 加入一层标志线，通过观察标志线来观察覆盖层界面的变化。在矿岩交界面水平、放矿轴线正上方及进路中间位置设 7 个记录点，记录速度、位移变化情况。

模拟放矿时，删除放矿进路中的颗粒，使上面的矿岩下落。第一、第二分段采用无贫化放矿方式，采出废石时就结束放矿，然后删掉各分层的墙，再进行下一分层放矿。第三分段采用放矿截止品位方式，达到放矿截止品位时，结束放矿。

7.2.3.2　模拟结果

根据杏山铁矿的现场情况，用 PFC^{2D} 模拟 20m 和 40m 厚度覆盖层下的放矿过程，覆盖层的变化过程分别如图 7-7 和图 7-8 所示。

从 20m 覆盖层的界面变化可以看出，放矿过程中，第一、第二分段无贫化放矿结束时覆盖层顶部界面出现凹陷，在达到放矿截止品位时，覆盖层的形状出现波浪形，覆盖层的整体结构出现严重破坏，已不能起到防漏风、保暖、滞水及防冲击地压的要求；而 40m

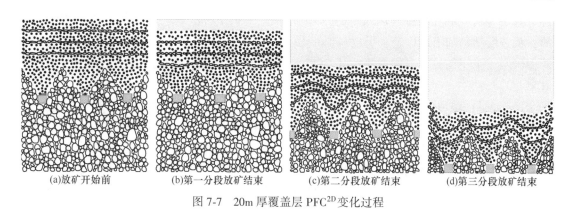

|(a)放矿开始前|(b)第一分段放矿结束|(c)第二分段放矿结束|(d)第三分段放矿结束|

图 7-7 20m 厚覆盖层 PFC^{2D}变化过程

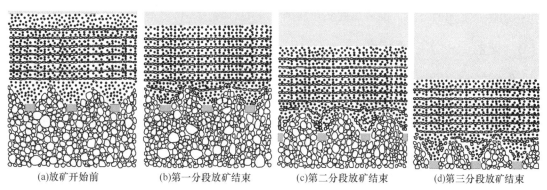

|(a)放矿开始前|(b)第一分段放矿结束|(c)第二分段放矿结束|(d)第三分段放矿结束|

图 7-8 40m 厚覆盖层 PFC^{2D}变化过程

覆盖层随着放矿的进行，其整体结构变化较小，仍能满足覆盖层的功用要求，建议首钢杏山铁矿露天转地下覆盖层的厚度不小于 40m。PFC^{2D}数值模拟结果验证了物理模拟结果。

综上所述，从露天转地下采矿工艺要求和安全角度要求来说，保持合理的覆盖层结构和厚度对于降低矿石贫化、减少残留损失等都有重要意义。

根据对 20m、40m 和 60m 厚度覆盖层的试验研究，20m 厚度覆盖层矿石放出超过 2/3 时，覆盖层整体结构变化较大，松动椭球体发育不全，上表面凸凹不平，形成波浪形，无法起到较好的滞水、防风和缓冲冲击地压效果。40m 厚度覆盖层在放矿过程中矿岩石整体流动性较好，截止品位放矿时，覆盖层上表面呈现一定的波形，松动椭球体发育到覆盖层顶部，流动带岩石结构有一定变化，能够起到滞水、防风和缓冲冲击地压作用。60m 厚度覆盖层在放矿过程中底部结构虽发生一定变化，但流动带结构保持较好，椭球体发育完全，上表面较为平整，呈整体均匀下降趋势，能够起到较好的滞水、防风和缓冲冲击地压作用。根据实验结果，考虑现场其他因素，覆盖层的厚度宜为 45~55m。

根据露天转地下覆盖层移动规律的试验研究结果，及对 20m、40m 覆盖层下多进路均匀放矿的数值分析，可以看出，覆盖层颗粒运动过程中，在轴线方向上颗粒流动速度最快；覆盖层在松动体范围内大小颗粒的速度不同，小颗粒的速度大于大颗粒的移动速度；对 20m、40m 覆盖层的数值模拟结果对比分析研究，20m 覆盖层在放矿过程中出现严重破坏，已不能满足覆盖层的功用要求，而 40m 覆盖层的整体变化较小。

均匀放矿且覆盖层厚度大于 40m 时，覆盖层移动过程中呈明显的分层特性，分为整体下移层（L_1）和流动层（L_2），而整体下移层 L_1 在两个分段放矿过程中是整体均匀下降的，覆盖层结构和组成稳定，受放矿影响较小，因此 L_1 层是滞水、防风工程布置的理想覆盖岩层，采用细粒级（细粒不少于 30%）岩石铺设，可达到较好的滞水、防风和防寒效果。

实验表明：如果小颗粒的尺寸大于大颗粒之间的间隙，放矿过程中小颗粒就与大颗粒一起以相同的速度向下移动；如果小颗粒的尺寸小于大颗粒之间的间隙的 1/3，那么小颗粒就会穿过间隙，以较快的速度超前大颗粒放出，若小颗粒是废石，就会造成超前贫化。为减小矿石的损失和贫化，在流动层的覆盖岩应分层铺设，在矿岩接触面上铺设 10~15m 块度比较均匀、平均尺寸（块度 200~300mm）大于矿石颗粒之间的间隙的废石层，防止超前贫化。此外，要求优化回采爆破技术，在矿岩接触带下一定厚度形成细粒矿石隔层，以减小矿石之间的空隙，也可达到防止超前贫化的目的。

7.3　覆盖层的水渗透特性

7.3.1　散体介质的渗流规律

大多数散体岩土材料，在渗透特性方面完全满足达西定律，即渗透流速与水力坡降呈线性关系，可通过达西定律确定出这些散体介质的渗透参数。

$$v = k \cdot J^m \tag{7-5}$$

式中　v——水在散体中的渗流速度，m/s；

　　　J——散体中的水力坡降；

　　　k——散体的渗透系数，m/s；

　　　m——散体的渗流指数，其值为 0.5~1。

由式（7-5）可以看出，当 $m=1$ 时，与达西定律 $v=kJ$ 相同；当 $m=0.5$ 时，与巴甫洛夫斯基的紊流定律相同；当 $0.5<m<1$ 时，符合许多学者提出的过渡范围。因此，用式（7-5）反映散体的渗透特性和渗流规律，较为全面、合理，且具有形式简单、使用方便等优点。

层流、紊流和过渡流是溶液在散体介质中运动的三种基本的状态，水在覆盖层散体中的运动也同样包含在以上三种基本运动状态之中。当水在覆盖层中低速度运动时，水的流动主要是黏滞力占主导作用的层流运动，之后逐渐转变成紊流状态，而过渡流则是水在散体介质中由层流状态转变成紊流状态的一个过渡状态，将层流与紊流联系起来。层流、紊流和过渡流这三种溶液在散体介质中的运动状态可以用一个无量纲的量来表示，即可以用雷诺数这个参数来判别溶液在散体介质中的运动状态。

7.3.2　渗透系数的测定实验

7.3.2.1　实验原理

散体渗透系数的测定主要有常水头和变水头两种测定方法。实验中采用常水头法测定不同粒径组成的岩土的渗透系数。

常水头法测定渗透系数计算公式见式（7-6）：

$$v = ki = k \frac{h}{l} = \frac{Q}{Ft} \tag{7-6}$$

式中　v——水在岩土中的渗透速度，mm/s；

　　　k——水在岩土中的渗透系数，mm/s；

　　　i——水力梯度；

　　　F——物料截面面积，mm^2，$F = 70650mm^2$；

　　　Q——测定时间内在岩土中的渗流总量，mm^3；

　　　t——测定渗流量的时间，s；

　　　h——水头差，$h = 1275mm$；

　　　l——水流过的距离，即物料高度。

由式（7-6）即可求出渗透系数 k。

7.3.2.2　实验装置及材料

依据常水头法测定物料渗透系数的原理，采用自制的实验装置进行测试，实验装置实物图如图7-9所示，实验用材料如图7-10所示。

图 7-9　渗透实验装置

图 7-10　渗透实验所用物料

7.3.2.3　实验方案

实验共分7组进行，每组分别按不同的粗细料配比。实验中的粗细料配比见表7-4。

表 7-4　粗细粒配比

物料	粒级/mm	比例/%
粗料	20~30	10
	10~20	20
	6~10	30
	5~6	40
细料	2~5	20
	0.5~2	20
	0.5 以下	60

七组试验中的粗细料所占比例见表 7-5。

表 7-5　粗细料组成比例

组数	1	2	3	4	5	6	7
粗细比	6:4	6.5:3.5	7:3	8:2	8.5:1.5	9:1	10:0

7.3.2.4　实验数据

实验得到不同配比情况下覆盖层的渗透系数，见表 7-6。

表 7-6　不同粒径组成覆盖层的渗透系数

组数	粗细比	渗透系数 k/m·s^{-1}
第 1 组	6:4	1.0792×10^{-6}
第 2 组	6.5:3.5	2.2795×10^{-6}
第 3 组	7:3	1.0778×10^{-5}
第 4 组	8:2	1.0647×10^{-4}

试验结果表明：当覆盖层细料含量 P_f 小于 30% 时，覆盖层的渗透特性同孔隙比成正比，同受粗细料的具体级配关系和构成比例有关；覆盖层细料含量 P_f 大于 30% 的时候，覆盖层的渗透特性取决于细料的渗透特性。

7.3.3　覆盖层粒度构成对覆盖层渗透特性的影响

7.3.3.1　渗透试验方案

从密实程度和颗粒组成对覆盖层的渗透系数与渗透变形的影响方面进行研究。就研究对象看，覆盖层的颗粒相对越大，渗流量会较大，故渗透系数测定采用常水头试验法。

实验所用的覆盖层组成材料全部需要筛分，受实验条件的限制，实验最大粒径选定为 20mm，不含黏土颗粒。试样长度为 80mm，试样制备的含水率控制在 5%~8% 之间。因为渗透系数会受土中气体含量影响，需要对土体进行排气饱和处理。对于试样较小、黏性较大的细粒土，抽气饱和法比较适用；而对于覆盖层这种粗粒土则易被扰动，使得土体的密度或结构与制样密度和结构产生较大变化，粗粒土本身孔隙较大，气体易被排除，故试样采用水头饱和法进行饱和。实验用水为真空抽气后的无气水，用料为配合料。饱和时，水力坡降控制在 0.1 以下，饱和时间控制在 12h 以上。实验时，水流从下往上流动，与工程实际比较吻合，下游水头固定不变，上游水头变动进行粗粒土的渗透系数测定。由于组成覆盖层的粗粒土结构极不稳定，在不同水头下测得的渗透系数稍有不同，故一般取水力坡降较低的几级水力坡降下测得的渗透系数的平均值作为试样土体的渗透系数。对同一个试样继续进行粗粒土的渗透变形实验，直到土体发生变形破坏结束实验。

7.3.3.2　渗透系数实验结果

A　孔隙比不同条件下的渗透系数实验结果

根据压实度的不同或相对密度不同，在保持土体颗粒组成不变，即级配不变的情况下，通过控制土体的干密度，研究密实度对渗透系数和渗透变形的影响。土样根据干密度由大到小的顺序进行编号，土样干密度最大为 2000kg/m^3，最小干密度为 1730kg/m^3，各土样之间干密度相差为 $0.300kg/m^3$，为保证土体的均匀性，制样时采用分层压实制样法，分 3 层进行压实制样，用击实锤将试样击实到需要的密度。通过对粗细不同的土料进行一定量的体积密度试验，发现体积密度相差不大，最大体积密度为 $2710kg/m^3$，最小体积密度为 $2690kg/m^3$，故取其平均体积密度 $2700kg/m^3$ 计算孔隙比。经过计算，土样的不均匀系数和曲率系数分别为 16.0 和 1.0。10 个粗粒土样的密度及相关计算参数实验结果见表7-7。

表 7-7 不同孔隙比下粗粒土的渗透系数实验结果

土样编号	干密度/kg·m⁻³	孔隙比	不均匀系数	曲率系数	渗透系数/m·s⁻¹
1	2000	0.350	16	1	$0.77×10^{-5}$
2	1970	0.371	16	1	$2.2×10^{-4}$
3	1940	0.392	16	1	$2.2×10^{-4}$
4	1910	0.414	16	1	$2.3×10^{-4}$
5	1880	0.436	16	1	$3.3×10^{-4}$
6	1850	0.459	16	1	$3.8×10^{-4}$
7	1820	0.484	16	1	$5.7×10^{-4}$
8	1790	0.508	16	1	$7.2×10^{-4}$
9	1760	0.534	16	1	$8.7×10^{-4}$
10	1730	0.561	16	1	$9.4×10^{-4}$

B 级配不同条件下的渗透系数实验

a 不均匀系数不同条件下的渗透系数实验

粗粒土的渗透系数与土的某种粒径和土孔隙比有关。通过实际测定的渗透系数与经验公式计算结果进行对比发现，所列公式计算结果与实际测定结果存在较大的差距，有的相差可达到数量级。说明已有的这些公式中还存在应当考虑的其他因素影响。

一般而言，同类土体的渗透系数与孔隙比存在一定的关系，孔隙比越大，渗透系数越大。相同压实度情况下，粒径相对较粗的粗粒土比相对较细的粗粒土干密度大，孔隙相对较小，但渗透系数较大，有的可相差一个数量级。这种差别存在的根本原因在于两者的粒径差距较大，粗颗粒土形成的孔隙比相对较细的粗颗粒土的孔隙大，厚度相同时，其渗透水流所经过的绕流路径短。说明粒径对渗透系数的影响有时比孔隙比上的差异对渗透系数的影响更大。在粒径一定的条件下，粗粒土的级配并不固定，存在着极大的自由度，即固定一个点可画出若干条级配曲线，由于每条级配曲线中土的颗粒组成不同，可能粒径相差极大，从而土体的孔隙大小相差较大；在孔隙比相同的条件下，孔隙越大，连通孔隙占总孔隙比例也越大，渗透水体所占的有效面积增加，一般渗透系数会相应变大。

土的渗透系数与土的级配和孔隙比存在一定的定量关系，土料的级配和密度一定时，其渗透系数是一个固定值。土的级配由土的不均匀系数 C_u 和曲率系数 C_c 确定，可将不均匀系数 C_u 和曲率系数 C_c 引入渗透系数模型公式，表示渗透系数与级配之间的对应关系。

10 个试样按不均匀系数从大到小的顺序依次排列，土样干密度为拟定干密度 1860kg/m³。制样过程和实验过程与密度影响因素实验过程基本相同。通过对不同不均匀系数的土料进行渗透及渗透变形实验，发现渗透系数与渗透变形的临界水力坡降存在较强的规律性，不均匀系数越大，土样越粗，渗透系数越大。实验结果见表 7-8。

表 7-8　不均匀系数不同时的渗透系数实验结果

土样编号	干密度/kg·m⁻³	不均匀系数	曲率系数	渗透系数/m·s⁻¹
1	1860	42.3	2	6.7×10⁻⁴
2	1860	35.3	2	4.5×10⁻⁴
3	1860	28.9	2	2.8×10⁻⁴
4	1860	23.1	2	2.2×10⁻⁴
5	1860	18.0	2	2.3×10⁻⁴
6	1860	13.5	2	2.1×10⁻⁴
7	1860	9.7	2	1.9×10⁻⁴
8	1860	6.5	2	1.0×10⁻⁴
9	1860	3.9	2	9.6×10⁻⁴
10	1860	2.9	2	8.8×10⁻⁴

　　b　曲率系数不同条件下的渗透系数实验结果

10 个试样按曲率系数的不同、从小到大的顺序依次排列，土样干密度拟定为 1950kg/m³。通过对不同曲率系数的渗透实验发现，渗透系数与渗透变形的临界水力坡降也存在较强的规律性，曲率系数越大，土样越粗，渗透系数越大。实验结果见表 7-9。

表 7-9　不同曲率系数时渗透实验结果

土样编号	干密度/kg·m⁻³	不均匀系数	曲率系数	渗透系数/m·s⁻¹
1	1950	20.0	0.1	3.1×10⁻⁵
2	1950	20.0	0.3	6.4×10⁻⁵
3	1950	20.0	0.5	6.4×10⁻⁵
4	1950	20.0	0.8	6.7×10⁻⁵
5	1950	20.0	1.1	6.9×10⁻⁵
6	1950	20.0	1.5	1.3×10⁻⁴
7	1950	20.0	2.0	1.2×10⁻⁴
8	1950	20.0	2.6	1.0×10⁻⁴
9	1950	20.0	3.2	1.6×10⁻⁴
10	1950	20.0	3.9	1.6×10⁻⁴

7.3.3.3　实验结果分析

　　A　孔隙比对渗透系数的影响

通过不同密度下的渗透和渗透变形实验，得到了渗透系数和渗透变形实验数据结果，见表 7-7，渗透实验结果的回归分析如图 7-11 所示。

实验结果的变化趋势分析表明，渗透系数与密度存在相关性，而且是一种负相关趋势。随着密度的减小，渗透系数在逐渐增大，当密度从 2000kg/m³ 减小到 1730kg/m³，渗透系数从 7.7×10^{-5} m/s 增大到 9.4×10^{-4} m/s，渗透系数增大的程度超过了一个数量级，渗透系数增大 10 倍以上。从孔隙比角度考虑可见，土样干密度越大，孔隙比越小，渗透系数与之呈现出正相关关系。

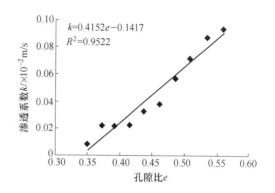

图 7-11　不同孔隙比 e 与渗透系数的相关分析

在定性相关性分析基础上进行数据的定量线性回归分析，渗透系数与孔隙比线性回归分析如图 7-11 所示。

回归分析表明，渗透系数与孔隙比呈现出正相关关系，相关系数为 0.9522，属高度线性相关。渗透系数与孔隙比间的关系可表示为：

$$K = 0.4152e - 0.141 \tag{7-7}$$

式中，e 为孔隙比。

B　不均匀系数对渗透系数的影响

不均匀系数是反映土体颗粒组成的参数之一，不均匀系数的大小直接反映土样颗粒组成的宽窄，在最大粒径和最小粒径相同的情况下，不均匀系数同时又可以反映颗粒的组成情况。不均匀系数渗透对比试验结果见表 7-8，回归分析如图 7-12 所示。

分析表明，不均匀系数越大，渗透系数就越大，渗透系数与不均匀系数呈正相关关系，相关系数为 0.8729。渗透系数与不均匀系数关系可表示为：

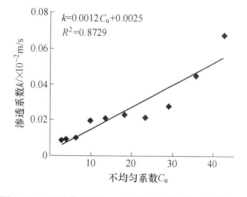

图 7-12　不均匀系数 C_u 与渗透系数的回归分析

$$K = 0.0012C_u + 0.0026 \tag{7-8}$$

式中，C_u 为不均匀系数。

C　曲率系数对渗透系数的影响

曲率系数是反映土体颗粒组成的重要参数，曲率系数在 1~3 之间表明颗粒组成级配较好，不缺乏中间粒径，同时中间粒径的含量也不占绝对优势，颗粒组成渐变。在保持不均匀系数不变的情况下，对曲率系数对渗透系数的影响进行了实验分析，试验结果见表 7-9。

通过对不同曲率系数的土料进行渗透试验发现，曲率系数越大，土样越粗，渗透系数越大。相关分析和回归分析如图 7-13 所示。

从回归分析图中可见，渗透系数与曲率系数成正相关关系，曲率系数越大，渗透系数越大，渗透变形临界水力坡降与曲率系数成负相关关系，曲率系数越大，临界水力坡降越小。渗透系数与曲率系数相关系数为 0.8257。渗透系数模型式中与曲率系数的关系可表示为：

$$K = 0.0031C_c + 0.0047 \quad (7\text{-}9)$$

式中，C_c 为曲率系数。

通过对粗粒土在不同密度、不同不均匀系数和不同曲率系数条件下的渗透系数试验，对粗粒土的渗透特性进行了较细致的试验研究；采用相关分析和回归分析法，建立了粗粒土的渗透系数与孔隙比、颗粒级配等主要相关因素的函数模型：

（1）粗粒土的渗透系数与孔隙比密切相关，在级配一定的条件下，孔隙比越大，渗透系数越大，渗透系数与孔隙

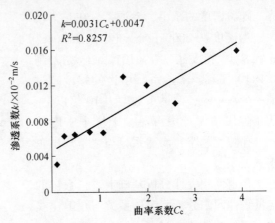

图 7-13　曲率系数 C_c 与渗透系数的回归分析

比呈现出一种线性正相关关系。其关系模型可表示为：$K = 0.4152e - 0.1417$。

（2）粗粒土的渗透系数与粗粒土的不均匀系数密切相关，不均匀系数越大，渗透系数越大，渗透系数与不均匀系数成线性正相关关系。其关系模型可表示为：$K = 0.0012C_u + 0.0026$。

（3）渗透系数与曲率系数存在较强的相关性，曲率系数越大，渗透系数越大，渗透系数与曲率系数成正相关关系，其关系模型可表示为：$K = 0.0031C_c + 0.0047$。

根据实验结果和量纲分析，覆盖层渗透特性与其粒度成分的不均匀系数、级配曲线曲率系数和覆盖层孔隙率的相关关系可用式（7-10）表示：

$$K = 2\left(\frac{C_u}{C_c}\right)^y d_x^2 e^2 \quad (7\text{-}10)$$

式中　d_x——累计通过百分率为 x 的有效粒径，m；

　　　C_u——覆盖层粒度成分的不均匀系数；

　　　C_c——覆盖层级配的曲率系数；

　　$x，y$——调整参数。

7.3.4　覆盖层渗透时间与覆盖层厚度的关系

实验设备采用大型粗粒土渗透仪，如图 7-14 所示。

7.3.4.1　试验结果的分析

A　覆盖层高度变化对渗透时间的影响

模拟降水强度设定为 60L/h，改变覆盖层厚度，则单位时间降水（1h）渗入到井下的迟滞时间见表 7-10。

图 7-14　粗粒土渗透仪主要组成设备

表 7-10 渗透时间随覆盖层厚度的变化试验

试验厚度/m	降水强度/L·h⁻¹	第一组	第二组	第三组	平均渗透时间/h	迟滞系数
0.2	60	1.15	1.09	1.20	1.15	1.15
0.3	60	1.30	1.20	1.29	1.26	1.26
0.4	60	1.60	1.40	1.64	1.55	1.55
0.6	60	2.80	2.40	2.65	2.62	2.62
0.8	60	3.20	2.90	3.60	3.23	3.23

从实验结果可以看出，在降水强度和覆盖层颗粒结构构成固定的情况下，迟滞降水时间和覆盖层厚度的大体呈正比关系。

B 降水强度和渗透时间的影响

取覆盖层厚度 $H = 0.8m$，改变降水强度，则单位时间降水（1h）渗入到井下的迟滞时间见表 7-11。

表 7-11 渗透时间随降水强度的变化

试验厚度/m	降水强度/L·h⁻¹	第一组	第二组	第三组	平均渗透时间/h	迟滞系数
0.8	10	8.40	9.50	7.89	8.60	8.60
0.8	20	6.20	5.98	5.67	5.95	5.95
0.8	40	5.30	4.98	5.19	5.16	5.16
0.8	60	3.20	2.90	3.60	3.23	3.23
0.8	80	2.70	2.60	2.88	2.73	2.73

从实验结果可以看出，在覆盖层厚度和覆盖层颗粒结构不变的情况下，迟滞降水时间和降水强度大体呈反比关系。

C 覆盖层中细料含量 P_f 和渗透时间 t 的影响

覆盖层粒度结构对渗透时间的影响也很强烈，为更清晰、明确确定覆盖层粒度结构对渗透时间的影响，采用覆盖层中细料含量 P_f 作为参量，固定覆盖层厚度和降水强度，分析细料含量 P_f 对渗透时间 t 的影响。

取覆盖层厚度 $H = 0.8m$，改变降水强度，则单位时间降水（1h）渗入到井下的迟滞时间见表 7-12。

表 7-12 渗透时间 t 随细料含量 P_f 的变化

试验厚度/m	细料含量/%	降水强度/L·h⁻¹	第一组	第二组	第三组	平均渗透时间/h	迟滞系数
0.8	0	60	1.20	1.30	1.15	1.22	1.22
0.8	10	60	3.20	2.90	3.60	3.23	3.23
0.8	20	60	4.66	4.60	4.20	4.49	4.49
0.8	30	60	7.90	8.74	9.60	8.75	8.75
0.8	40	60	10.20	8.23	7.30	8.58	8.58

从实验结果可以看出，在覆盖层厚度和降水强度固定的情况下，迟滞降水时间和细料含量 P_f 大体呈正增长关系。

7.3.4.2　覆盖层厚度、结构和降水强度对迟滞渗透时间的影响

从以上实验分析可以看出，迟滞降水时间和覆盖层厚度、覆盖层结构和降水强度的关系可以用函数 $t = f(q, H, C_f)$ 表示，其中 C_f 是与细料含量 P_f 有关的影响系数。通过量纲分析，可得到该函数关系，见式 (7-11)：

$$t = C_0 C_f \frac{H}{q} \tag{7-11}$$

式中　C_0——修正系数，和覆盖层的级配构成有关。

考虑露天采场汇水面积和露天坑形状的影响，单位覆盖层厚度的增加，会引起单位渗透时间的增加：

$$\Delta t = C_0 C_f \frac{H}{q} \frac{S}{S_0} \tag{7-12}$$

式中　S——覆盖层厚度为 H 时的覆盖层渗透面积，m，$S = [B + H(\cot\alpha + \cot\beta)L(1 + 2\cot\theta)]$，$B$ 为露天采场最小底宽，L 为露天采场最小走向长度，α 为上盘最终边帮角，β 为下盘最终边帮角，θ 为端部最终边帮角；

　　　　S_0——露天采场的汇水面积，m^2。

对式 (7-12) 积分，可得：

$$t = \frac{C_0 C_f}{q S_0}\left[BLH + \frac{\cos\alpha + \sin\beta}{2} \cdot (1 + 2\cot\theta) BH^2 \right] \tag{7-13}$$

通过覆盖层的渗透实验获取相关参数，根据式 (7-14) 可以得到修正系数 C_0 的取值。

$$C_0 = \frac{tq}{H} \tag{7-14}$$

取固定降水强度 $q = 15L/h$，即 $q = 0.015m^3/h$，改变覆盖层厚度，将实验测得的渗透时间代入式 (7-14)，得到修正系数 C_0 的取值，见表 7-13。

表 7-13　修正系数 C_0 的取值

试验厚度/m	第一次实验	第二次实验	第三次实验	平均渗透时间/h	修正系数 C_0
0.2	1.20	1.35	1.13	1.23	$9.22×10^{-2}$
0.3	2.30	2.54	2.66	2.50	$12.50×10^{-2}$
0.4	2.87	3.20	3.10	3.06	$11.48×10^{-2}$
0.6	3.56	2.99	4.12	3.56	$8.90×10^{-2}$
0.8	5.35	4.89	5.33	5.19	$9.73×10^{-2}$

7.3.4.3　杏山铁矿的渗透时间函数

杏山铁矿露天采场最小底宽 $B = 20m$，最小走向长度 $L = 410m$，上盘最终边帮角 $\alpha = 50°$，下盘最终边帮角 $\beta = 65°$，端部最终边帮角 $\theta = 65°$，采场汇水面积 $S_0 = 567100m^2$。最大降雨量 $M = 190mm/h$。取覆盖层厚度 $H = 45m$，则采用排土场废岩回填形成覆盖层的渗透时间函数式为：

$$t = 9.28 \times 10^{-6} C_0 C_f (2776.56 H^2 + 8200H) \tag{7-15}$$

取 $C_f = 1.3$，$C_0 = 9.7 \times 10^{-2}$，则 $t = 7.01h$。即矿区在最大暴雨强度时，1h 的汇水需要 7.01h 才能渗透到井下。

7.4 覆盖层的漏风特性

矿床由露天开采向地下开采过渡过程中，地下采场通过覆盖层与外界分隔。受采动影响，覆盖层结构与厚度不合理时，会造成漏风，严重时，井下通风系统会形成短路。为此，可采用物理相似实验和数值分析方法，分析研究露天转地下覆盖层厚度和结构对露天坑底漏风的影响。

7.4.1 覆盖层漏风特性

为研究露天转地下开采初期覆盖层的漏风特性，可通过模拟实验、测试手段研究分析和验证覆盖层漏风的参数及其影响因素，构建基于覆盖层的厚度、岩土组成粒度及覆盖层受采动影响的漏风分析预测模型。

7.4.1.1 实验模型设计

回采进路断面：4.5m×4.0m（宽×高），巷道断面积 18m²，长度 15m，风速 0.25m/s；进风巷道总长度设计 180m，运输巷道断面尺寸与回采进路尺寸相同。

实验模型按照 1:50 设计，确定模型巷道的断面高度为 80mm，宽度为 90mm，净面积为 720mm²，模型巷道的净周长为 313.8mm；巷道模型材料采用有机玻璃加工制成，实验测试布置图和实验模型如图 7-15 所示。

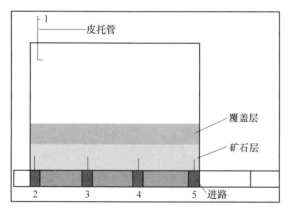

图 7-15 实验测试布置图和实验模型照片

7.4.1.2 覆盖层模拟材料

实验时首先确定材料粗细粒径的比率，然后根据孔隙率的大小调节细粒的组成及比例，得到不同级配、不同孔隙率的覆盖层材料，如图 7-16 所示；覆盖层组成的粗细料配比与孔隙率关系如图 7-17 所示。

7.4.1.3 漏风实验及实验数据统计

A 实验内容和测定参数

（1）采用同一级配料，研究孔隙比对漏风系数的影响。按照渗透系数测定实验的配比在模型中铺设矿石层和覆盖层，矿石层铺设厚度 300mm，覆盖层厚度 100mm，先测定静态下漏风量和两端的静压差、动压；然后按照 100mm 厚度逐次增加覆盖层厚度，分别测定漏风量和两端的静压差、动压，直至漏风量为 0。

 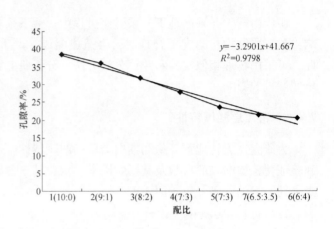

图 7-16　漏风实验用材料　　　　　　图 7-17　覆盖层粗细料配比与孔隙率关系

（2）将试样控制在相同孔隙比下，采用不同级配料，重复前述步骤，研究静态作用下覆盖层厚度及孔隙率对漏风系数的影响。

B　实验测试仪器

风压测试仪器采用 DP-CALC Micromanometer 5825 型多功能通风测试仪，仪器测试精度为 ±0.01mmHg、±1Pa，能够满足实验测试精度要求。如图 7-18 所示。

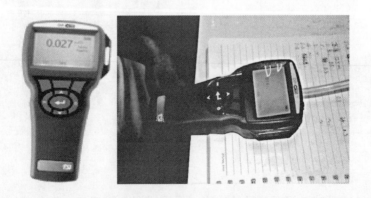

图 7-18　实验测试设备及实验测试

C　实验数据

漏风实验总计进行了 7 次实验，分别测试了不同粒级配比、不同覆盖层厚度情况下的漏风量，实验数据统计结果见表 7-14。

表 7-14 覆盖层厚度、压差和漏风量实验数据统计

试验序数	覆盖层厚度/m	平均压差/Pa	漏风量/m³·min⁻¹
1	5	57.05	25.6248
	10	60.95	25.3990
	15	63.90	24.5925
	20	67.65	23.8795
	25	71.30	23.0198
2	5	81.30	19.2430
	10	87.26	17.1326
	15	96.04	16.4604
	20	101.14	15.7597
	25	103.88	15.1758
	30	107.45	11.1438
3	5	83.54	16.4604
	10	83.22	16.0436
	15	88.77	15.1012
	20	94.96	12.7502
	25	98.98	14.3341
	30	100.59	12.5719
	35	104.35	10.9392
4	5	101.33	12.2074
	10	116.86	10.6252
	15	126.38	9.0158
	20	130.56	6.3751
	25	138.10	7.8079
	30	142.39	4.9836
	35	140.81	5.6223
5	20	178.70	10.4613
	25	182.05	4.7999
	30	184.20	4.7999
	35	186.10	4.1569
	40	189.20	2.3400
6	2.5	117.20	13.5763
	5	162.75	5.3665
	7.5	179.95	2.4000
	10	190.25	2.4000
7	2.5	135.70	12.9243
	5	171.90	8.9799
	7.5	187.30	6.5287
	10	194.20	3.3941
	12.5	200.10	2.4000
	15	201.20	2.4000

7.4.2　实验数据分析

7.4.2.1　漏风系数与覆盖层厚度的关系

岩土力学中，渗透系数又称为水力传导系数（hydraulic conductivity）。在各向同性介质中，它定义为单位水力梯度下的单位流量，表示流体通过孔隙骨架的难易程度，渗透系数可采用式（7-16）表达。

$$\kappa = k\rho g/\eta \tag{7-16}$$

式中　　κ——渗透系数；

　　　　k——孔隙介质的渗透率，只与固体骨架的性质有关；

　　　　η——动力黏滞性系数；

　　　　ρ——流体密度；

　　　　g——重力加速度。

渗透系数 κ 是综合反映岩土体渗透能力的一个指标。在各向异性介质中，渗透系数以张量形式表示。渗透系数愈大，岩石透水性愈强。影响渗透系数大小的因素很多，主要取决于土体颗粒的形状、大小、不均匀系数和水的黏滞性等。

空气在多孔介质中流动的漏风系数，可以通过式（7-17）进行计算：

$$k = \frac{ql}{Hh} \tag{7-17}$$

式中　q——漏风量，m^3/s；

　　　l——模型长度，m；

　　　H——覆盖层厚度，m；

　　　h——静压差，Pa。

为分析漏风系数与覆盖层之间的关系，以万倍漏风系数值为纵坐标，以覆盖层实际厚度（按相似比）为横坐标，建立漏风系数与覆盖层厚度之间的关系，如图 7-19 所示。由图 7-19 可以看出，漏风系数与覆盖层厚度间满足指数关系，通过指数关系拟合，各曲线相关系数均在 0.91 以上，表明曲线间的相关度较高。随着覆盖层厚度的增加，各图形按指数关系下降，但下降的速度与孔隙率有很大的关系；随着孔隙率的降低，曲线下降的速度加快，表明随着覆盖层密实程度的增加，漏风风阻较快的增大，漏风强度逐渐降低，使得矿井的漏风量逐渐减小。

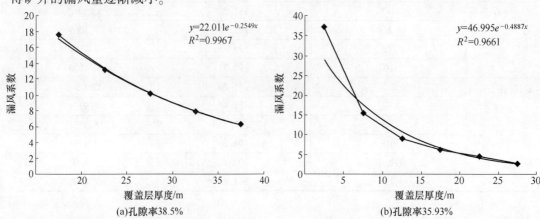

(a)孔隙率38.5%　　　　　　　　(b)孔隙率35.93%

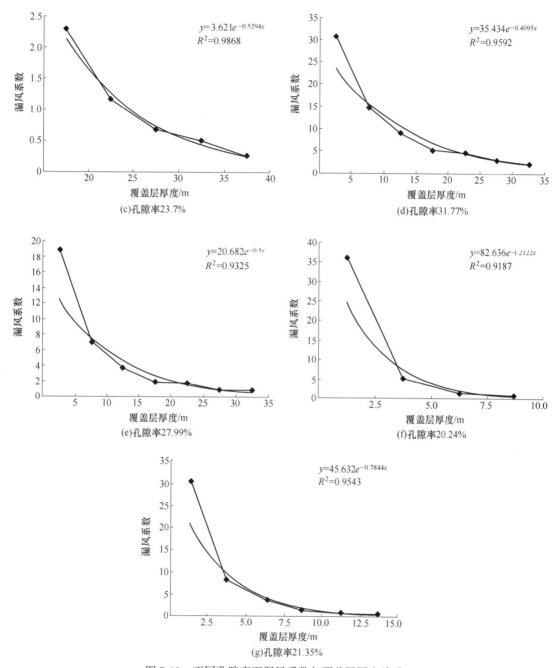

图 7-19 不同孔隙率下漏风系数与覆盖层厚度关系

7.4.2.2 漏风量与覆盖层厚度的关系

图 7-20 所示为不同孔隙率下漏风量与覆盖层厚度的关系，对实验数据进行线性拟合，得出不同孔隙率下覆盖层厚度与漏风量的相关方程，相关系数均在 0.85 以上。随着孔隙率的减小，或覆盖层厚度逐渐变厚，漏风得到控制。孔隙率越大，需要的覆盖层厚度越高。

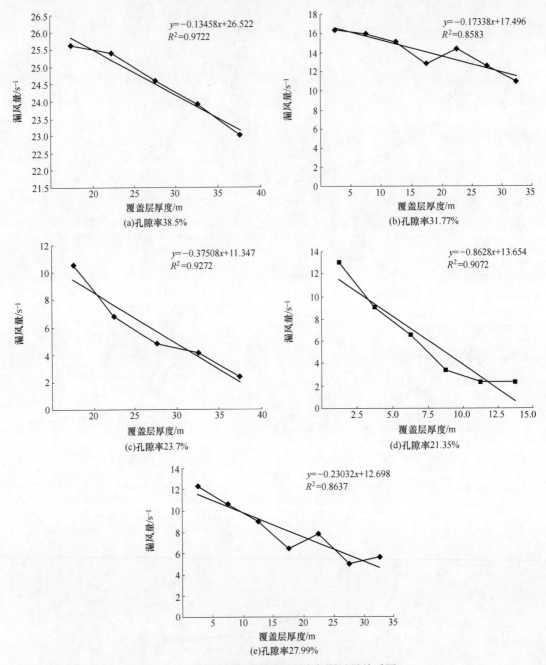

图 7-20　不同孔隙率下覆盖层厚度与漏风量关系图

当孔隙率为 38.5% 时，漏风量与覆盖层厚度的相关关系方程可以表示为：$y = -0.13458x+26.522$，相关系数为 0.9722，以此可得出：当覆盖层厚度为 197m 时，即可控制漏风状况。当孔隙率为 31.77% 时，覆盖层厚度 101m 即可控制漏风情况。孔隙率为 27.99% 时，覆盖层厚度需要 55.13m；孔隙率为 23.7% 时，覆盖层厚度需要 30.25m；孔隙率为 21.35% 时，覆盖层厚度需要 15.83m。因此随着孔隙率的降低，需要的覆盖层厚度越低。

7.4.3 覆盖层漏风特性的数值计算

7.4.3.1 数值分析模型和边界条件

为分析不同厚度条件下覆盖层的漏风情况，采用 FLUENT 软件建立了不同厚度条件下覆盖层漏风的数值计算模型。数值模拟计算时，根据矿山的采矿参数，选取了 3 个进路的剖面进行了计算，其实体模型如图 7-21 所示，有限元数值计算模型如图 7-22 所示。计算时覆盖层厚度 H 分别选取 20m、30m、40m 和 50m 进行数值模拟。

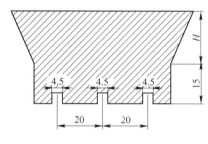

图 7-21　数值计算实体模型

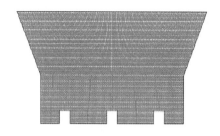

图 7-22　有限元数值计算模型

数值计算边界条件选取如下：模型的两侧取为墙，上边为自由溢出口，即设为 OUT-FLOW；模型的 3 个进路的上边取为进风口，即设为 INLET，进风口风速设为 1.5m/s，进路的其他两条侧边取为墙。

7.4.3.2 数值计算结果及分析

A　不同孔隙率条件下覆盖层漏风的风压场和风速场

将矿岩散体作为多孔介质物质考虑，根据矿山实际情况，分别取平均孔隙率 η 值为 0.385、0.359、0.318、0.280、0.237 和 0.214 六种情况进行分析。

六种孔隙率条件下漏风风压与风速值见表 7-15。选择孔隙率为 38.4% 的漏风风压场和风速场如图 7-23 所示。

表 7-15　不同孔隙率条件下漏风风压与风速

孔隙率 /%	静压差/Pa				风速/m·s^{-1}			
	覆盖层厚度/m				覆盖层厚度/m			
	20	30	40	50	20	30	40	50
21.4	2078	2530	2640	2760	0.375	0.300	0.225	0.150
23.7	2209	2236	2510	2750	0.450	0.375	0.300	0.225
28.0	2260	2759	2990	3050	0.525	0.450	0.375	0.300
31.8	2040	2130	2380	2770	0.600	0.525	0.450	0.375
35.9	2040	2204	2990	3070	0.675	0.600	0.525	0.450
38.5	2205	2095	2450	2510	0.600	0.525	0.450	0.300

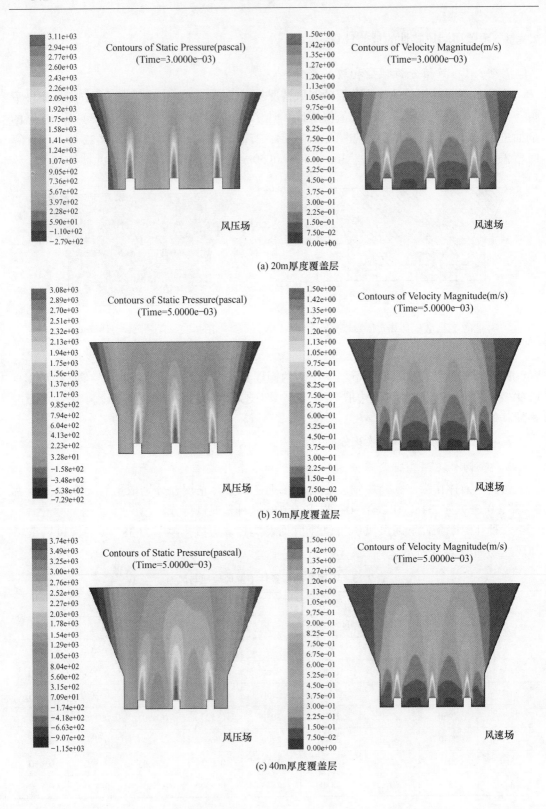

(a) 20m厚度覆盖层

(b) 30m厚度覆盖层

(c) 40m厚度覆盖层

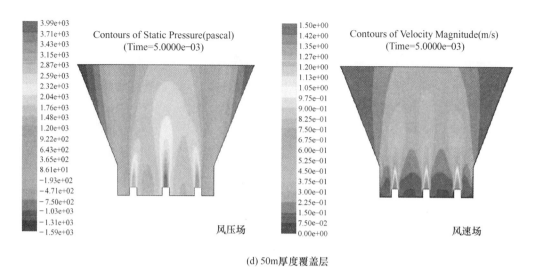

(d) 50m厚度覆盖层

图 7-23　孔隙率 38.4% 条件下漏风风压场和风速场

B　不同孔隙率条件下漏风系数与覆盖层厚度关系

不同孔隙率条件下漏风系数与覆盖层厚度的回归关系如图 7-24 所示。

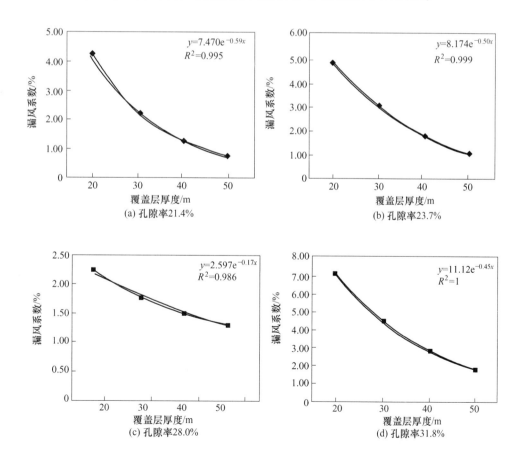

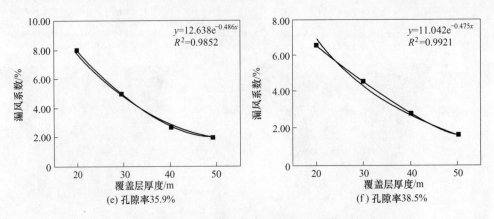

图 7-24　不同孔隙率条件下漏风系数与覆盖层厚度的线性回归关系

C　不同覆盖层厚度条件下漏风系数与孔隙率关系

不同覆盖层厚度条件下漏风系数与孔隙率的回归关系如图 7-25 所示。

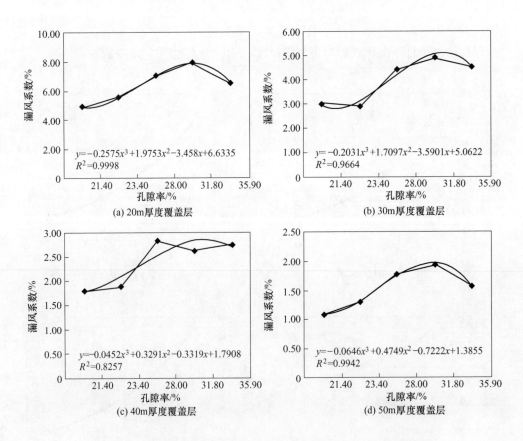

图 7-25　不同覆盖层厚度条件下漏风系数与孔隙率的线性回归关系

7.4.3.3　覆盖层漏风的风压场和风速场

不同风速条件下漏风风压场和风速场如图 7-26 所示。

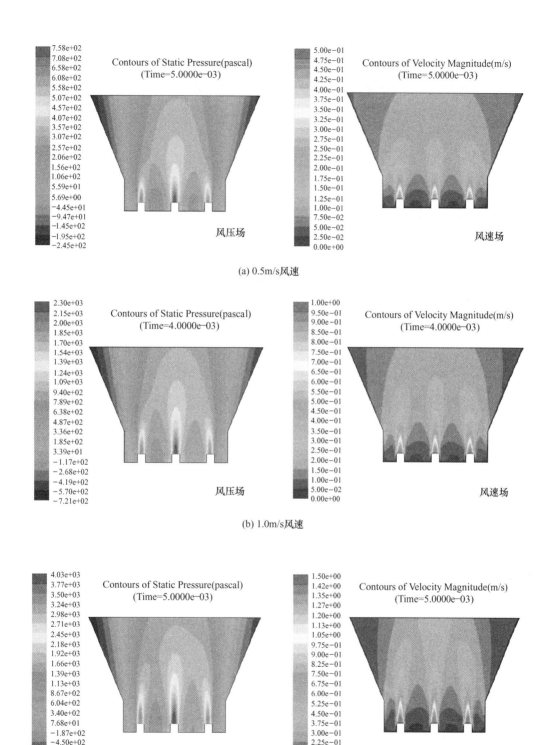

(a) 0.5m/s风速

(b) 1.0m/s风速

(c) 1.5m/s风速

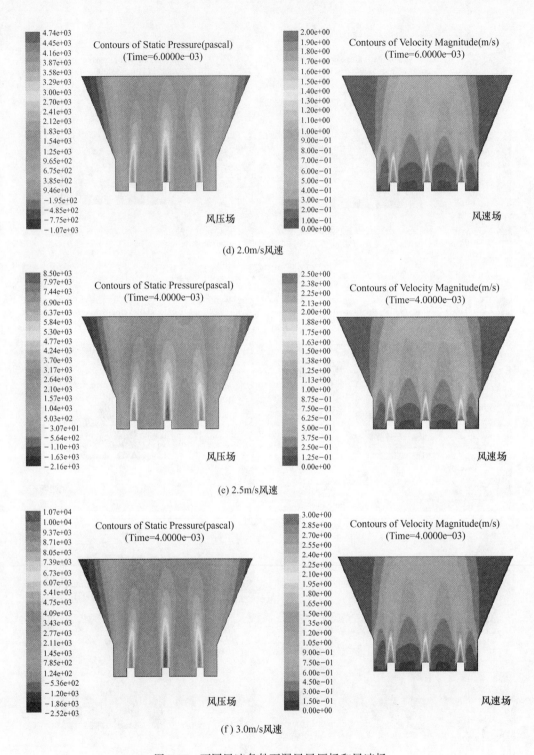

图 7-26　不同风速条件下漏风风压场和风速场

漏风系数与风速的关系如图 7-27 所示。

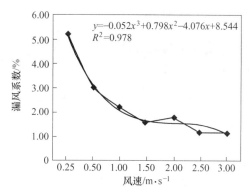

图 7-27 漏风系数与风速关系曲线

7.4.4 覆盖层结构和厚度对覆盖层漏风特性的影响

覆盖层漏风特性的物理模拟实验结果和数值分析结果表明：

（1）粒级配比对覆盖层孔隙率有较大影响，孔隙率随细粒的增多而减小，漏风系数随着细料含量的增加而迅速降低，当细料含量超过30%时，其漏风系数基本稳定，见表7-16。

表 7-16 细料含量对孔隙比和漏风系数的影响

实验次数	细料含量 P_f 百分比/%	60%含量粒径分布/mm	相似材料60%含量粒径分布/mm	孔隙比/%	漏风系数 k/m·s⁻¹
1	0	100~400	5~18	38.54	$3.32×10^{-3}$
2	10	80~340	4~17	35.94	$8.64×10^{-4}$
3	15	60~280	3~14	31.77	$7.69×10^{-4}$
4	20	10~180	0.5~9	28.00	$2.85×10^{-4}$
5	30	0~120	0~6	23.70	$5.93×10^{-5}$
6	40	0~40	0~2	20.25	$2.99×10^{-5}$
7	35	0~80	0~4	21.35	$3.15×10^{-5}$

（2）漏风强度随着孔隙率的降低、覆盖层密实程度的增加，漏风量呈现指数关系下降。

（3）从防止漏风的角度出发，覆盖层的厚度随着孔隙率的降低而减小，通过数据拟合计算，孔隙率越低，需要的覆盖层厚度越小。表7-17给出了不同孔隙率条件下漏风量和覆盖层厚度的拟合关系曲线以及保证覆盖层不漏风的最小厚度。

表 7-17 不同孔隙率条件下漏风量和覆盖层厚度的拟合关系曲线

孔隙率/%	拟合关系曲线	最小覆盖层厚度/m
38.5	$y = -0.13458x + 26.522$	197
31.77	$y = -0.17338x + 17.496$	101
27.99	$y = -0.23032x + 12.698$	55.13
23.70	$y = -0.37508x + 11.347$	30.25
21.35	$y = -0.8628x + 13.654$	15.83

7.4.5　覆盖层安全厚度及其对防寒的影响

7.4.5.1　不同覆盖层厚度和不同孔隙率条件下的漏风特性

根据上述分析，不同孔隙率和覆盖层厚度条件的漏风平均风速见表 7-18。

表 7-18　不同孔隙率和覆盖层厚度时的平均漏风风速　　　　　　（m/s）

孔隙率 /%	覆盖层厚度/m			
	20	30	40	50
0.214	1.12×10^{-1}	9.67×10^{-2}	5.33×10^{-2}	1.63×10^{-2}
0.237	1.13×10^{-1}	9.72×10^{-2}	5.34×10^{-2}	1.66×10^{-2}
0.280	1.15×10^{-1}	9.75×10^{-2}	5.36×10^{-2}	1.67×10^{-2}
0.318	1.18×10^{-1}	9.76×10^{-2}	5.39×10^{-2}	1.73×10^{-2}
0.359	1.20×10^{-1}	9.79×10^{-2}	5.41×10^{-2}	1.76×10^{-2}
0.385	1.24×10^{-1}	9.83×10^{-2}	5.46×10^{-2}	1.82×10^{-2}

根据表 7-18 数据，不同覆盖层厚度条件下的孔隙率与漏风风速的关系如图 7-28 所示。

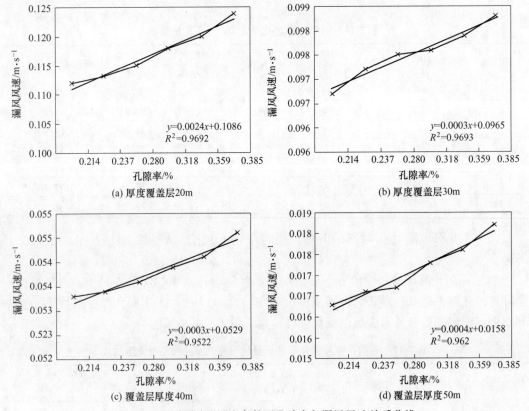

图 7-28　不同覆盖层厚度条件下孔隙率与漏风风速关系曲线

由图 7-28 可知，覆盖层孔隙率与漏风量之间呈线性关系，相关系数均在 0.95 以上，相关度较高。覆盖层的孔隙率越大，则漏风风速越大；而同一孔隙率条件下的覆盖层厚度越大，漏风风速越小。

7.4.5.2　覆盖层漏风对井下温度的影响

覆盖层渗漏进入井下运输巷道的冷风会对矿井的空气温度产生一定的影响。不考虑边界条件及空气压强的变化时，冷空气吸收的热量应等于井下热空气放出的热量，由此可得：

$$
\begin{cases} Q_{吸} = m_1 C (T - T_1) \\ Q_{放} = m_2 C (T_2 - T) \end{cases} \tag{7-18}
$$

式中　m_1——渗漏的冷风质量；

$\quad\quad m_2$——井下的热风质量；

$\quad\quad C$——空气热容；

$\quad\quad T$——混合后空气温度；

$\quad\quad T_1$——渗漏的冷风温度；

$\quad\quad T_2$——井下的热风温度。

由式（17-18）可得：

$$
T = \frac{m_1 T_1 + m_2 T_2}{m_1 + m_2} \tag{7-19}
$$

由式（7-19）即可求得混合后井下的温度。

7.5　覆盖层泥石流预防技术

7.5.1　露天转地下覆盖层泥石流的形成条件

露天转地下覆盖层泥石流的形成和地表泥石流的形成条件十分类似，均是大量的岩石碎屑、泥沙和水的混合物组成的黏性流体，在重力和水压力的作用下突然爆发，迅速流动的现象。其形成需要四个基本形成条件：

一是有大量的黏性土和岩石碎屑的存在；二是有能够使泥石流流动的通道；三是有能够在较短时间内补给充足的水源；四是有自然或人工的诱发因素。

（1）覆盖层形成泥石流的固体物质来源。根据露天转地下覆盖层的形成方式可知，覆盖岩层中存在大量细黏粒物质和5mm以下的岩石碎屑，其含量在整体移动层达到30%左右，而下部的孔隙率较大。整个覆盖层结构松散透水性强，极易在水力作用下流失。

（2）覆盖层形成泥石流的流动通道。覆盖层结构松散，尤其是其底部的颗粒粗大，孔隙率较大，为地下水及流体物质的流动提供了通道。特别是地下开采初期形成采矿进路较少时，地下采场和露天坑底刚刚形成连通通道，局部水压力过大，使得初期形成的开采进路很容易成为泥石流的流动通道。

（3）覆盖层形成泥石流的补给水源。覆盖层形成泥石流的补给水的来源与矿井（矿坑）的涌水补给源相似，主要来源于地下水和雨季大气降水的补给，尤其是大气降水的补给。矿区的露天开采使采场周边形成了很大的汇水面积，在5%设计暴雨频率的降水强度下，覆盖层的补给水量短时间内会达到一个非常大的量。

以杏山铁矿区为例，矿区属于温带大陆性气候，无地表径流补给。矿区年平均降水量756mm，年最大降水量1152mm，日最大降水量344.8mm，5%设计暴雨频率的降水强度为

187.32mm/h。杏山铁矿露天采场周边汇水面积为567100m^2，5%设计暴雨频率下露天坑内日最大汇水量约1.06×10^{5}m^3。如果这一水量全部汇集于覆盖岩层之上，并通过覆盖层向地下开拓系统渗流，不仅增加了地下矿井的排水压力，更为覆盖层形成泥石流提供了可怕的补给水源。

（4）覆盖层形成泥石流的触发因素：

一方面，当覆盖层顶部汇集的地表降水达到一定程度时，地下水流对土颗粒产生的剪应力大于土颗粒分散的临界剪应力时，土颗粒将从母体分离，并被水流带走。通过前面的分析得知，当地下1个进路回采时，覆盖层中水的渗流速度可达0.86m/s；2个进路回采时，覆盖层中水的渗流速度可达0.65m/s；3个进路回采时，覆盖层中水的渗流速度可达0.47m/s；4个进路回采时，覆盖层中水的渗流速度可达0.24m/s。

另一方面，当覆盖层中含有大量的细粒固体物质时，若其中的水含量接近或达到饱和含量时，地下中深孔落矿的爆破震动作用和不断放矿的影响，也会使水含量较高的覆盖层固体物质产生液化，进而产生泥石流。

7.5.2　覆盖层形成泥石流的预防措施

露天矿山转入地下开采的过程中，尤其是首采分段时，由于露天采场和地下采场间特殊的空间位置关系，露天采坑内的汇水极易灌入井下，造成淹井事故和泥石流灾害。防止淹井和泥石流事故，是露天转地下矿山需解决的重大问题之一。根据覆盖层形成泥石流的基本条件，露天转地下开采过程中，为了预防淹井和泥石流事故的发生，可采取如下技术措施。

（1）减少地下采矿作业对覆盖层的扰动。这一措施似乎与提高采矿效率相悖，但在一定的时期，却能对预防井下泥石流的发生起到较好的预防作用。地下采用崩落法落矿时，中深孔爆破后，崩落矿石的碎胀作用使覆盖层被压实，其内的孔隙率大幅度下降使覆盖层的流动性变差；而随着放矿的进行，崩落矿石不断被放出，覆盖层岩石不断下移并扩容，会形成孔隙率很大的松动体，为下一次的中深孔爆破落矿提供挤压爆破条件和补偿空间。在放矿阶段，若适逢雨后，覆盖层岩石达到水饱和状态，且具备了形成泥石流的其他条件，此时的放矿作业恰恰是为形成泥石流提供了通道，从而促进泥石流的形成。

因此，减少地下采矿作业对覆盖层的扰动，表现为如何降低覆盖层的流动性。在雨季，尤其是雨后，对各进路实施中深孔爆破落矿，使进路口附近及其上方的矿岩散体密度增加，并暂时停出矿作业，降低其流动性，某种程度上能够对覆盖层泥石流的形成起到一定的预防作用。

（2）构建复合结构的覆盖层。充分研究随地下开采深度变化下的覆盖层岩石的移动特征，尤其是研究随地下采深变化的覆盖层移动特征，在形成覆盖层时，构建复合结构的覆盖层，对于预防覆盖层形成泥石流能够起到较好的作用。

这种复合结构的覆盖层表现为既能满足覆岩下放矿的采矿工艺条件，又能起到较好的滞水作用，即在形成松动体的高度范围内，覆盖层岩石具有较好的流动性，而在此高度以上，覆盖层岩石的粒级组成又表现出一定的密实性。

（3）适当保留露天矿排水系统。覆盖层的滞水作用能够使雨季的大气降水缓慢进入地下开拓系统，暴雨期间及雨后一段时间内，覆盖层上方会有大量积水。利用露天矿排水系统，及时排出覆盖层上方的矿坑积水，相当于减小了单位时间的降水强度，或者是缩短了某一降水强度下的降水时间。排水的强度越大、时间越长，越有利于减少井下泥石流发生的几率，也越有利于防止地表汇水突然涌入地下造成的淹井事故。

（4）疏放覆盖层中的积水。根据露天转地下覆盖层的构成特点和泥石流的形成机理，将覆盖层中的水在受控状态下通过泄水通道疏导到井下，切断覆盖层形成泥石流的水源补给通道，消除泥石流形成的触发因素，尽可能降低其触发条件，也能够对预防泥石流的产生起到较好的作用。

如露天转地下矿山首采分段开采以前，在露天底部预先穿凿泄水孔，使覆盖层和首采分段的进路相通，将露天坑内覆盖层中的积水通过泄水孔疏导到井下，疏干露天坑内积水，分流从坑底覆盖层渗透到回采进路的水量，减少渗透压力，可避免露天坑底矿体初期回采时的突水危害，从而达到预防泥石流发生的目的。

泄水孔的布置原则是不影响首采分段的炮孔布置且穿孔量小。布置时，泄水孔沿走向与首采水平进路对应，垂直走向按崩矿步距的倍数而定。泄水孔的数量需根据露天转地下矿山覆盖层的厚度和露天采场的形态和长度而定。

7.6 覆盖层的形成技术

7.6.1 覆盖层形成技术

形成一定厚度的覆盖岩层是满足分段崩落采矿工艺要求和地下开采安全需要的一项重要工作。一般情况下，露天转地下开采采用不留境界矿柱的过渡方式时，根据工艺的不同，覆盖层的形成方法可分为三种：

（1）崩落边坡围岩法。采用爆破法崩落露天采场的上盘、下盘或者端部边帮的围岩，并抛掷到露天采场坑底形成覆盖层。这种形成覆盖岩层的方法成本费用较低，但需要精确地控制爆破参数和装药结构，以控制爆破粒度和爆破范围；另外还要很好地控制爆破规模，防止爆破次生灾害对井下和其他设施、设备、构筑物，以及人员形成危害；同时，也进一步加剧了矿产开发对土地资源的占用和破坏程度。

（2）回填废石法。回填废石法是将露天开采期间堆存在排土场的剥离废石转运到露天坑，或是将挂帮矿、边角矿开采产生的废石直接排放至露天坑，形成覆盖岩层。这种覆盖层形成方法要注意回填散料的粒度构成情况和回填过程的控制。具体回填工艺可分为两种，一是一次回填形成全段高覆盖层，覆盖层的结构形式和粒度要求通过回填过程的自然分级实现；二是分层回填，通过筛分等手段控制覆盖层各分层的粒度成分构成。

采用排土场堆存的废石回填露天坑时，覆盖层形成的成本费用较高，但对于排土场占地的清理与复垦、恢复土地的使用功能十分有利。

（3）回填废石+边坡围岩崩落法。回填废石+边坡围岩崩落法具体包括两种不同的形式：

一种形式是先回填形成覆盖层的底部结构，再爆破形成覆盖层的上部结构。这种形成方法是对因某种原因，初期不能崩落边坡围岩形成覆盖岩层，而是利用排土场的废石回填露天坑，待形成一定厚度的覆盖岩层后，再通过爆破法强制崩落露天采场边坡，最终形成覆盖层；或是采矿生产转入地下开采，通过控制出矿量来保证覆盖层的厚度，随着地下开采深度的下降，露天矿上盘边坡开始冒落，覆盖层厚度加大，当覆盖岩层的厚度达到要求后，地下出矿实现正常化，同时可大量放出前期没有放出的矿石。

另一种形式是先爆破形成覆盖层的底部结构，再回填露天采坑形成覆盖层的顶部结构；最终，随着地下采深的不断增加，露天坑边坡的不断崩落，覆盖层的厚度也不断加大。

7.6.2　覆盖层块度组成

不同方法形成的覆盖层的岩石块度有所不同。已经崩落的岩石和回填排土场废石形成的覆盖层，其块度分布均可采用摄影分析法进行现场的块度调查获得。而通过自然崩落和爆破边坡形成的覆盖层，可建立硐室爆破块度预测模型，对其进行预测。

7.6.2.1　边坡自然崩落形成覆盖层块度分析

不论是自然崩落，还是爆破崩落，岩石块度都遵循 R-R 模型：

$$R = 1 - e^{-\left(\frac{x}{x_e}\right)^n} \tag{7-20}$$

7.6.2.2　硐室爆破块度预测

A　硐室爆破爆落体分析

硐室爆破产生的岩块块度与岩石性质、结构参数、爆破参数与装药量大小等有关。根据爆破漏斗的形成特点，爆破块度预测时，可将硐室爆破破碎岩体视为抛掷体和坍塌体两个部分，抛掷体的破碎块度主要与爆破参数和药量有关，而坍塌体破碎块度主要受岩石结构参数的影响。按此种分割，分别建立抛掷体和坍塌体的块度预测模型，并按抛掷体和坍塌体占爆落体的比例，将两者结合在一起，就构成了硐室爆破块度预测模型。

如图 7-29 所示，*COD* 区域为爆破抛掷漏斗范围，该区域内岩体主要受炸药爆破能量的影响破碎从而形成抛掷体；*AOD* 区域为坍塌范围，该区内岩体被称作坍塌体，它形成的主要影响因素是岩体结构，岩体受爆破作用的影响沿节理裂隙等各种地质弱面发生破碎。

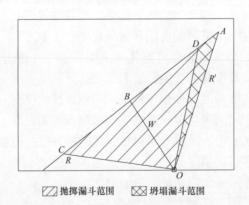

图 7-29　爆破漏斗剖面示意图

B　硐室爆破块度分布预测模型

a　抛掷体块度分析

在爆破能量起主导作用的情况下，抛掷体块度的分布应符合深孔爆破岩石块度的分布规律，可应用深孔爆破块度模型，对其相应参数进行修改，得到抛掷体的块度预测模型。

b 坍塌体块度分析

坍塌体块度分布主要由岩体节理裂隙和各种工程地质参数决定。可通过对自然崩落岩石块度和岩体受各种地质弱面切割情况分析，寻求两者之间的关系，预测坍塌体块度。

c 硐室爆破块度分析

根据抛掷体和坍塌体的体积比，计算爆落体的平均块度和岩石特征值，由此计算爆落体的均匀度指数，从而得到硐室爆破块度分布模型：

$$\begin{cases} R_0 = 1 - \eta_1 \mathrm{e}^{-\left(\frac{x}{x_1}\right)^{n_1}} - \eta_2 \mathrm{e}^{-\left(\frac{x}{x_2}\right)^{n_2}} \\ \overline{x} = X_{\mathrm{e}} \times 0.693^{\frac{1}{n}} \end{cases} \tag{7-21}$$

式中 R_0——硐室爆破岩石块度筛下率，1×10^{-2}m；

η_1——抛掷体岩石比率；

η_2——坍塌体岩石比率；

x_1，x_2——抛掷体和坍塌体的岩石特征值；

n_1，n_2——抛掷体和坍塌体块度均匀度分布指数；

X_{e}——爆落体岩石特征值，1×10^{-2}m；

n——硐室爆破岩石块度分布均匀度指数。

7.6.2.3 硐室爆破块度预测实例

以杏山铁矿露天边坡的硐室爆破为例，岩石块度预测模型建立如下。

A 抛掷体岩石块度预测

根据式（7-21）提出的硐室爆破块度分布模型，建立该矿硐室爆破块度预测模型：

$$\begin{cases} \overline{x} = Kq^{-0.8}Q^{\frac{1}{6}} \\ R = 1 - \mathrm{e}^{-\left(\frac{x}{x_{\mathrm{e}}}\right)^{n}} \\ n = 0.86\left(2.2 - \frac{14W}{D}\right) \\ x_{\mathrm{e}} = \frac{\overline{x}}{0.693^{\frac{1}{n}}} \end{cases} \tag{7-22}$$

根据硐室爆破方案和爆破漏斗岩石量，对参数进行取值，见表 7-19。

表 7-19 抛掷体块度预测模型参数表

参数	K	Q/kg	q/kg·m^{-3}	W/m	D/mm
取值	10	12641.8	1.5	25	1280

得到 $\overline{x} = 34.9\times10^{-2}$m，$n = 1.66$，$x_{\mathrm{e}} = 43.5\times10^{-2}$m，所以块度分布为：

$$R = 1 - \mathrm{e}^{-\left(\frac{x}{43.5}\right)^{1.66}} \tag{7-23}$$

B 坍塌体岩石块度预测

通过对矿山露天采场南部边坡底部自然坍塌岩体进行图像数据收集，并对图片进行矢量化分析，可得到岩体自然崩落粒度统计数据。对该数据统计计算，得到 $n = 1.98$，$x_{\mathrm{e}} =$

$54.9×10^{-2}$ m，平均块度 $45.6×10^{-2}$ m。可得出坍塌体的块度分布规律为：

$$R = 1 - e^{-\left(\frac{x}{54.9}\right)^{1.98}}$$
（7-24）

C　硐室爆破块度预测

根据式（7-21）、式（7-23）和式（7-24），可得杏山铁矿覆盖岩层的岩石块度分布模型，见式（7-25）：

$$R_0 = 1 - \eta_1 e^{-\left(\frac{x}{43.5}\right)^{1.66}} - \eta_2 e^{-\left(\frac{x}{54.9}\right)^{1.98}}$$
（7-25）

7.6.3　利用岩块自然分级规律形成覆盖层

7.6.3.1　岩块自然分级形成覆盖层技术

利用排土场等废料回填露天坑的方法形成覆盖层，是形成覆盖层的技术方法之一。根据回填的具体工艺技术，可分为低台阶分层回填和高台阶一次回填两种形式。两种形式的关键在于在回填过程中如何实现覆盖层的分层结构和各分层的粒度组成。

利用岩块的自然分级规律形成覆盖层，除了要控制好回填材料的整体粒度构成外，最关键的是要控制好回填台阶的高度。回填台阶的高度，决定了自然分级中岩块粒度沿覆盖层厚度方向的分布规律，是控制覆盖层分层结构尺寸和粒度结构构成的重要工艺参数。

采用低台阶回填技术时，要实现覆盖层的分层回填和控制覆盖层的粒度结构，需对回填材料进行预先筛分处理，覆盖层形成工艺复杂，运输作业距离远，覆盖层形成周期长、成本高，其优点是对岩石块度结构的控制性要好一些。

高台阶回填技术利用岩块的自然分级规律，实现对覆盖层分层结构和粒度控制的需要，是一种高效、简单的覆盖层形成工艺。它相对于低台阶回填工艺具有明显的技术优势：一是简化了生产工艺，形成周期较短；二是有利于降低总运输功，成本相对较低；三是可实现覆盖层的分层结构，而且在每层结构中岩块粒度分布呈渐进式过渡，有利于实现流动层在减少损失贫化方面的作用和整体下移层对漏风和漏水的控制作用。

7.6.3.2　覆盖层回填自然分级的影响因素

采用回填方式形成覆盖层的过程中，回填散料在重力势能和运动冲量的作用下产生自然分级，其自然分级的程度和各粒级的分布情况，受多方面因素的制约。主要表现在以下三个方面：

（1）回填料的排弃、倾倒高度的影响。排弃、倾倒高度决定了回填料沿回填体坡面滚落的势能（能量），对回填体坡面上粒度的自然分级效果和粗粒、中等粒度的分布高度将产生直接的影响，是影响覆盖层回填自然分级效果的主控性因素。一般地，回填料的排弃、倾倒高度越大，回填料中粗颗粒岩块的滚落势能就越大，滚落后就越接近覆盖层的底部。

（2）回填料粒度构成的影响。回填料的粒度组成，决定了回填料的初始动能和势能，从而影响回填料自然分级后沿回填坡面分布的粒度构成，以及粒度在坡面上的分布情况。一般地，回填料的粒度越大，其沿回填坡面滚落的距离就越远，也即越接近于覆盖层的底部。

（3）初始坡面的粗糙和坚硬程度。回填体的坡面和排土场坡面类似，可以分为土质坡面、块石坡面和混合坡面三种类型。土质坡面以砂、土为主，摩擦系数小，坡面较为松软,遇到冲击的时候变形较大;岩石边坡主要以块石为主,基本不含粉状物料,摩擦系数较大,坡面遇到冲击变形较小,自然分级明显(上细下粗);混合边坡则介于两者之间,而回填体的边坡面应属于混合边坡。

7.6.3.3 回填料自然分级物理模拟试验研究

A 杏山铁矿覆盖层的结构与厚度

根据覆盖层与露天底部矿体的空间位置、地下放矿松动体和放出体的空间关系,考虑到覆盖层对防漏风、防渗流、防寒、防泥石流等的安全要求,杏山铁矿露天转地下覆盖层分两层铺设,整体下移层和流动层。

a 流动层

首先在露天坑内人工回填形成覆盖层的最下层,即流动层。

根据放矿椭球体理论,流动层与露天底下矿石分层存在松动体与放出体的关系,为防止矿石放出过程中的过早贫化,以及渗透破坏带走细小颗粒形成泥石流,流动层的理想粒度结构应接近采场矿石层的粒度结构。考虑到杏山铁矿排土场废石的实际粒度组成,流动层的粒度结构要求为:

回填物料的粒度不小于20mm(筛掉细粒结构);回填物料中100mm以上的粒度含量不小于40%;流动层的厚度不小于20m。

b 整体下移层

在流动层上继续人工回填形成覆盖层的上层,即整体下移层。

整体下移层的作用主要是防止漏风,阻滞露天雨水下渗和控制井下温度等,其物料粒级组成应满足孔隙度和密实度方面的要求。根据排土场废石的粒度构成情况,整体下移层的主要粒度成分要求为:

粒径小于5mm的细颗粒与大于5mm的粗颗粒在整体下移层中的比例为3:7;整体下移层的厚度不小于25m;最终覆盖层的整体厚度不小于45m。

B 物理模拟试验

a 试验模型

物理模拟试验的目标是分析回填料自然分级的可行性与合理性。因此,试验模型的选取应以经济、简便为原则,建立的模型能实现此目的即可。

b 试验材料与配比

试验材料由筛分不同粒度的石料后混合组成,其粒度配比见表7-20。

表7-20 试验材料配比

序号	粒度直径/mm	筛余量/kg	筛余百分率/%	累计筛余百分率/%
1	>20	134	13.40	13.40
2	16~20	28	2.80	16.20
3	10~16	260	26.00	42.20
4	5~10	330	33.00	75.20
5	2~5	232	23.20	98.40
6	<2	16	1.60	100.00

c　模拟方案

用铁锹模拟铲运机进行材料的回填试验,按 1:50 的比例,分别模拟 30m、40m、50m 的覆盖层厚度。

7.6.3.4　试验结果分析

A　回填料的自然分级厚度模拟

模拟不同倒卸高度下,回填料的自然分级厚度见表 7-21,试验的最终分级效果如图 7-30 所示。

表 7-21　不同倒卸高度下回填料的自然分级厚度

回填料倒卸高度/m		试验分级厚度/m			模拟分级厚度/m		
试验高度	模拟高度	细粒	中粒	粗粒	细粒	中粒	粗粒
0.60	30	0.155	0.260	0.185	7.75	13.00	9.25
0.80	40	0.220	0.370	0.210	11.00	18.50	10.50
1.00	50	0.415	0.270	0.315	20.75	13.50	15.75

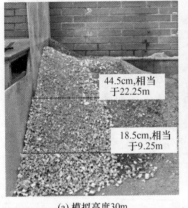  

(a) 模拟高度30m　　　　　(b) 模拟高度40m　　　　　(c) 模拟高度50m

图 7-30　不同倒卸高度下回填料最终分级的模拟试验效果

模拟试验过程中,初期回填料流动性差,自然分级并不明显。达到一定规模后,分级现象都很明显。

由回填料不同倒卸高度模拟分级厚度表和回填料不同倒卸高度模拟最终分级结果图可以看出自然分级分为三部分:细粒、中粒、粗粒。随着回填料倒卸高度的增加,细粒和粗粒回填层厚度呈增长趋势,中粒回填层厚度呈先增长后下降趋势。

B　自然分级粒度分析

回填料倒卸高度 50m 的自然分级物理模拟是在 30m、40m 基础上进行的,因此自然分级粒度分析只对 50m 高度的模拟进行了分析。回填料自然分级的细粒、中粒、粗粒三部分的级配见表 7-22~表 7-24。

表 7-22　回填料分级后细粒级配比

序号	粒度直径/mm	筛余量/kg	筛余百分率/%	累计筛余百分率/%
1	>20	26	2.60	2.60

续表7-22

序号	粒度直径/mm	筛余量/kg	筛余百分率/%	累计筛余百分率/%
2	16~20	22	2.20	4.80
3	10~16	268	26.80	31.60
4	5~10	386	38.60	70.20
5	2~5	292	29.20	99.40
6	<2	6	0.60	100.00

表7-23　回填料分级后中粒级配

序号	粒度直径/mm	筛余量/kg	筛余百分率/%	累计筛余百分率/%
1	>20	110	11.00	11.00
2	16~20	26	2.60	13.60
3	10~16	402	40.20	53.80
4	5~10	356	35.60	89.40
5	2~5	104	10.40	99.80
6	<2	2	0.20	100.00

表7-24　回填料分级后粗粒级配

序号	粒度直径/mm	筛余量/kg	筛余百分率/%	累计筛余百分率/%
1	>20	456	45.60	45.60
2	16~20	96	9.60	55.20
3	10~16	428	42.80	98.00
4	5~10	2	2.00	100.00
5	2~5	0	0.00	100.00
6	<2	0	0.00	100.00

　　根据回填料自然分级的细粒、中粒、粗粒三部分的级配可以看出：细粒级配的粒度组成为粒径小于5mm的占29.8%，5~16mm的占65.4%，而16~20mm的占4.8%；中粒部分级配的粒度组成为粒径小于5mm的占10.6%，5~16mm的占75.8%，而16~20mm的占13.6；而粗粒级配的粒度组成为粒径小于5mm的比率为0%，5~16mm的占44.8%，而16~20mm的占总量的55.2%。

7.6.3.5　现场排土场自然分级试验

　　人工回填形成覆盖层的过程与排土场排倒废石原理是相同的。为此，在20m高的排土场进行了自然分级的现场试验，分级试验效果如图7-31所示。

　　A　自然分级厚度分析

　　现场排土场自然分级的细粒、中粒、粗粒

图7-31　自然分级的现场效果图

三部分效果明显，经过现场测量自然分级后的排土场坡脚和分级点高程换算后得出细粒分级厚度 7.5m、中粒 6.7m、粗粒 5.8m。

B　自然分级粒度分析

对自然分级不同粒度的废石选取有代表性的 3 个点进行取样，根据情况每个取样点取样 1000kg。对取样废石进行筛分，筛分结果见表 7-25～表 7-27。

表 7-25　回填料分级后细粒配比

序号	粒度直径/mm	筛余量/kg	筛余百分率/%	累计筛余百分率/%
1	>100	22	2.20	2.20
2	60~100	20	2.00	4.20
3	40~60	48	4.80	9.00
4	20~40	101	10.10	19.10
5	10~20	206	20.60	39.70
6	5~10	342	34.20	73.90
7	<5	261	26.10	100.00

表 7-26　回填料分级后中粒配比

序号	粒度直径/mm	筛余量/kg	筛余百分率/%	累计筛余百分率/%
1	>100	108	10.80	10.80
2	60~100	126	12.60	23.40
3	40~60	272	27.20	50.60
4	20~40	197	19.70	70.30
5	10~20	138	13.80	84.10
6	5~10	88	8.80	92.90
7	<5	71	7.10	100.00

表 7-27　回填料分级后粗粒配比

序号	粒度直径/mm	筛余量/kg	筛余百分率/%	累计筛余百分率/%
1	>100	260	26.00	26.00
2	60~100	281	28.10	54.10
3	40~60	162	16.20	70.30
4	20~40	101	10.10	80.40
5	10~20	82	8.20	88.60
6	5~10	61	6.10	94.70
7	<5	53	5.30	100.00

从表 7-25～表 7-27 可以看出，排土场自然分级的细粒、中粒、粗粒三部分的级配中，

细粒部分粒径小于 5mm 的比重为 26.1%，中粒部分和粗粒部分粒径大于 100mm 为 36.8%。

通过物理模拟试验和现场排土场自然分级试验可以看出，回填料的自然分级厚度、粒度效果和结构合理。因此，杏山铁矿采用倒排排土场废石方式、工回填形成自然分级的覆盖层是可行的。

综上所述，自然分级过程中，初期回填料流动性差，自然分级并不明显。达到一定规模后，分级现象都很明显，分为三部分——细粒、中粒、粗粒。随着回填料倒卸高度的增加，细粒和粗粒回填层厚度呈增长趋势，中粒回填层厚度呈先增长后下降趋势。通过物理模拟试验和现场排土场自然分级试验得出，采用回填方式形成覆盖层时，可以采用高台阶一次回填形成覆盖层，只要高度控制得当，即可通过散体岩石的自然分级较为准确地控制覆盖层不同高度的粒度结构，同时高台阶一次回填形成的覆盖层粒度结构呈渐变的特点，更便于覆盖层功能的发挥。高台阶一次回填形成覆盖层的方法工艺简单可靠、施工周期短、经济效益好。

7.7 覆盖层安全结构和合理厚度

7.7.1 覆盖层结构与厚度的确定

露天矿山转入地下开采的过程中，由于露天采坑和地下采场间特殊的空间位置关系，露天采空区内的汇水容易灌入井下造成淹井事故和泥石流灾害。为充分回收矿产资源，许多矿山采取了不留露天境界底柱的露天转地下开采方法，需要在地下采空区和露天采空之间构筑覆盖层，起到阻滞水渗流和防止泥石流发生的作用。覆盖层一般采用废石回填或边帮削坡的方式形成，由于对覆盖层具体移动规律、渗流场特征、力学行为特点等方面的机理认识不清晰，所以，在露天转地下矿山设计过程中，对覆盖层安全结构形式和合理厚度的确定缺乏切实的理论依据，一般仅靠设计人员的经验确定，带有很大的不确定性。如果覆盖层厚度过低，结构不合理，起不到安全防护作用；而覆盖层厚度过高，又会大幅度增加矿山基建成本，影响矿山的生产经营。

如何有效控制覆盖层的厚度和结构，在保障矿山生产安全的情况下节省基建投资，是金属矿山露天转地下开采面临的亟待解决的重大问题之一。

为保护地下开采设备、设施和人员安全，有效防止地表汇水突然涌入地下造成淹井事故，降低井下泥石流发生危险，减少井下通风和温度损失，露天转地下开采的覆盖层应分两层铺设，上部是整体下移层，下部是与矿石层接触的流动层。整体下移层主要起防漏风、防寒和滞水的作用，粒度结构较细；流动层和矿石层接触，主要起防止矿石放出过程中过早贫化的作用，粒度结构较粗。覆盖层的结构如图 7-32 所示。

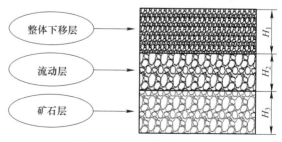

根据露天转地下开采覆盖层的技术要求，确定整体下移层和流动层的结构和厚度的具体方法如下：

图 7-32 覆盖层的分层结构

（1）整体下移层结构的确定。为防止通风漏风、降低冬季井下的温度损失、阻滞露天坑内积水的下渗，覆盖层的整体下移层的粒度成分中要有一定的细料成分，即呈较理想的自然级配，具体是：

以5mm为界限粒径，将组成整体下移层的散料分为粗料和细料两部分，颗粒粒径大于等于5mm的颗粒称为粗颗粒，颗粒粒径小于5mm的颗粒称为细颗粒。

整体下移层的主要粒度成分要求为：一是粗颗粒在粒度构成中所占比例应控制在60%~70%之间，不大于70%；细颗粒所占比例控制在30%~40%之间，不小于30%。二是细颗粒中，小于2mm的粒料在细颗粒粒度构成中不小于60%；小于0.5的颗粒在细料粒度构成中所占比例不小于30%；细料的渗透系数应控制在10~4m/s左右。

（2）整体下移层厚度的确定。整体下移层的厚度H_1在粒度构成理想状态下（细颗粒含量大于30%以上）不小于20m。

当细料含量小于30%，按以下关系确定整体下移层的厚度：当细料含量在30%~26%之间时，整体下移层的厚度H_1不小于30m；当细料含量在26%~20%时，H_1不小于40m；细料含量在20%~15%，H_1不小于50m。

（3）流动层结构的确定。为防止放矿过程中覆盖层岩石下移时发生自然分级现象，减小由此造成的矿石贫化，理想的流动层岩块的粒度应不小于崩落矿石的粒度。但工程实际中，流动层岩块的粒度一般应控制在300~500mm之间。细颗粒成分应严格控制。

（4）流动层厚度的确定。流动层的厚度H_2和地下崩落采矿法的分段高度有关，其最小厚度应大于1.5倍的分段高度。

（5）覆盖层总厚度的确定。覆盖层的总厚度H由整体下移层厚度H_1和流动层厚度H_2两部分构成，即两者之和：

$$H = H_1 + H_2 \tag{7-26}$$

覆盖层形成的分层结构，使露天转地下矿山能够有效防止边坡滑塌造成的冲击地压破坏，有效迟滞地表降水涌入井下的时间，大幅降低井下泥石流的发生的概率，减少通风漏风损失80%以上，并可控制冬季地表和井下的温度交换，防止地表冷空气侵入井下。

7.7.2　对采矿工艺和放矿制度的要求

当采用回填方式形成覆盖层时，如果排土场废石粒级太小，造成覆盖层最下部流动层散体块度小于采场设计平均块度，应在开采露天底下部第一分段时，调整爆破参数，适当提高炸药单耗，改善爆破条件，以降低回采矿石块度，尽量接近流动层的粒度，以防止由于粒级差别大而放矿过程中过早贫化发生。

露天坑底下的地下首采分段，应采用松动放矿制度，只放出1/3矿石，剩余矿石作为矿石垫层，以加大覆盖层厚度，提高地下开采的安全性，减小矿石的贫化率。

8 覆盖岩层对露天边坡的控制作用分析

8.1 概述

露天转地下开采的岩石力学问题表现为露天开挖和地下开采产生的围岩应力场的共同作用和相互影响[117~119]，其结果使采矿工程岩石力学条件恶化，造成围岩体失稳和工程设施损坏。露天开采时期的大规模开挖，对露天坑周围岩体形成了较大的应力扰动，局部产生应力集中现象。在此条件下进行地下开采，两种开采方式对围岩体的扰动将形成更为复杂的次生应力场，引起边坡围岩的进一步变形和破坏，甚至出现露天边坡滑坡失稳和地下巷道变形破坏等地压灾害[128,163]，而且，这一问题随着矿床开采向深部的延伸会更加突出。露天转地下开采不仅要考虑地下开采的采场稳定性，还要考虑开采对边坡的稳定性影响。因此，研究地下开采对露天边坡稳定性的影响和覆岩层对露天边坡围岩的控制作用，对提高露天转地下开采的安全性及矿产资源的回采率影响重大。本章以孟家铁矿露天转地下开采工程为例，对此进行重点研究[137]。

孟家铁矿首期采用露天开采，目前，该矿已由山坡开采转入凹陷开采，露天坑封闭圈标高为+155m，坑底最低标高已到+70m，面临着露天转地下的生产接替问题。矿山露天转地下开采方案如图 8-1 所示，地下开采的采矿方法采用无底柱分段崩落法。对于 Fe10 号矿，矿块沿矿体走向布置，长为矿体水平厚度，宽为 60m，阶段高度 60m，分段高度 20m，进路间距 20m，上下相邻的分段回采进路呈菱形布置；对于 Fe11 号矿体，矿块垂直矿体走向布置，长为 60m，宽为矿体水平厚度，阶段高度 60m，分段高度 20m。本章主要针对孟家铁矿露天转地下开采的实际情况，针对 Fe10 号矿体的开采，采用 FLAC³ᴰ 数值模拟方法，分析研究不同地压管理方案下采空区围岩的应力分布状态及变形破坏特征，分析随地下开采深度变化的露天边坡变形与破坏特征，研究覆岩层对边坡围岩稳定性的作用机理，为合理确定采矿工艺参数和确保露天边坡的稳定，为矿山设计与施工，提供依据和指导。

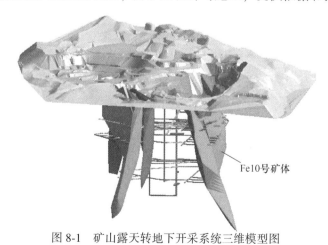

Fe10号矿体

图 8-1　矿山露天转地下开采系统三维模型图

8.2　边坡稳定性分析方法

边坡稳定性力学分析的主要方法有极限平衡法与有限元法。极限平衡法通常根据作用于岩土体中潜在破坏面上块体沿破坏面的抗剪力与该块体沿破坏面的剪切力之比，求该块体的稳定性系数。极限平衡法将滑动体视作刚体，需先知道滑动面的位置和形状，而岩体完整性良好、岩石坚硬致密的边坡的滑动面位置是难以预知的，这就限制了极限平衡法在完整性较好的岩质边坡中的应用。有限元法通过考虑边坡岩土体本身的变形对边坡稳定性的影响，能够分析边坡破坏的发展过程，但这类数值方法很难给出一个意义明确的安全系数，这一点限制了它在工程中的应用范围。这两种方法在高陡露天矿岩质边坡的稳定性分析中都具有局限性。随着计算机的发展，近年来在岩土工程计算方面涌现出不少优秀的数值分析计算方法，如强度折减法在研究边坡和地下硐室的稳定性方面有了较多的应用[163~168]。因此，对孟家铁矿露天转地下开采的边坡稳定性，将采用强度折减法进行分析研究。

8.2.1　强度折减法的原理

Duncan[169]指出安全系数可以定义为使岩土体刚好达到临界破坏状态时，对岩土体的剪切强度进行折减的程度。强度折减法中边坡的安全系数定义为岩土体的实际抗剪强度与临界破坏时的折减后剪切强度的比值。岩土体的内聚力 c 和内摩擦角 φ 是岩土体力学计算中两个重要的强度指标，强度折减法的核心要点是利用式（8-1）和式（8-2）来调整岩土体的强度指标 c 和 φ 的值，然后进行边坡稳定性数值分析。通过不断地增加折减系数，反复计算，直至岩土体达到临界破坏，此时，所得到的折减系数即为岩土体边坡稳定的最小安全系数 F_S。

$$c_F = c/F_S \tag{8-1}$$

$$\varphi_F = \tan^{-1}\left(\frac{\tan\varphi}{F_S}\right) \tag{8-2}$$

式中　c_F——折减后的内聚力；

　　　φ_F——折减后的内摩擦角；

　　　F_S——强度折减系数（也即安全系数）。

对于这一强度变化过程可以用 Mohr 应力圆来描述。如图 8-2 所示，在 $\sigma\text{-}\tau$ 坐标系中，直线 AA 表示材料的实际强度包线，直线 BB 表示强度指标折减后所得到的强度包线，直线 CC 表示极限平衡（即材料发生剪切破坏）时的强度包线，Mohr 圆表示材料某一点的实际应力状态。此时可以看出：Mohr 圆处于材料的实际强度包线 AA 之内，说明该点不会发生剪切破坏；随着强度折减系数 F_S 的增大，强度指标折减后所得到的强度包线 BB 不断逼近 Mohr 圆，材料强度得以逐渐

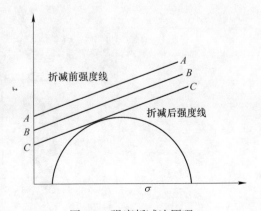

折减前强度线

折减后强度线

图 8-2　强度折减法原理

发挥。当强度折减系数 F_S 增大至某一特定值时，强度指标折减后所得到的强度包线 BB 与材料发生剪切破坏时的极限强度包线 CC 重合，并与 Mohr 圆相切，表明此时材料发挥的抗剪强度与实际剪应力达到临界平衡状态，这说明实际边坡岩体中该点在给定的安全系数 F_S 条件下达到临界极限平衡状态。

在岩土工程弹塑性有限元数值分析中，用强度折减系数的关键在于通过合理地评判材料的临界状态并确定与之相应的安全系数。通过对图 8-2 的分析不难看出，强度折减技术就是通过不断地调整强度折减系数 F_S，使材料的实际强度包线不断逼近材料发生剪切破坏时的极限强度包线，并使之与 Mohr 应力圆相切，此时得到的强度折减系数 F_S 就称为该点的安全系数。

8.2.2 边坡岩体失稳破坏的判据

强度折减法原理简单，用于边坡的稳定分析可以直接求得安全系数，不需要事先假设滑动面的形式和位置。但用于边坡的稳定分析时的关键问题在于如何确定临界破坏状态，即定义失稳判据。目前判断边坡发生失稳的依据有二个[170~174]：

（1）根据计算得到的域内某一部位的位移与折减系数之间关系的变化特征确定失稳状态。如宋二祥[170]采用坡顶位移折减系数关系曲线的水平段作为失稳判据，当折减系数增大到某一特定值时，坡顶位移突然迅速增大，则认为边坡发生失稳。

（2）根据有限元解的收敛性确定失稳状态，即在给定的非线性迭代次数限值条件下，若最大位移或不平衡力的残差值不能满足所要求的收敛条件，则认为边坡岩体在给定的强度折减系数下产生失稳破坏。

（3）通过分析域内广义剪应变或者广义塑性应变等某些物理量的变化和分布来判断，如当域内某一幅值的广义剪应变或者塑性应变区域连通时，则判断边坡发生破坏。

郑颖人[175]认为通过有限元强度折减，使边坡达到破坏状态时，滑动面上的位移将产生突变，产生很大的并且是无限制的塑性流动，有限元程序无法从有限元方程组中找到一个既能满足静力平衡，又能满足应力-应变关系和强度准则的解，此时，不管是从力的收敛性标准，还是从位移的收敛标准来判断，有限元计算都不收敛。因此，可以将滑面上节点的塑性应变或者位移出现突变作为边坡整体失稳的标志，以有限元静力平衡方程组是否有解、有限元计算是否收敛作为边坡失稳的判据。

《煤炭工业露天矿设计规范》（GB 50197—2005）对露天边坡稳定性有着明确的要求，对于服务年限在 10 年以下的非工作帮的边坡安全系数必须达到 1.1~1.2，10 年以上的非工作帮的边坡安全系数必须达到 1.2~1.3，而临时性工作帮的边坡安全系数要达到 1.0~1.2。

因此，在后续分析中，将基于以上三条准则，利用 FISH 语言编程，采用强度折减法求解安全系数，并以此评判边坡稳定性。

8.3 计算模型建立及参数选择

FLAC^{3D}(fast lagrangian analysis of continua) 是美国 ITASCA 咨询集团公司开发的三维有限差分数值计算程序，主要适用于地质和岩土工程的力学分析。FLAC^{3D}能够进行岩石、土质和其他材料在达到屈服极限后经历塑形变形的三维空间行为分析，为采矿岩土工程领域求解三维问题提供一个理想的分析工具。FLAC^{3D}程序建立在拉格朗日算法基础上，特别适合模拟大变形和扭曲问题的求解。FLAC^{3D}采用显式算法获得模型全部运动方程（包括内变量）的时间步长解，从而可以追踪材料的渐进破坏和垮落。FLAC^{3D}程序具有强大的后处理功能，用户可以直接在屏幕上绘制或以文件形式创建和输出打印多种形式的图形。使用者还可根据需要，将若干变量合并在同一幅图形中进行研究分析。

由于 FLAC^{3D}程序主要是为岩土工程应用而开发的岩石力学计算程序，程序中包括了反映岩土材料力学效应的特殊计算功能，可解算岩土类材料的高度非线性、不可逆剪切破坏和压密、黏弹（蠕变）、孔隙介质的固-流耦合、热-力耦合以及动力学行为等。另外，程序设有界面单元，还可以模拟断层、节理和摩擦边界的滑动、张开和闭合行为。支护结构，如砌衬、锚杆、可缩性支架或板壳等与围岩的相互作用也可以在 FLAC^{3D}中进行模拟。此外，程序允许输入多种材料类型，亦可在计算过程中改变某个局部的材料参数，增强了程序使用的灵活性，极大地方便了计算上的处理。同时，用户也可根据需要在 FLAC^{3D}中创建自己的本构模型，进行各种特殊修正和补充。

FLAC^{3D}程序求解不同工程地质问题的具体步骤主要包括五个方面的内容：

（1）设计模型尺寸。合理选择计算模型的范围直接关系到计算结果的正确与否。模型范围太大，耗费了计算机能源；模型范围太小，计算结果失真。

（2）规划计算网格数目和分布。计算模型的尺寸一旦确定，计算网格的数目也相应确定。为减少因网格划分引起的误差，网格的长宽比应不大于 5，对于重点研究区域可以进行网格加密处理。

（3）安排工程对象（开挖、支护等）。对于需要开挖或者支护的工程，可在建模过程中进行规划，调整网格结点，安排开挖以及支护的位置等。

（4）给出材料的力学参数。在建模时，可根据实际工程确定本构关系，给模型赋以相应的力学参数。

（5）确定边界条件。模型的边界条件包括位移边界和力边界两种，在计算前须确定模型的边界状况。

在后续的内容中，将以孟家铁矿的实际情况为例，按上述步骤进行孟家铁矿露天转下开采的相关模拟计算。

8.3.1　模拟采用的本构模型

FLAC^{3D}程序中提供了由空模型、弹性模型和塑性模型组成的十种基本的本构关系模型，所有模型都能通过相同的迭代数值计算格式得到解决：给定前一步的应力条件和当前步的整体应变增量，能够计算出对应的应变增量和新的应力条件。对于孟家铁矿露天转地下开采边坡岩体稳定性的模拟分析，采用的本构模型主要有空单元模型和 Mohr-Coulomb 塑性模型，其理论基础如下。

8.3.1.1　空单元模型

空单元用来描述被开挖的材料，其应力为 0，这些单元上没有重力的作用。在模拟过程中，空单元可以在任何阶段转化成具有不同材料特性的单元，如开挖后回填覆岩层。

8.3.1.2　Mohr-Coulomb 塑性模型

Mohr-Coulomb 模型通常用于描述土体和岩石的剪切破坏。模型的破坏包络线和 Mohr-

Coulomb 强度准则（剪切屈服函数）以及拉破坏准则（拉屈服函数）相对应。

A 增量弹性定律

FLAC^{3D}程序运行 Mohr-Coulomb 模型时，用到了主应力 σ_1、σ_2 和 σ_3，以及平面外的应力 σ_{zz}。主应力及其方向通过应力张量分量得出，当压应力为负时，主应力之间存在下述关系：

$$\sigma_1 \leqslant \sigma_2 \leqslant \sigma_3 \tag{8-3}$$

当用 $\Delta\varepsilon$、$\Delta\varepsilon^e$ 和 $\Delta\varepsilon^p$ 表示对应的主应变增量、主应变增量的弹性应变部分和塑性应变部分，且在弹性变形阶段，塑性应变不为零时，有：

$$\Delta\varepsilon_i = \Delta\varepsilon_i^e + \Delta\varepsilon_i^p \qquad i = 1,\ 3 \tag{8-4}$$

根据主应力和主应变，胡克定律的增量表达式如下：

$$\begin{cases} \Delta\sigma_1 = \alpha_1\Delta\varepsilon_1^e + \alpha_2(\Delta\varepsilon_2^e + \Delta\varepsilon_3^e) \\ \Delta\sigma_2 = \alpha_1\Delta\varepsilon_2^e + \alpha_2(\Delta\varepsilon_1^e + \Delta\varepsilon_3^e) \\ \Delta\sigma_3 = \alpha_1\Delta\varepsilon_3^e + \alpha_2(\Delta\varepsilon_1^e + \Delta\varepsilon_2^e) \end{cases} \tag{8-5}$$

式中，$\alpha_1 = K + 4G/3$；$\alpha_2 = K - 2G/3$。

B 屈服函数

根据式（8-3）的关系，对破坏准则在平面（σ_1，σ_3）中进行描述，如图 8-3 所示。

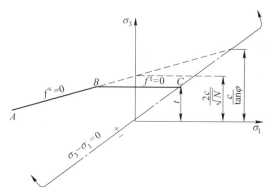

图 8-3 Mohr-Coulomb 强度准则

由 Mohr-Coulomb 屈服函数可以得到点 A 到点 B 的破坏包络线为：

$$f^s = \sigma_1 - \sigma_3 N_\varphi - 2c\sqrt{N_\varphi} \tag{8-6}$$

B 点到 C 点的拉破坏函数见式（8-7）：

$$f^t = \sigma^t - \sigma_3 \tag{8-7}$$

式中，σ^t 为抗拉强度；$N_\varphi = \dfrac{1 + \sin\varphi}{1 - \sin\varphi}$。

从式（8-6）和式（8-7）可以看出，在剪切屈服函数中只有最大主应力和最小主应力，中间主应力不起作用。当材料的内摩擦角 $\varphi \neq 0$ 时，其抗拉强度不能超过 $\sigma_{\max}^t$：

$$\sigma_{\max}^t = \frac{c}{\tan\varphi} \tag{8-8}$$

8.3.2　数值计算模型

8.3.2.1　数值模拟的简化与假设

目前大多数数值计算都是在一系列简化和假设条件下进行的，研究孟家铁矿露天转地下开采边坡稳定性时，建模及计算中做了如下简化和假设：

（1）假设岩体为连续的、均质的、各向同性的介质；

（2）由于计算区域的埋深较浅和露天开采的卸荷作用，计算过程中不考虑构造应力的作用，初始应力场由岩体的自重生成；

（3）研究范围内的岩性比较简单，虽然局部存在岩脉和夹石类，但要精确分析其类型和测绘其产状是比较困难的，因而简化为岩体和矿体两类；

（4）由于矿体倾向及上盘边坡角度和高度都大于下盘边坡，故以矿体上盘边坡为主要研究对象。

8.3.2.2　模拟计算模型

已有研究表明，采场围岩位移的影响范围在采空区尺度约 1 倍的范围内最为明显，而在此范围以远处的位移与变形值均较小。这说明矿区上覆岩体的稳定性主要受到上部阶段矿体开采的影响，浅部围岩的稳定性控制对矿区及边坡变形具有关键性的作用。因此，计算模型的几何范围，选取完整切割高陡边坡的 40 号勘探线地质剖面为研究对象，覆盖层用废石回填。模型长 500m，下边界取 −50m，上边界取到地表，坑底位于 +70 水平，宽 28m。矿体上盘最终边坡角 63°，矿体下盘边坡角 49°。

对孟家铁矿三维数值模型采用 ANSYS 建模，对重点研究区域实行单元加密处理。模型如图 8-4 所示，模型预设置两个监测点。其中坐标轴 Z 方向为竖直方向，坐标轴 Y 方向沿矿体走向，坐标轴 X 方向垂直矿体走向，模型选用准三维模式，Y 方向长 10m。

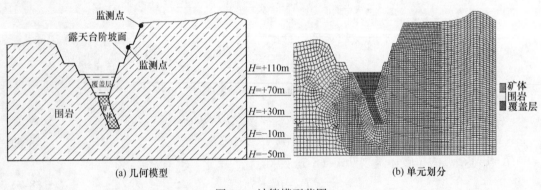

（a）几何模型　　　　　　　　　　　　　　（b）单元划分

图 8-4　计算模型范围

8.3.3　边界应力及约束条件

边界应力及计算模型的约束条件是模拟计算的重要内容，会直接影响计算结果的可靠性及精度。为此，必须选择适当的矿区区域性应力场作为计算模型的边界应力场，且需对计算模型采取适当的边界约束。由于地下开采初期可认为是浅部采矿，故计算时只考虑自重应力的影响。计算模型的边界约束如下：左、右边界约束 X 方向的位移；前、后边界

约束 Y 方向的位移；底部约束 X、Y、Z 三个方向的位移；上部为自由边界。

8.3.4 岩体力学参数

根据室内岩石力学试验成果，参考《工程岩体分级标准》（GB 50218—92）和《岩土工程勘察规范》，采用折减系数法确定岩体工程力学参数。矿岩体和覆盖层的力学参数见表 8-1。

表 8-1 岩体力学参数

类型	密度/t·m⁻³	内聚力 c/MPa	内摩擦角 φ/(°)	抗拉强度 σ_t/MPa	弹性模量 K/GPa	泊松比
矿体	3.6	0.40	35	0.40	7.8	0.24
围岩	2.7	0.60	42	0.20	11.2	0.24
覆盖层	1.8	0.02	20	0.01	0.2	0.20

8.3.5 岩体破坏准则

研究范围涉及的围岩体主要为角闪石英片岩，矿体为黑云变粒岩角闪磁铁石英岩碎裂岩，计算中采用了莫尔-库仑（Mohr-Coulomb）屈服准则判断岩体的破坏。其力学模型为：

$$f_s = \sigma_1 - \sigma_3 \frac{1 + \sin\varphi}{1 - \sin\varphi} - 2c\sqrt{\frac{1 + \sin\varphi}{1 - \sin\varphi}} \tag{8-9}$$

式中 σ_1——最大主应力；

      σ_3——最小主应力；

      c——内聚力；

      φ——内摩擦角。

当 $f_s > 0$ 时，材料将发生剪切破坏。在拉应力状态下，如果拉应力超过材料的抗拉强度，材料将发生拉破坏。

8.4 覆盖岩层对露天边坡控制作用的数值模拟

8.4.1 数值模拟方案

根据孟家铁矿露天转地下开采不留露天隔离矿柱的实际情况，模拟分析中采用分步开挖技术，各回采步骤所模拟的回采矿体范围见表 8-2。

表 8-2 各回采步骤模拟的回采矿体范围

回采步骤	回采高程范围/m	回采垂直高度/m
一步骤（一分段）	+70～+50	20
二步骤（二分段）	+50～+30	20
三步骤（三分段）	+30～+10	20

为模拟随着开挖进行采空区围岩应力和位移分布情况的变化规律，分析研究覆岩层对采空区围岩的控制作用，从地压管理方面，提出以下三种方案进行模拟分析。

方案1：无覆盖层方案，即在崩落矿石层上面不形成覆盖岩层。

方案2：有覆盖层，且覆盖层顶部标高随着开采深度的不断下降，不断回填露天坑，始终使覆盖层顶部标高保持在+110m水平。

方案3：有覆盖层，地下开采初期覆盖层顶部标高处于+110m，随着开采深度的不断下降，覆岩层也随之下降。

8.4.2 无开采扰动时的边坡稳定性分析

8.4.2.1 应力场分析

无地下开采扰动时，露天边坡围岩的应力分布如图8-5所示。

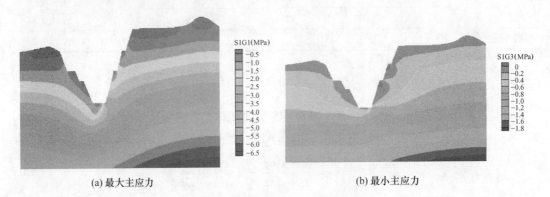

(a) 最大主应力   (b) 最小主应力

图 8-5　无开采扰动边坡应力图

从图8-5可以看出，边坡开挖卸荷并未出现明显的拉应力区，基本上以压应力为主，即边坡若发生破坏，以"压-剪"破坏模式为主。主应力等值线平滑，几乎相互平行，很少出现突变，仅在围岩与矿体分界面附近区域和坡脚区域产生不甚明显的应力集中效应，表明凹形的边坡整体几何形态可有效降低边坡的应力集中程度。

最大主应力（压应力）基本顺着坡面方向，并一直延伸到坡脚，对边坡稳定性不利。边坡内部最大主应力方向与水平轴的夹角逐步变大，直至铅直；由于矿岩分界面的存在，使得其附近区域的最大主应力方向要比其他区域最大主应力方向的变化大而且迅速，但并未影响主应力分布的总体走势。表明边坡主要受铅垂方向的压应力作用，表现为受压屈服。

8.4.2.2 边坡稳定性分析

在强度折减法计算中，为了达到一定的计算精度，步长应该尽可能小，但这样会大大增加计算量，实际应用中通过优化理论中的二分法实现，求解得在露天开采到+70m标高时该剖面边坡的安全系数 $F_S = 1.94$，远大于规定的 $1.2 \sim 1.3$。说明无地下开采扰动时，边坡处于绝对安全状态。图8-6反映了安全系数 $F_S = 1.94$ 时的边坡状态。

从图8-6（a）可见，边坡中的塑性区从坡脚贯通至坡顶面，从塑性单元的构成来看，边坡塑性区的主体单元为剪切破坏；从图8-6（b）剪切应变增量分布图可以看出，在边坡内部剪切应变带已经形成，应变增量最大值达到 5.0×10^{-6} 以上，完全贯通至坡顶，将图中剪切应力增量最大值连线，即可得出潜在的滑移面的位置；图8-6（c）和图8-6（d）分别为垂直和水平位移分布图，从图中可见，最大垂直位移产生于坡顶，达110mm，最

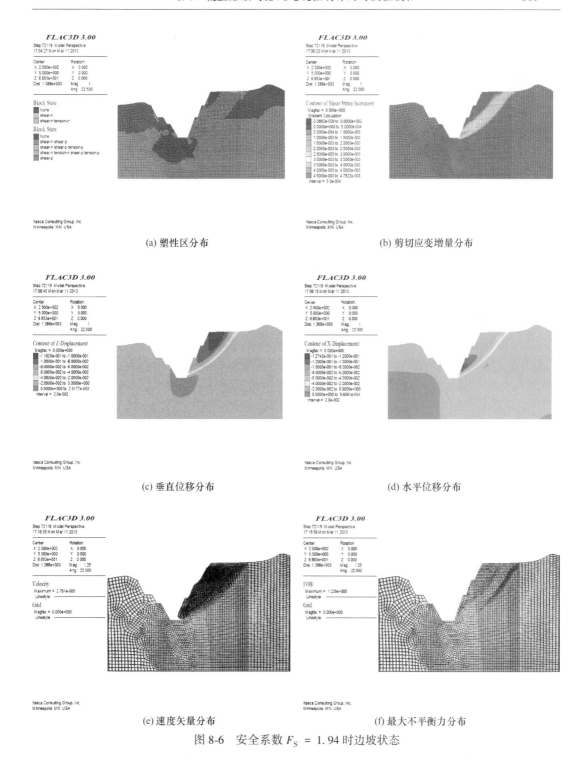

(a) 塑性区分布　　　　　　　　　　　(b) 剪切应变增量分布

(c) 垂直位移分布　　　　　　　　　　(d) 水平位移分布

(e) 速度矢量分布　　　　　　　　　　(f) 最大不平衡力分布

图 8-6　安全系数 $F_S = 1.94$ 时边坡状态

大水平位移位于最下方台阶的坡面中部，达 127mm；图 8-6（e）为速度矢量分布图，可见最大速率位于坡脚剪出口的位置，速度指向坑底，同时从图 8-6（e）可以清楚地看出边坡剪出滑移形式；图 8-6（f）为最大不平衡力的分布状态。

在 FLAC^{3D} 程序中，每个网格点最多由 8 个单元包围，这些单元对网格点施加压力。

在平衡状态，这些力的代数和几乎为零（网格点一边的力几乎与另一边平衡）。如果不平衡力接近一个非零恒定值，表示模型破坏或者进入了塑性流动状态。在计算过程中，最大不平衡力由所有的网格决定。从图 8-6 (f) 中可以看出，最大不平衡力集中于边坡的表面，计算过程中无法收敛，此时，中止计算。

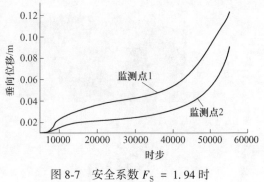

图 8-7　安全系数 F_S = 1.94 时
监测点位移-时步变化曲线

从以上分析可知，在坡顶面具有最大的垂直位移，而水平位移产生于坡角剪出口的位置，相应位置测点的相对位移随时步曲线如图 8-7 所示，位移持续发展，表明边坡进入塑性流动状态。

综合以上分析，可以确定该剖面边坡的安全系数 F_S = 1.94，远大于规定的 1.2~1.3，符合安全标准。在以后的边坡稳定性分析时采取同样的方法，不再赘述。

8.4.3　地下开采扰动下的边坡稳定性分析

对提出的三种方案进行模拟，分析其开采过程中随开采深度下降的应力应变变化规律。

8.4.3.1　应力场分析

方案 1 的应力场模拟结果如图 8-8 所示。

从图 8-8 中可以看出，方案 1 第一分层开采结束后，在边坡坡脚处存在轻微的拉应力，为 0.06MPa，其开采区域上盘底脚处存在应力集中，为 3.83MPa。第二分层开采结束后，受拉区明显增大，拉应力值也有了大幅度增加，达到 0.16MPa，其应力集中区仍位于开采区域上盘底脚，为 4.85MPa，增加幅度不大。随开采深度增加，第三分层回采结束后，其应力集中区位置不变，为 5.53MPa，增幅不大，但受拉区发生转移，范围也明显增大，主要集中在坡顶处，拉应力最大为 0.41MPa，超过了岩石的抗拉强度，开采过程中易发生大范围的边坡滑坡失稳。

方案 2 的应力场模拟结果如图 8-9 所示。

从图 8-9 中可以看出，第一分层开采结束后与方案 1 类似，在上盘边坡坡脚处存在轻微的拉应力，值为 0.02MPa，其开采区域上盘底脚处存在应力集中，为 3.70MPa。第二分层开采结束后，其受拉区域及值比方案 1 明显减小，拉应力仅集中在上盘边坡坡脚，其值为 0.10MPa；第三分层回采结束后，受拉区域有了小幅度增加，但受拉值基本没有变化，其开采区域底脚处应力集中范围较方案 1 大，并且达 6.9MPa，这是覆盖层的重力作用所造成的，由于岩体抗压强度较高，并不会引起破坏。因此，此方案开采过程中边坡比较安全。

方案 3 的应力场模拟结果如图 8-10 所示。

从图 8-10 中可以看出，方案 3 应力分布规律与方案 2 比较相似。但回采第三分层后，其受拉区域较大，拉应力值达到 0.41MPa。说明随着开采深度的不断下降，围岩的受拉区域增大，拉应力增加，当拉应力值超过了岩石的抗拉强度时，边坡会发生大范围滑坡失稳。

(a) 一分层开采最大主应力分布

(b) 一分层开采最小主应力分布

(c) 二分层开采最大主应力分布

(d) 二分层开采最小主应力分布

(e) 三分层开采最大主应力分布

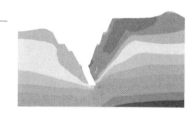

(f) 三分层开采最小主应力分布

图 8-8　方案 1 应力分布

　　分析结果表明：三种方案中，覆盖层对边坡稳定性起到重要的作用。三种方案中，方案 2 最优，方案 3 次之，方案 1 最差。说明覆岩层的存在，尤其是随着地下开采深度的不

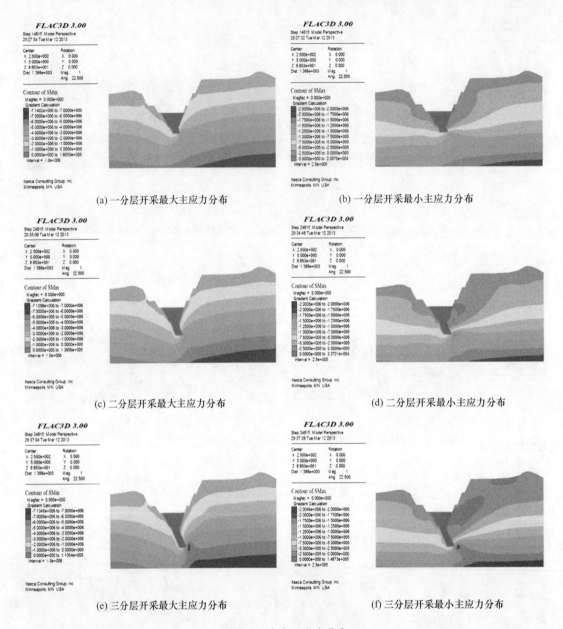

(a) 一分层开采最大主应力分布　　　　　　(b) 一分层开采最小主应力分布

(c) 二分层开采最大主应力分布　　　　　　(d) 二分层开采最小主应力分布

(e) 三分层开采最大主应力分布　　　　　　(f) 三分层开采最小主应力分布

图 8-9　方案 2 应力分布

断下降，始终保持覆岩层上平面处于一个稳定的标高，能够有效改善露天边坡围岩的应力分布状态，对边坡及围岩起到支撑缓和作用。

8.4.3.2　位移场分析

图 8-11 所示为方案 1 在不同回采深度下的边坡位移的变化情况。

图 8-12 所示为方案 2 在不同回采深度下的边坡位移的变化情况。

图 8-13 所示为方案 3 在不同回采深度下的边坡位移的变化情况。

从图 8-11~图 8-13 可以看出，上盘边坡坡脚处位移最大，回采过程中，位移量加剧上升最后趋于缓和。

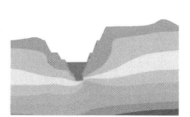

(a) 一分层开采最大主应力分布　　　　　　　(b) 一分层开采最小主应力分布

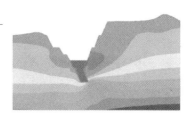

(c) 二分层开采最大主应力分布　　　　　　　(d) 二分层开采最小主应力分布

(e) 三分层开采最大主应力分布　　　　　　　(f) 三分层开采最小主应力分布

图 8-10　方案 3 应力分布

(a) 一分层开采后垂直方向位移分布

(b) 一分层开采后水平方向位移分布

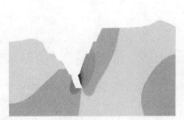

(c) 二分层开采后垂直方向位移分布

(d) 二分层开采后水平方向位移分布

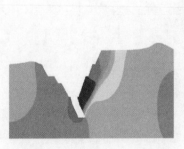

(e) 三分层开采后垂直方向位移分布

(f) 三分层开采后水平方向位移分布

图 8-11　方案 1 位移分布

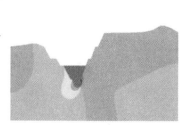

(a) 一分层开采后垂直方向位移分布　　　　　(b) 一分层开采后水平方向位移分布

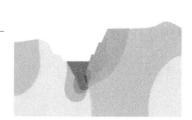

(c) 二分层开采后垂直方向位移分布　　　　　(d) 二分层开采后水平方向位移分布

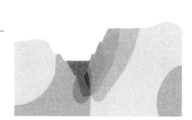
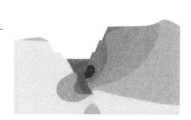

(e) 三分层开采后垂直方向位移分布　　　　　(f) 三分层开采后水平方向位移分布

图 8-12　方案 2 位移分布

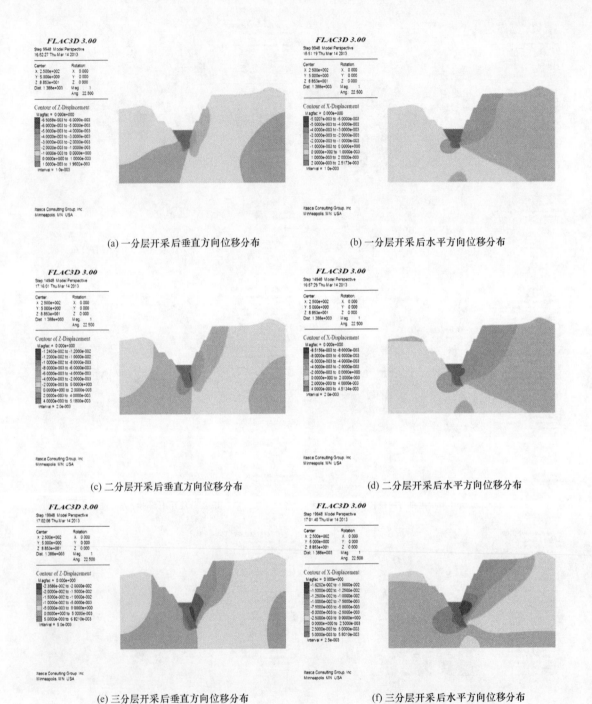

(a) 一分层开采后垂直方向位移分布　　　　　　(b) 一分层开采后水平方向位移分布

(c) 二分层开采后垂直方向位移分布　　　　　　(d) 二分层开采后水平方向位移分布

(e) 三分层开采后垂直方向位移分布　　　　　　(f) 三分层开采后水平方向位移分布

图 8-13　方案 3 位移分布

　　表 8-3 列出了三种方案在回采过程中不同时期的边坡位移分布状态模拟计算结果。

表 8-3 三种方案各分层回采后边坡最大位移分布状态

回采分层			1	2	3
方案 1	最大位移/mm	垂直	7.2	13.1	38.1
		水平	5.6	11.3	26.8
方案 2		垂直	4.7	12.2	19.9
		水平	4.9	7.9	11.2
方案 3		垂直	6.5	12.4	23.6
		水平	5.0	8.5	16.2

从表 8-3 可以看出，覆盖层对边坡位移起到了一定的控制作用，通过比较可以看出，随着地下开采深度的不断下降，方案 2 因覆岩层始终保持在 +110m 水平标高，露天边坡产生的位移量最小；方案 3 因覆岩层随开采深度的下降而不断下沉，边坡产生的位移量较方案 2 小；方案 1 因没有覆岩层，边坡位移量最大。说明覆盖层起到了对边坡围岩的位移约束作用。相比之下，覆盖层对水平位移的约束效果要明显好于对垂直位移的约束效果。

8.4.3.3 塑性区分析

图 8-14~图 8-16 所示为三种方案在不同回采阶段塑性区分布情况的模拟计算结果。

图 8-14 给出了方案 1 在不同回采阶段的塑性区的分布状态。

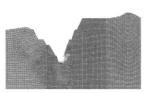

(a) 一分层开采后塑性区分布

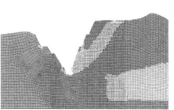

(b) F_S=1.54 时一分层开采后塑性区分布

(c) 二分层开采后塑性区分布

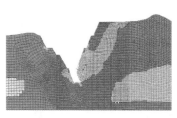

(d) F_S=1.18 时二分层开采后塑性区分布

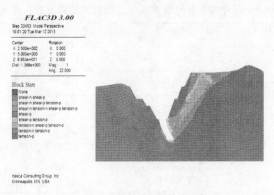

(e) 三分层开采后塑性区分布

图 8-14　方案 1 开采后塑性区分布

图 8-15 给出了方案 2 在不同回采阶段的塑性区的分布状态。其中图 8-15（d）为 $F_S = 1.36$ 时三分层开采后塑性区的分布状态。

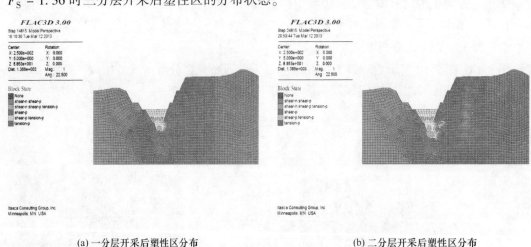

(a) 一分层开采后塑性区分布　　　　　　　　(b) 二分层开采后塑性区分布

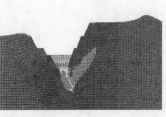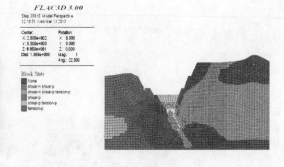

(c) 三分层开采后塑性区分布　　　　　　　　(d) $F_S = 1.36$ 时三分层开采后塑性区分布

图 8-15　方案 2 开采后塑性区分布

图 8-16 给出了方案 3 在不同回采阶段的塑性区的分布状态。

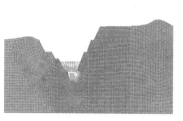

(a) 一分层开采后塑性区分布

(b) 二分层开采后塑性区分布

(c) F_S =1.32时二分层开采后塑性区分布

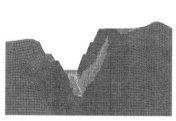

(d) 三分层开采后塑性区分布

(e) F_S =1.05时三分层开采后塑性区分布

图 8-16 方案 3 开采后塑性区分布

由图 8-14~图 8-16 可知，边坡岩体受拉剪破坏，主要以剪切破坏为主，下盘边坡塑性区分布极小，安全系数较高，因此边坡破坏主要集中在上盘边坡。随着回采的进行，塑性区不断增大，方案 1 在第一分层回采结束后，塑性区分布较小，仅在采场围岩附近形成贯通区域，围岩的局部破坏有利于分段崩落法的回采安全，通过强度折减法求得此时安全系数为 $F_S = 1.54$，塑性区的分布如图 8-14（b）所示，可以看出回采第一分层时较安全。

由此可推知，方案 2 与方案 3 回采第一分层时，安全系数 F_S 大于 1.54，边坡安全；方案 1 在第二分层回采结束后，塑性区扩展较大，安全系数 $F_S = 1.18$，塑性区分布如图 8-14（d）所示，其坡顶受到拉破坏，表明第二分层回采过程中边坡失稳；在第三步回采结束后，由于无覆盖层，边坡受开采扰动较大，塑性区从坡脚贯通至坡顶面，塑性区增大，其安全系数小于 1，表明边坡已潜在有大范围的破坏。因此，方案 1 在回采第一分层相对安全，在回采第二、三分层时会发生边坡失稳破坏。方案 2、3 与方案 1 相比，各分层开采后，塑性区分布范围明显减小，尤其是方案 2 塑性区分布最小。主要原因是覆盖层的存在对边坡及围岩起到支撑作用，虽然覆盖层完全为塑性，但能够吸收边坡的应力，使应力转移，边坡能量不会瞬时释放，因而起到了缓冲作用，从而保护了边坡。

方案 2 在第一、二分层回采结束后，边坡内塑性区零星分布；方案 3 在第二分层回采结束后，安全系数 $F_S = 1.32$，表明回采过程相对安全，塑形区的分布状态如图 8-16（c）所示。由此推知，方案 3 在第二分层回采结束后，安全系数 F_S 必定大于 1.32，边坡相对安全。方案 3 在回采第三分层结束后，安全系数 $F_S = 1.05$，此时覆盖层不足以保证边坡的稳定，塑形区的分布状态如图 8-16（e）所示，而方案 2 此时的安全系数 $F_S = 1.36$，能够保证边坡稳定，塑性区的分布状态如图 8-15（d）所示。

从三种方案的不同回采阶段的塑性区分布模拟结果可以看出：方案 2 对保证边坡稳定性所产生的效果最好，方案 3 次之，方案 1 效果最差。说明覆岩层的存在，尤其是随着地下开采深度的不断下降，始终保持覆岩层上平面处于一个稳定的标高，能够有效改善露天边坡的塑性区分布状态。

8.5　结语

以孟家铁矿露天转地下开采工程为研究背景，采用 FLAC[3D]数值模拟方法分析了地下开采过程中，随地下开采深度不断下降露天边坡围岩的活动规律及对边坡稳定性的影响，得出了以下结论：

（1）详细分析了无开采扰动下露天边坡的稳定性。采用强度折减法，以塑形区贯通、计算收敛性及位移突变为判断准则，并通过优化理论中的二分法求解得，在露天开采到+70m 标高时，该剖面边坡的安全系数 $F_S = 1.94$，远大于规定的 1.2~1.3。说明无地下开采扰动时，边坡处于绝对安全状态。计算分析得知，在坡顶面具有最大的垂直位移，而水平位移产生于坡角剪出口的位置。

（2）根据露天转地下开采的实际情况，提出了三种地下开采不留露天隔离矿柱的开采方案，分析了三种方案随采深下降的应力-应变变化规律。随着地下开采深度的不断下降，方案 1、方案 2 和方案 3 回采过程中的边坡围岩的应力场分布、垂直和水平方向位移、塑性区分布状态表现出各自不同的特征。模拟计算结果表明：覆岩层的存在，尤其是随着地下开采深度的不断下降，始终保持覆岩层上平面处于一个稳定的标高，能够有效改善露天边坡应力场和塑性区的分布状态，对边坡围岩变形起到一定的抑制和约束作用。

（3）露天转地下开采中，分段崩落法的覆岩层不仅可起到填充空区的作用，而且能将边坡应力转移到松散碎石中，阻止边坡应力的突然释放，对边坡及围岩起到支撑作用。模拟结果表明：覆岩层对边坡位移控制有一定的作用，但对垂直位移约束较小，对水平位移约束相对较大。回采第三分层后，方案1、方案2和方案3在垂直方向的边坡最大位移分别为 38.1mm、19.9mm 和 23.6mm，而水平方向的边坡最大位移分别为 26.8mm、11.2mm 和 16.2mm。

（4）采用强度折减法，针对三种方案的安全性做了详细分析，研究结果表明：三种方案在回采第一分层时，无覆盖层均可以保证边坡安全；但在回采第二、三分层时候，必须保证有一定高度的覆盖层，才能保证边坡安全。从总体结果来看，方案2效果最好，方案3次之，方案1效果最差。

9 露天转地下开采边坡和岩层变形规律及其监测预报

露天转地下开采过程中，研究露天矿边坡的岩层变形规律以及边坡稳定性的监测预报技术，对于确保露天转地下开采工程的顺利实施有着极其重要的意义。本章主要以杏山铁矿露天转地下开采工程为例，对露天转地下开采岩层变形规律及预测预报技术进行研究[162]。

9.1 工程地质环境及围岩稳定性分析

9.1.1 矿区地质构造调查

9.1.1.1 矿区地质构造

A 褶皱构造

矿区位于华北地台北缘燕山沉降带中部马兰峪-山海关复背斜的次级构造单元-迁安隆起西缘的褶皱带中。该褶皱带北起水厂-西峡口，经大石河，南至杏山-赵店子一带，构成宽5~8km，长约40km，向西凸出的弧形褶皱束复杂构造带。其基本褶皱样式呈同斜箱状，具体控矿褶皱多为"两向一背"组合，背斜脊状凸起，相对压紧，向斜翼陡底平，形成了许多"箱底"式储矿构造。杏山铁矿即处于该褶皱带南部的杏山复向斜构造中。

矿床总体构造为向斜构造，在大小杏山之间被F9断层破坏。向斜枢纽总体走向350°左右，向南潜伏，潜伏角40°左右，轴面倾向SW，倾角75°左右。东翼倾斜SW，倾角50°~56°，西翼倾向SEE，倾角60°~65°。向斜北端扬起，扬起端及西翼受F9断层破坏。

B 断层构造

位于大小杏山之间的F9断层是对矿床影响较大的断裂构造，其走向为20°~50°，倾向NW，倾角83°；走向长500m，宽8~10m，倾向延伸可达700~800m，水平断距120m，垂直断距40~120m，属正断层。

其次是F22断层，位于矿床东部边缘，走向NE 20°~30°，倾向SE，倾角小于80°，走向长200m，断层特征为岩石挤压破碎，局部为糜棱岩。

C 结构面构造

矿区内主要断层为F9断层，是矿区主要结构面，发育于杏山向斜的核部。断层内可见压碎岩、断层角砾岩及擦痕，绿泥石化、片理化发育，局部有岩脉穿插。该断层呈近南北向切割矿体，破坏了岩体的完整性，影响岩体稳定。

矿区节理、裂隙、层理和片理等结构面发育，但延展有限，无明显深度和宽度。产状变化大，压性、剪性和张性均有。结构面呈波状、直线状，有充填物。结构面相互切割、穿插，影响岩体的力学性质，破坏岩体的完整性和稳定性。

9.1.1.2 矿体地质特征

矿床属鞍山式沉积变质贫铁矿，赋存于太古代迁西群三屯营组黑云变粒岩、浅粒岩、斜长角闪岩及混合岩中。受 F9 断层破坏，矿床被分割为大杏山和小杏山两部分：

（1）大杏山。分布 F9 断层以西至 C19 线，矿体走向 40°~10°，倾向 SE~SEE，倾角 60°。矿体长 440m，平均厚度 120m，矿体上厚下薄。矿体赋存标高绝大部分在 +80~ -330m 之间，也是 C 级储量控制标高；C16 线以西全部为 D 级储量，最深控制标高 -540m；矿体形态剖面上呈层状、似层状，投影呈大椭圆形。

（2）小杏山。分布 F9 断层以东至 A2 线，矿体走向 110°，-100m 以下转向南或南西，倾向 SW，倾角 50°~56°。矿体连续长 450m，平均厚度 30~50m，矿体赋存标高绝大部分在 +20~-300m 之间，是 C 级储量控制标高。A8 线以西全部为 D 级储量，最深控制标高 -510m。矿体形态剖面上呈层状、似层状，呈大半个向斜状；矿体下部具分支复合现象，分为小杏山上和小杏山下两层矿体。

9.1.2 矿区水文地质环境

9.1.2.1 水文地质特征

矿区内广泛分布长城系长石石英砂岩、底砾岩及薄层灰岩、太古界古老岩系和第四系松散堆积物及人工填土。调查研究显示：长城系长石石英砂岩为弱富水透水层，薄层砂质白云岩及灰岩为中等富水性含水层；第四系坡洪积物、冲积物为弱-中等富水含水、透水层；第四系人工杂填土不含水，为强透水层。

9.1.2.2 矿床充水因素评价

（1）矿床含水层对矿床充水的影响。矿床东部第四系冲、洪、坡积含水层广泛分布，但含水微弱，对矿床充水意义不大；三屯营组古老变质岩为弱含水层，含水量小且透水性差，对矿床充水影响也不大。

（2）断裂构造对矿床充水的影响。矿区内最大断层为 F9 断层。1965 年钻孔 CK245 和 1998 年钻孔 BK16 都将其穿透，并分别进行了三次降深和一次降深抽水试验。结果表明，F9 断层含水微弱，透水性差，与地表水体没有水力联系，不能形成地表水体的水流通道。

（3）地表水体对矿床充水的影响。区内地表水体仅有矿床东北端的季节性河流，旱季无水，雨季时有水，该河距离采场较远，与矿床没有直接水力联系，且远离采场降水漏斗影响范围，对矿床充水无影响。

（4）降水对矿床充水的影响。根据当地气象局资料，矿区历年雨季日平均降雨量为 6.41mm；历年雨季日最大降雨量为 114.59mm；矿山转地下开采后，雨季时露天汇流区内的地表径流通过塌陷区渗入矿坑内，且水量较大，对矿床充水会有很大影响。

综上所述，影响矿床充水的因素主要为大气降水。矿区水文地质条件属于简单-中等类型，大气降水是矿山转入地下开采的主要危害。

9.1.3 岩体质量分析

笛尔（Deer）1964 年提出了根据钻探时的岩芯完好程度来判断岩体的质量，对岩体

进行分类的 *RQD* 值分类方法。ISRM 规定将长度在 100mm（含 100mm）以上的岩芯累计长度占钻孔总长的百分比，称为岩石质量指标 *RQD*。其表达式为：

$$RQD = \frac{\geq 100mm \text{ 岩芯累计长度}}{\text{钻孔长度}} \times 100\% \tag{9-1}$$

根据岩芯质量指标 *RQD* 值的大小，将矿区岩体分为 5 类，见表 9-1。

表 9-1　岩石质量指标

分类	很差	差	一般	好	很好
RQD/%	<25	25~50	50~75	75~90	>90

根据式（9-1），对 3 个钻孔的岩芯进行了 *RQD* 值统计，按照岩石质量分级标准，划分岩体质量等级，见表 9-2。统计结果表明：岩体质量总体表现为中等，岩体完整性为中等完整。

表 9-2　岩体质量分级

岩石名称	*RQD*/%	岩石质量描述	岩石完整性评价
石榴黑云斜长片麻岩	81.50	好的	岩石较完整
磁铁石英岩	80.14	好的	岩石较完整
斜长角闪岩	80.00	好的	岩石较完整
混合花岗岩	59.50	中等的	岩石中等完整
石榴黑云变粒岩	59.16	中等的	岩石中等完整
含铁石英岩	41.00	劣的	岩石完整性差
底砾岩	14.00	极劣的	岩石完整性极差
角闪变粒岩	58.70	中等的	岩石中等完整
黑云混合片麻岩	75.00	中等的	岩石中等完整
长石石英砂岩	65.00	中等的	岩石中等完整
不整合接触带	52.00	中等的	岩石中等完整
断层破碎带	29.00	劣的	岩石完整性差
混合质黑云变粒岩	81.30	好的	岩石较完整
眼球状混合片麻岩	35.00	好的	岩石完整性差

9.1.4　矿体围岩稳定性评价

矿体顶底板围岩主要为石榴黑云斜长片麻岩和混合花岗岩。岩石质量指标 *RQD* 值平均大于 65%，岩体质量指标 *M* 值平均为 0.66，岩体围岩中等稳定。但由于 F9 断层的影响，断裂带及其附近软弱夹层较多，节理裂隙发育，岩石一般比较破碎，强度较低。

矿床顶、底板岩体呈块状结构，强度较高、岩体完整，结构面发育规模较小，近地表部位岩体较为复杂，有断层和岩脉发育。

矿体顶、底板岩石完整，近地表部分稍差。矿体围岩特征见表 9-3。

表 9-3 矿体围岩特征及稳定性评价

矿体	部位	主 要 围 岩	围岩稳定性	位 置
小杏山	上盘	石榴黑云斜长片麻岩、上部的人工填土	中等-好	采场东部南帮
	下盘	混合花岗岩，黑云角闪斜长片麻岩，上部人工填土	好	采场东部北帮
	端部	混合花岗岩，黑云角闪斜长片麻岩，上部人工填土	中等-好	采场东部东帮
大杏山	上盘	长石石英砂岩，黑云角闪斜长片麻岩，磁铁石英岩、人工填土	中等-好	采场西部南帮
	下盘	长石石英砂岩，石榴黑云角闪斜长片麻岩，混合花岗岩、人工填土	中等-好	采场西部北帮
	端部	长石石英砂岩，黑云角闪斜长片麻岩，磁铁石英岩、混合花岗岩、人工填土	中等-好	采场西部西南帮

9.1.5 采场围岩灾害特征及其稳定性

现场调研显示，回采巷道围岩普遍存在层理、节理、爆破裂隙等结构面，局部地段出现顶板冒落、坍塌现象，如图 9-1~图 9-4 所示。

图 9-1 围岩节理裂隙

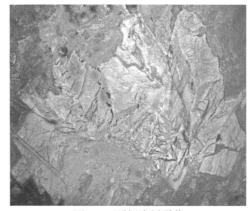

图 9-2 顶板岩层脱落

图 9-3 巷道片帮

图 9-4 巷道坍塌支护

以−45m 水平的 J4 进路为例，进路全长 134m，以进路开口处为起点，采场围岩特征如下：掘进过程中，右帮 2~9.5m 范围内发生片帮；9~20.5m 范围内为黑云绿泥片岩，片理发育，主要矿物为黑云母、绿泥石、石英及少量长石；19m 处发育一条平移断层，近直立，断距较小，右帮见少量断层泥和断层角砾；20.5~35m 范围内为磁性石英岩，层理较发育，左帮 33m 处发育有一条裂隙；35~119m 范围内为磁铁石英岩，层理发育，金属灰色，块状构造，部分条带状构造，主要矿物有磁铁矿、石英及少量角闪石、辉石等；44.5~49.8m 为中沿联络巷；62.3m、82.5m、91.8m、99.5m 处各发育有一条顺层节理，产状与层理产状一致，近直立；119~121m 范围内为黑云母、变粒岩，层状发育，块状构造，有轻微冒顶现象；121~134m 处发生塌方，主要岩性为蛇纹石化角砾岩，如图 9-4 所示。

可以看出，采场围岩稳定性较差。由于无底柱分段崩落法回采工艺中采用中深孔爆破方式落矿，在爆破震动和回采过程中围岩原岩应力不断进行重新分布的双重扰动下，原有采场围岩裂隙进一步扩展，对围岩体稳定性的破坏加剧，可能使临空面不断产生浮石、活石，形成潜在的冒落危险。因此，在进路回采过程中，需经常性地对回采作业现场进行敲帮问顶、排除浮石，以确保人员设备安全。

爆破震动对围岩的损伤和原岩应力不断进行重新分布，以及它们的共同作用所引发的围岩损伤和灾变行为是无法依靠经验或肉眼辨识和提前预报的。为确保作业环境中的人员设备安全，需要对现场进行地应力测量及矿压监测，对采矿进路的围岩稳定性进行全面的监测和预警，有效评价巷道的稳定状态，确定何时、何处进入危险状态，以保障矿山安全生产，以达到安全生产的目的。

9.2　矿区地应力测量及三维应力场分布规律

9.2.1　地应力测量原理及测试结果

9.2.1.1　测量原理

矿区地应力测量采用蔡美峰教授发明的实现完全温度补偿并考虑岩体非线性应力解除测量技术及装置。该方法可以最大程度地消除测量中由于温度等环境因素和岩体非线性产生的误差。

应力解除法是在需要测量应力的地方，选定测点，打一个 $\phi130\text{mm}$ 的钻孔，然后在大孔中心钻一个 $\phi36\text{mm}$ 的测量小孔，测量小孔的深度约为 350mm，在其中央安装测量探头；再用 $\phi130\text{mm}$ 口径的钻头同心钻进，开挖应力解除槽，在钻进过程中，监视并记录各应变片应变值的变化。随着应力解除槽的加深，岩芯逐渐与外界应力场脱离，实现应力解除。由应力解除测得的应变值就可以计算出原岩应力值。应力解除测量时，应变花位置分布见图 9-5。

取出带有测量探头的完整岩芯后，进行围压率定试验。围压率定试验是将岩芯放进围压率定仪中，然后在岩芯上施加围压，由采集器显示的沿岩芯轴向和环向应变片的变化值获得测点岩石的弹性模量和泊松比，并可判断孔中各探头是否处于正常工作状态。

根据现场取得的应变值、应力解除曲线、围压率定值等原始资料，采用专用软件处理系统进行资料整理，可求出最大、中间、最小主应力的大小、方向和倾角。

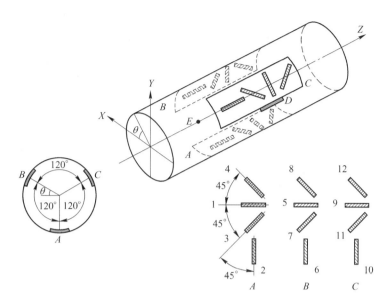

图 9-5 应力解除测量应变花位置分布

(图中 A、B、C 为三组应变花)

空心包体应变法通过套孔应力解除的方式，根据应力解除过程中数据采集设备记录的岩体应变的变化值计算岩体应力。测量原始地应力就是确定存在于拟开挖岩体及其周围区域的未受扰动的三维应力状态。这种测量通常是通过逐点的量测来完成的。岩体中一点的三维应力状态可由选定坐标系下的 6 个分量（σ_x、σ_y、σ_z、τ_{xy}、τ_{yz}、τ_{zx}）来表示，如图 9-6 所示。这种坐标系可以根据需要和方便任意选择，一般取地球坐标系作为测量坐标系。由 6 个应力分量可求得该点的 3 个主应力的大小和方向，解是唯一的。

无限体中的钻孔受到无穷远处的三维应力场（σ_x，σ_y，σ_z，τ_{xy}，τ_{yx}，τ_{zx}）的作用，如图 9-7 所示，孔壁为平面应力状态，只有 σ_θ、σ_z'、$\tau_{z\theta}$ 三个应力分量，每组电阻应变花的 4 支应变片所测应变值分别为 ε_θ、ε_z、ε_{45}、ε_{-45} 即（ε_{135}）。每组应变花的测量结果可得到 4 个方程，三组应变花共得到 12 个方程，其中至少有 6 个独立方程，因此可求解出原岩应力的 6 个分量。

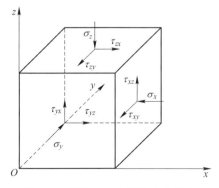

图 9-6 岩体中一点原岩应力状态

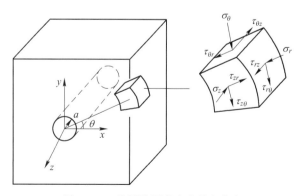

图 9-7 三维钻孔围岩应力分布状态

测量应变值 ε_θ、ε_z、$\gamma_{\theta z}$，$\varepsilon_{\pm 45°}$ 和原岩应力分量之间的关系如下：

$$\varepsilon_\theta = \frac{1}{E}\{(\sigma_x + \sigma_y) + 2(1 - v^2)[(\sigma_x - \sigma_y)\cos2\theta - 2\tau_{xy}\sin2\theta] - v\sigma_z\} \tag{9-2}$$

$$\varepsilon_z = \frac{1}{E}[\sigma_z - v(\sigma_x + \sigma_y)] \tag{9-3}$$

$$\gamma_{\theta z} = \frac{4}{E}(1 + v)(\tau_{yz}\cos\theta - \tau_{zx}\sin\theta) \tag{9-4}$$

$$\varepsilon_{\pm 45°} = \frac{1}{2}(\varepsilon_\theta + \varepsilon_z \pm \gamma_{\theta z}) \tag{9-5}$$

测量过程中，空心包体应变计安装完成后，探头和孔壁在相当大的一个面积上胶结在一起，胶结质量较好。由空心包体应变计测得的应力解除过程中的应变数据计算地应力的公式和孔壁应变计具有相同的形式。由于在空心包体应变计中，应变片嵌埋于应变计的筒壁中，而不是粘贴在孔壁上，其与孔壁有 1.5mm 左右的距离，因而其测出的应变值和孔壁应变计测出的应变值是有差别的。为修正这一差别，沃罗特尼基和沃尔顿在式（9-2）～式（9-4）中加了 4 个修正系数：k_1、k_2、k_3、k_4，统称 k 系数，呈现如下的形式：

$$\varepsilon_\theta = \frac{1}{E}\{(\sigma_x + \sigma_y)k_1 + 2(1 - v^2)[(\sigma_x - \sigma_y)\cos2\theta - 2\tau_{xy}\sin2\theta]k_2 - v\sigma_z k_4\} \tag{9-6}$$

$$\varepsilon_z = \frac{1}{E}[\sigma_z - v(\sigma_x + \sigma_y)] \tag{9-7}$$

$$\gamma_{\theta z} = \frac{4}{E}(1 + v)(\tau_{yz}\cos\theta - \tau_{zx}\sin\theta)k_3 \tag{9-8}$$

式中，ε_θ、ε_z、$\gamma_{\theta z}$ 分别为空心包体测得的周向应变、轴向应变和剪切应变值。

k 系数是与岩石和空心包体材料的弹模、泊松比、空心包体的几何形状、钻孔半径等有关的变量，而不是对所有情况都适用的固定值。对于每一次应力解除试验，都必须计算测点具体的 k 系数的值。

由式（9-6）～式（9-8）可知，根据实测应变数据求解地应力值时，需要知道岩石的弹性模量和泊松比。岩石弹模和泊松比值一般由套孔岩芯的围压率定试验来确定。如果应变片直接粘贴在小孔壁，则可由弹性力学的厚壁筒公式和围压率定试验测得的应变值，求解出岩石弹模和泊松比值：

$$E = \left(\frac{P_0}{\varepsilon_\theta}\right)\frac{R^2}{R^2 - r^2} \tag{9-9}$$

$$v = \frac{\varepsilon_\theta}{\varepsilon_z} \tag{9-10}$$

式中　P_0——围压值；

　　ε_θ，ε_z——围压引起的平均周向应变和平均轴向应变；

　　r，R——套孔岩芯的内、外径。

由于在空心包体应变计中，应变片不是直接粘贴在孔壁上，故需采用由蔡美峰教授推导出来的修正公式：

$$E = k_1\left(\frac{P_0}{\varepsilon_\theta}\right)\frac{R^2}{R^2 - r^2} \tag{9-11}$$

9.2.1.2 测量步骤

如图 9-8 所示，现场空心包体法地应力测量的具体实施步骤如下：

第一步，从地下峒室岩体表面向岩体内部打大孔，直至需要测量岩体应力的部位。大孔直径为下一步即将打的用于安装探头的小孔直径的 3 倍，大孔深度为巷道、隧道或已开挖峒室跨度的 2.5 倍以上，保证测点是未受岩体开挖扰动的原岩应力区。

第二步：从大孔底打同心小孔，供安装探头用，小孔深度一般为 350mm 左右，以保证小孔中央部位处于平面应变状态。

第三步：用磨平钻头磨平孔底，磨平进尺 30mm；用锥形孔打喇叭口（此次所用为磨平-锥孔一体钻头）。

第四部：用冲水器冲洗小钻孔，用擦洗杆将钻孔擦净；用一套专用装置将测量探头安装（固定或胶结）到小孔中央部位。

第五步：待胶体固化 24h 之后，用第一步打大孔用的薄壁钻头继续钻进延深大孔，从而使小孔周围岩芯实现应力解除。对应力解除引起的小孔变形或应变，由包括测试探头在内的量测系统测定并通过记录仪器记录下来。

第六步：将岩体中解除下来的岩芯与探头一并取回，进行围压率定试验以及温度标定试验。由围压率定试验结果计算测点岩石弹性模量和泊松比；由温度标定试验确定温度对应变的影响系数。

第七步：进行数据修正和处理，计算地应力值；获取测量区域内岩体地应力分布规律。

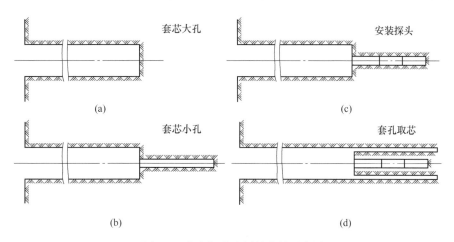

图 9-8 应力解除法测量步骤示意图

9.2.1.3 测点布置

正确确定测点数目，合理布置测点位置，对保证所测应力能够较准确地从空间上反映整个矿区的地应力分布规律具有十分重要的意义，测点选择应遵循下列原则：

（1）地层具代表性的区域。

（2）完整或尽量完整的岩体内，节理裂隙不发育或胶结较好。在构造部位的选择上，除特殊要求外，一般要远离断层，避开岩石破碎带、断裂发育带。

（3）避开地下峒室的弯、叉、拐、顶部等应力集中区及较大开挖体，保证应力测点必须位于原岩应力区，即未受工程扰动的地区。

(4）为了研究地应力状态随深度变化的规律，测量应尽量在三个或三个以上不同深度进行，视现场条件确定。

除上述原则外，还应考虑现场实际条件，能够方便进行钻机的搬运和安装，通水通电，同时不影响正常施工。

现场共布置了 8 个测点，进行了两期地应力测量。其中 -45m 水平布置 3 个测点，-60m水平布置 2 个测点，-105m 水平布置 1 个测点，-108m 水平布置 2 个测点。各水平测点位置如图 9-9~图 9-12 所示。

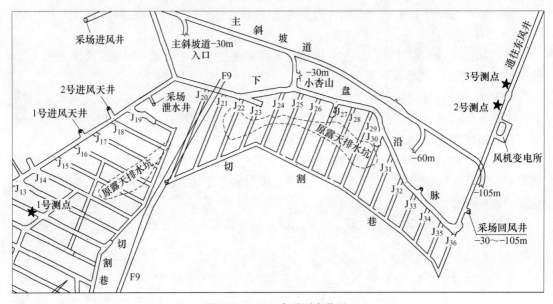

图 9-9   -45m 水平测点位置

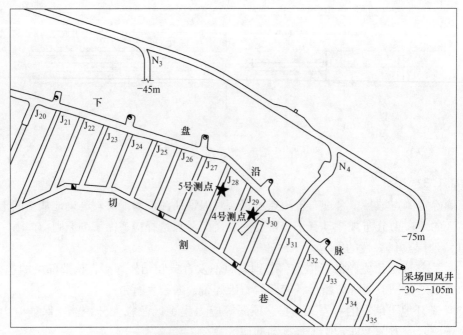

图 9-10   -60m 水平测点位置

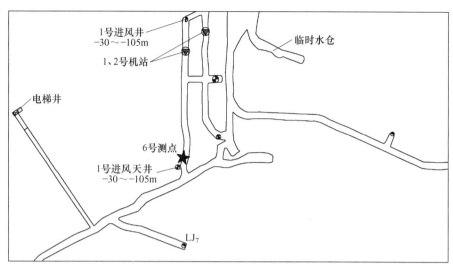

图 9-11 −105m 水平测点位置

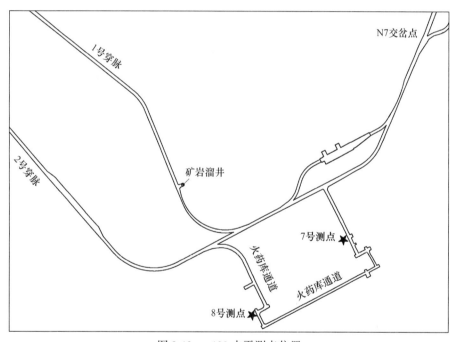

图 9-12 −180 水平测点位置

在进行钻孔过程中，为充分掌握测点区围岩的物理力学性质，对每一孔的岩芯进行了编录，其岩性描述如下：

（1）1 号测点。钻孔的走向 350°，倾角 8°，环境温度约为 16℃。钻孔距巷道底部 1.20m，孔深 8.46m，根据钻孔岩芯情况进行 RQD 值统计得知，1 号钻孔岩芯 RQD 约为 63%。

（2）2 号测点。钻孔的走向 344°，倾角 1°，环境温度约为 18℃。钻孔孔深 9.11m，小孔深 0.33m。钻孔岩芯为较硬的花岗岩，根据钻孔岩芯情况进行 RQD 值统计得知，2 号钻孔岩芯 RQD 约为 36.7%。

（3）3 号测点。钻孔的走向 335°，倾角 3°，环境温度约为 18℃。钻孔孔深 9.56m，小孔深 0.31m。钻孔岩芯为较硬的花岗岩，根据对钻孔岩芯情况进行 *RQD* 值统计得知，3 号钻孔岩芯 *RQD* 约为 34.7%。

（4）4 号测点。钻孔的走向 340°，倾角 3°，环境温度约为 13℃。钻孔距巷道底部 1.25m，孔深 10.34m，根据对钻孔岩芯情况进行 *RQD* 值统计得知，4 号钻孔岩芯 *RQD* 约为 60%。

（5）5 号测点。钻孔的走向 275°，倾角 4°，环境温度约为 18℃。钻孔距巷道底部 1.20m，孔深 10.49m，根据对钻孔岩芯情况进行 *RQD* 值统计得知，5 号钻孔岩芯 *RQD* 约为 68%。

（6）6 号测点。钻孔的走向 295°，倾角 2°，环境温度约为 16℃。钻孔距巷道底部 1.10m，孔深 10.45m，根据对钻孔岩芯情况进行 *RQD* 值统计得知，6 号钻孔岩芯 *RQD* 约为 40%。

（7）7 号测点。该测点位于炸药库附近，巷道宽度 2.7m，节理走向 101°，倾向 65°，环境温度约为 17℃。钻孔孔深 8.94m，小孔深 0.30m。钻孔岩芯为较硬的花岗岩，根据对钻孔岩芯情况进行 *RQD* 值统计得知，7 号钻孔岩芯 *RQD* 约为 49.7%。

（8）8 号测点。该测点位于炸药库附近，巷道宽度 2.7m，节理走向 101°，倾向 65°，钻孔走向 68°，倾向 1°，环境温度约为 17℃。钻孔孔深 8.92m，小孔深 0.30m。钻孔岩芯为较硬的花岗岩，根据对钻孔岩芯情况进行 *RQD* 值统计得知，8 号钻孔岩芯 *RQD* 约为 42.5%。

表 9-4 描述了各测点的位置、钻孔孔深和 *RQD* 值。

表 9-4　各测点位置及钻孔情况描述

测点号	位　置	孔深/m	*RQD*/%
1	−45 水平的 12 进路	8.46	63.0
2	−45 水平 1 号	9.11	36.7
3	−45 水平 2 号	9.56	34.7
4	−60 水平的 30 进路	10.34	60.0
5	−60 水平的 28 进路	10.49	68.0
6	−105 水平的一号通风天井	10.45	40.0
7	−180 水平 1 号	8.94	49.7
8	−180 水平 2 号	9.54	42.5

9.2.1.4　矿区地应力测量结果

A　应力解除试验结果

8 个地应力测量孔的应力解除试验曲线如图 9-13~图 9-20 所示。从图中可以看出，各测点的应力解除曲线基本上显示了相同的规律性，即在套芯解除过程中，恢复应变随钻孔进尺的深度变化基本同步。在套孔解除深度未达到测量断面（即应变片所在断面）前，各应变片测得的应变值一般很小，某些应变片甚至测得负的应变值，这是套孔引起应力转移的结果，相当于"开挖效应"。当套孔解除深度接近测量断面时，许多曲线向相反的方向变化。最大的应变值发生在套孔钻头通过测量断面的附近。当套孔深度超过测量断面一定距离后，应变值逐渐稳定下来，曲线趋于平缓。最终的应变稳定值将作为计算地应力的原始数据。

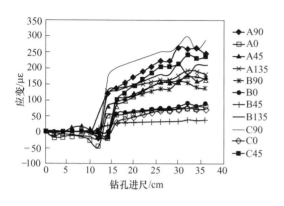

图 9-13　1 号孔应力解除曲线

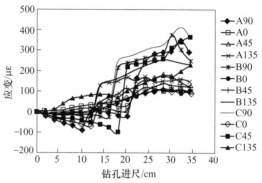

图 9-14　2 号孔应力解除曲线

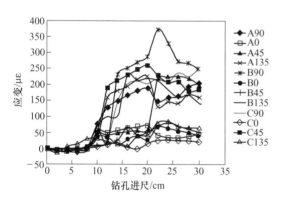

图 9-15　3 号孔应力解除曲线

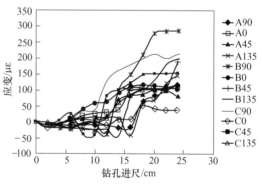

图 9-16　4 号孔应力解除曲线

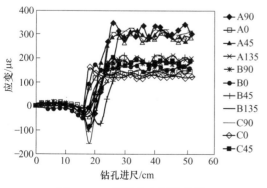

图 9-17　5 号孔应力解除曲线

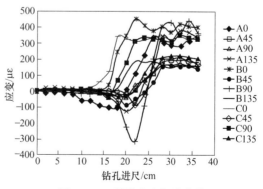

图 9-18　6 号孔应力解除曲线

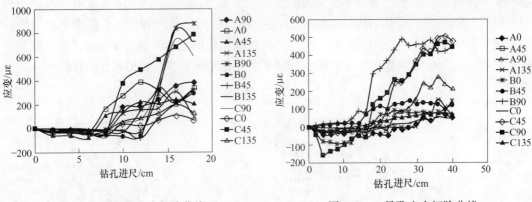

图 9-19 7 号孔应力解除曲线　　　　　图 9-20 8 号孔应力解除曲线

根据数据采集器记录的结果，经温度标定后，去除应变由于温度影响而产生的变化，得到 8 个测点各应变片的应变计算值，见表 9-5。测点均有 12 支应变片测得 12 个方向的应变值。表 9-5 中，A_{90}，A_0，…，C_{135} 分别代表 12 支应变片。其中，A、B、C 代表三组应变花，每组应变花由 4 支应变片组成，下标数字（90，0，45，135）表示该应变片与钻孔轴线方向的夹角。

表 9-5 各测点应变片的应变计算值

测点号	应变值 $\mu\varepsilon$											
	A_{90}	A_0	A_{45}	A_{135}	B_{90}	B_0	B_{45}	B_{135}	C_{90}	C_0	C_{45}	C_{135}
1	141	21	52	121	45	25	11	60	204	23	182	66
2	166	35	78	117	258	35	43	203	311	33	264	96
3	89	25	39	51	155	18	22	170	182	6	181	9
4	79	85	40	98	243	52	145	149	156	20	127	70
5	238	79	233	64	61	80	85	68	239	81	58	240
6	228	93	41	311	251	106	250	115	266	120	230	127
7	244	60	190	159	683	61	67	666	599	82	553	78
8	270	66	206	143	396	88	132	477	469	30	503	78

B 温度标定试验结果

为使用新的完全温度补偿技术，必须进行套孔岩芯的温度标定试验。试验时将套孔岩芯置于一个可调温的恒箱中，将应变计导线接入电桥转换装置中，并将初始应变逐个调零，然后逐步提高恒温箱温度，记录每一温度段内各应变片所测得的应变值。数据采集、记录由数据采集器自动完成。由于热敏电阻位于套孔岩芯中应变计的应变片部位，用它来测量应变片部位的温度值是最为可靠和最为准确的。同时恒温箱中温度也由一个高灵敏度的铂膜数字式温度计监测。根据记录的温度升高时各应变片测得的应变数据和温度变化值，即可求得每一应变片由于温度升高在应变片中引起的附加温度应变值。

地应力测量所用的数据采集设备能全程同步实时监测热敏及各应变片示数的变化，温度标定试验选取各应变片相对热敏值的附加应变率进行。先将应力解除过程中测得的空心包体应变计中热敏电阻的变化，经过换算求得应变片部位因温度变化引起的附加应变值，再将这部分附加应变值从应力解除过程中测得的最终稳定应变值中清除出去，即可获得真正由于应力解除引起的应变值。

表9-6为各测点各应变片的附加温度应变率。

表9-6 各通道应变片温度应变率

测点号	应变值 με/℃											
	A_{90}	A_0	A_{45}	A_{135}	B_{90}	B_0	B_{45}	B_{135}	C_{90}	C_0	C_{45}	C_{135}
1	41	25	52	21	45	25	11	60	24	23	12	46
2	66	35	48	17	58	35	43	23	31	33	24	36
3	29	25	39	51	55	18	22	17	18	6	18	29
4	39	25	40	48	43	52	45	49	56	20	27	47
5	38	29	33	64	61	40	55	38	29	81	58	24
6	28	33	41	11	51	16	50	15	26	20	30	27
7	44	60	19	59	63	61	57	66	59	82	53	48
8	50	66	26	43	36	28	32	47	46	30	50	38

C 围压率定试验及最终结果

采用应力解除法测得的钻孔应变值来计算地应力时，需知道测点岩石的弹性模量（E）和泊松比（ν）值。测点处岩石的弹性模量和泊松比值通过套孔岩芯的围压率定试验测定。

围压率定试验按如下步骤进行：

（1）将套孔岩芯置于围压率定仪的圆筒油压缸中，使应变片部位位于油缸的中间位置；将应变计导线连接到动态电阻应变仪，并将仪器初始读数调零。

（2）待读数稳定后，用手动油压泵对套孔岩芯加压，围压引起的空心包体应变计中应变片的应变值由数据采集器根据指令自动采集和记录。压力每增加1MPa记录一次数据，直至压力增加到预定值；然后卸压，同样，每卸压1MPa，记录一次数据；

（3）待完全卸压后，将上述的加压-卸压过程重复3~5遍。

对经过温度标定的应力解除应变值和围压率定试验的结果，根据公式，采用双重迭代计算程序，求得各测点的岩石弹性模量、泊松比，结果见表9-7。

根据测得的应变值和围压率定试验结果，计算得到测点三维地应力值，见表9-8。

表9-7 各测点方位、弹性模量（E）、泊松比（ν）和 k 系数值

测点号	E/GPa	ν	k_1	k_2	k_3	k_4
1	60.00	0.230	1.22	1.224	1.148	0.928
2	69.19	0.225	1.22	1.230	1.150	0.920
3	83.08	0.405	1.21	1.240	1.150	1.060
4	55.00	0.200	1.22	1.220	1.147	0.880
5	65.40	0.220	1.22	1.230	1.149	0.914
6	57.00	0.250	1.22	1.220	1.147	0.950

测点号	E/GPa	ν	k_1	k_2	k_3	k_4
7	51.03	0.292	1.21	1.220	1.140	0.994
8	60.46	0.226	1.22	1.220	1.148	0.923

表 9-8   地应力计算结果

测点号	深度 /m	σ_1			σ_2			σ_3		
		数值 /MPa	方向 /(°)	倾角 /(°)	数值 /MPa	方向 /(°)	倾角 /(°)	数值 /MPa	方向 /(°)	倾角 /(°)
1-45	60	5.02	-82	10	2.86	-172	3.5	1.99	-128	-75
5-45	165	8.61	-92	-6	5.74	-101	78	4.74	175	-8
6-45	165	8.08	-88	-6	5.74	-90	73	4.74	178	-10
2-60	40	6.87	-93	16	5.28	177	-0.9	1.48	-100	-80
3-60	70	8.74	105	-2.0	5.73	-165	6	2.86	-145	-84
4-105	160	10.62	30	5	7.28	-60	15	4.96	143	70
7-180	330	15.35	-78	-9	8.99	-109	84	8.59	-178	-2
8-180	330	14.12	100	-12.9	9.18	40	70	8.58	10	-15

9.2.2 矿区地应力场分布规律

通过对杏山铁矿-45m、-60m、-105m 和-180m 四个水平的 8 个测点的地应力测量，得出该矿区区域地应力分布情况，其主要分布规律如下：

(1) 每个测点均有 2 个主应力接近水平方向，另一个主应力接近垂直方向。3 个主应力均随深度的增加而呈线性增长趋势，且最大水平主应力随深度增加较快；

(2) 最大水平主应力方向在-93°~105°范围内变化；最大水平主应力数值大小在 5.02~15.35MPa 范围内变化；

(3) 8 个测点竖向主应力方向与竖直线的夹角在 6°~20°范围内变化；应力数值大小在 1.99~9.18MPa 范围内变化，接近上覆岩体的自重应力；

(4) 最大水平主应力值为垂直主应力值的 1.4~4.64 倍（侧压系数），说明矿区主要受水平构造运动影响；

(5) 最大水平主应力方向接近东西向，最小水平主应力方向接近南北向；

(6) 最大水平主应力、最小水平主应力和垂直主应力随深度 H 变化的线性回归方程为：

$$\sigma_{h,\,max} = 2.659 + 0.0385H \qquad (9-12)$$
$$\sigma_{h,\,min} = 1.947 + 0.0125H \qquad (9-13)$$
$$\sigma_v = 0.482 + 0.0274H \qquad (9-14)$$

矿区地应力测深与主应力关系如图 9-21 所示。

9.3 露天转地下开采地质动力灾害机理及其控制

边坡工程地质灾害的研究一直是岩土工程领域的核心问题，边坡工程研究的主要内容是

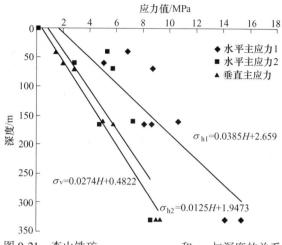

图 9-21 杏山铁矿 $\sigma_{h,\,max}$，$\sigma_{h,\,min}$ 和 σ_v 与深度的关系

其变形破坏机理。从本质上讲，边坡工程受岩体地质属性与工程力学特性控制，并受地下水、地形地貌、地震和人类工程活动等多种因素影响，发展演化而成的开放、耗散和复杂的非线性动力学系统。系统既受内部地层分布特征、岩性等非线性因素的作用，又受外部降雨、地震以及边坡几何尺寸不断变化等随机因素的影响。在各种内外因素的综合作用下，边坡稳定性既有确定性的一面，又有随机性一面，这使得边坡工程的稳定性问题很难采用数理解析法解决，而直接采用实际结构尺寸进行试验研究也是不现实的。借助相似理论原理，采用物理相似模型进行边坡稳定性的研究，是解决边坡工程实际问题的有效途径之一。

9.3.1 露天转地下边坡物理模拟实验模型设计

在采用模型试验研究分析问题时，要解决的首要问题是如何进行模型的设计，如何将试验中获得的结果推广到工程实际中。由相似理论可知，只要按相似理论的具体要求进行试验，所得的试验结果是可以推到实际工程中的。这样，就得在模型的设计中解决如何满足相似条件的问题，在模型的试验过程中就要解决怎样保证满足这些相似条件问题。

几何相似是实验现象相似的先决条件，模型几何相似的确定先要综合考虑模型材料、类型、加载性能、设备等诸多因素，选出一个合适的几何相似常数；然后求出相似准则以及物理量间的相似关系，得出模型制作与实验过程中对物理量的控制与检验方法，最后根据导出的相似条件，分析研究模型试验结果。

9.3.2 监测方案

9.3.2.1 应力监测

应力监测采用 DH-3816 静态应变监测系统，DH-3816 监测系统由三部分组成：数据采集箱、压力传感器、微型计算机及支持软件。DH-3816 静态应变测试系统为全智能化巡回数据采集系统，可通过计算机支持软件完成自动平衡、采样控制、自动修正、数据存储等工作。DH-3816 最多可扩展到 16 个模块，扩展距离可达到 300 多米，每个模块有 60 个测点，巡检速度为 60 点/s，每个模块都能够独立工作，1s 内可结束采样点数为 960 个，最高分辨率 1$\mu\varepsilon$。

为研究地下开采过程中露天边坡围岩体的应力变化规律，在模型的围岩体中埋设了压力盒，监测在地下开采扰动下围岩体中竖向应力变化过程，分析其变化规律。压力盒的竖向间距为50m，上下盘岩体中距矿体左右边界20m的等距线各布设一排压力盒，监测系统如图9-22所示。

图9-22　应力监测系统

9.3.2.2　破坏过程监测

物理模拟实验过程中，利用数码摄像技术可以清楚地记录矿体开采完成后试验模型的变形状态，开采过程中边坡发生变形破坏的部位，岩体破坏裂隙的起始位置、发展方向、张开程度等现象，记录边坡岩体破坏向深部发展裂隙增多、裂隙之间相互贯通、块体滑移方向、破坏区岩体的空化程度等现象。在模拟地下矿体开采过程中，待变形稳定后对模型进行数码摄像，记录边坡岩体的变形破坏发展过程，以便分析研究边坡岩体的破坏机理以及动力冲击演化过程，分析在开采过程中边坡岩体的破坏形式、发展范围，明确边坡岩体在地下开采过程中坡体的滑移失稳机理与动力冲击灾害演变过程。

9.3.3　边坡稳定性分析及模型选择

9.3.3.1　边坡稳定性及破坏特征构造地质综合分析

边坡岩体在地下开采过程中的变形破坏类型是不同的。为更加切地反映地下开采过程中边坡岩体滑移的客观实际情况，应根据岩体结构特征、岩体不连续面特征、边坡特征、地下矿体赋存特征、地下矿体开采影响程度等，对露天矿边坡进行工程地质分区。

边坡东北部不连续面的切割作用及其受到断层的影响较小，且地下矿体逐渐远离该区，开采活动对其影响逐渐减小，将其划分为I区；边坡的西南部受到不连续结构面的切割作用及断层的影响较大，且地下矿体主要赋存在该部位边坡以下，开采对坡体影响很大，将其划分为Ⅲ区；边坡西北部和东南部结构面及地下开采的影响程度介于I区和Ⅲ区之间，相对而言西北部的影响较东南部的大，因而将西北部划分为Ⅱ，东南部划分为Ⅳ，如图9-23所示。

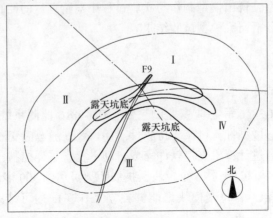

图9-23　边坡地质分区图

Ⅰ区边坡面与主要结构面之间的组合关系如图 9-24 所示。从赤平极射投影图上可以看出，结构面 3 与 F9 断层与边坡面近似直交，结构面 5 与边坡面的倾向接近相反，结构面 1、2、4、6 与坡面都斜交且倾角都大于坡角。从单一结构面与坡面的关系可知，边坡岩体不具备沿单一滑动面滑移的地质条件。在 F9 断层破碎带范围内，岩体破碎比较严重，1、2、4、6 结构面与边坡面之间的相互切割作用，会产生一些较小规模的楔形破坏，但该区的整体稳定性较好。

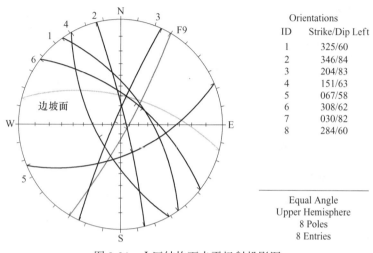

图 9-24　Ⅰ区结构面赤平极射投影图

矿体主要赋存在露天采场底部，以单斜状产出，且不断远离该区，在转入地下开采后引起的本区域内边坡岩体的破坏作用不大，破坏范围基本上不会扩大，控制在原有的开采境界范围内。该区岩体稳定性较好，坡体稳定性也较好，破坏范围有限。边坡的破坏方式主要为台阶坡体破坏，局部地段发生岩块崩落与小型的楔形滑移破坏，均属于浅表层滑移破坏，对边坡的整体稳定性不会有大的影响。由于上盘边坡的破坏岩体会塌落滑移在本区边坡底部，对坡体产生一定支撑效应。因此，地下开采时该区移动范围会受到限制，错动界线会控制在一定范围内，不会继续发展。

Ⅱ区边坡角与主要结构面之间的组合关系如图 9-25 所示。从赤平极射投影图可得，3 号结构面的倾向与坡面倾向基本趋于一致，在倾角小于坡面角的地带易发生平面型滑移破坏，从而使台阶坡面失稳破坏。结构面 8 倾向与坡面倾向近于相反，不易发生滑移。除结构面 3 和 8 以外的其他各组结构面基本上都与坡面斜交，不会发生单滑面滑动，但它们相互之间的切割作用会在坡体中形成各种形状的结构体，使坡面局部地带容易发生一些掉块、滚石等小规模的破坏，对边坡的总体稳定性影响不大。

该区的地下矿体较厚，埋深较大。由于矿体采出形成的巨大空间缺少围岩充填，使得边坡岩体在地下矿体采出后产生崩塌破坏并充填矿体开采后形成的巨大空间。因此，该区边坡岩体破坏主要为坡体中下部岩体发生的崩落破坏方式。随着不断向深部开采，地下开采活动逐步远离该区域，同时Ⅲ区塌落破坏的岩体会在该区底部形成一定约束作用，会对该区地表与边坡岩体变形破坏的扩展起到一定的抑制作用。

Ⅲ区边坡面与主要结构面之间的组合关系如图 9-26 所示。从赤平极射投影图上可以得出，结构面 2、7 接近直立且与边坡面成斜交状，结构面 3、6、8 倾向与坡面倾向基本

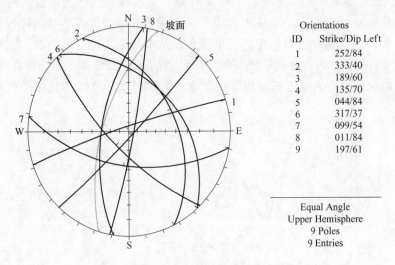

Orientations	
ID	Strike/Dip Left
1	252/84
2	333/40
3	189/60
4	135/70
5	044/84
6	317/37
7	099/54
8	011/84
9	197/61

Equal Angle
Upper Hemisphere
9 Poles
9 Entries

图 9-25   Ⅱ区结构面赤平极射投影图

相反，这三组结构面的组合交线也大致与坡面倾向相反，因而不具备滑移的空间条件；结构面 4、9 倾向与坡面的倾向趋于一致，且倾角比坡角小容易发生平面型滑动破坏；其他结构面与坡面基本斜交，对坡体稳定不会产生较大影响，但结构面 6 与 11、5 与 10 之间倾向相反，它们之间的组合交线倾角较坡面倾角小且倾向与坡面大致相同，因而易发生楔形滑移破坏。

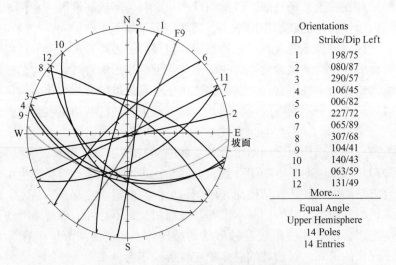

Orientations	
ID	Strike/Dip Left
1	198/75
2	080/87
3	290/57
4	106/45
5	006/82
6	227/72
7	065/89
8	307/68
9	104/41
10	140/43
11	063/59
12	131/49
More...	

Equal Angle
Upper Hemisphere
14 Poles
14 Entries

图 9-26   Ⅲ区结构面赤平极射投影图

该区地下矿体比较厚大，埋深较大。转入地下开采以后，受到 F9 断层影响，在地下开采的初期阶段，断层的切割作用会对坡体破坏产生一定的抑制作用。随着开采的加深，这种抑制作用逐渐消失。由于地下矿体主要赋存于该区坡体以下，因而地下矿体开采后对露天边坡的破坏十分严重，使得原有的露天边坡发生坍塌现象。该区地下矿体开采后，围岩随之崩塌，使得边坡底部破坏后上部岩体发生崩塌式与牵引式破坏。边坡深部岩体的完整性较好，破坏主要以崩塌式为主，而坡体浅表层岩体受风化、结构面及爆破振动等影响，以牵引式滑移破坏为主。如继续向深部开采，随着采深加大，坡体破坏变形范围会受到一定的限制，错动角会有所提高。

Ⅳ区边坡面与主要结构面之间的组合关系如图 9-27 所示。从赤平极射投影图可知，结构面 5 接近直立，且倾向与坡面倾向基本一致，易发生小规模的倾倒型破坏；6 号结构面倾向与坡面倾向基本一致，但倾角比坡面倾角大，发生平面型滑移的可能性较小；结构面 3 的倾向与坡面倾向近似相反，不易发生滑移现象；结构面 1 与结构面 4 与坡面成斜交状态，并且交线的倾向与坡面的倾向基本相反，也不易产生滑移破坏现象。结构面 2 与结构面 4 组合交线的倾角小于坡角，且与坡面的倾向趋于一致，易产生楔形滑移破坏现象。

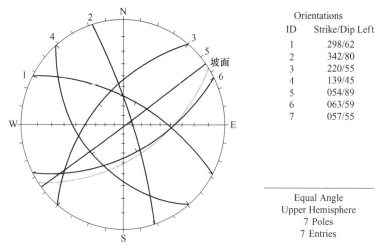

Orientations

ID	Strike/Dip Left
1	298/62
2	342/80
3	220/55
4	139/45
5	054/89
6	063/59
7	057/55

Equal Angle
Upper Hemisphere
7 Poles
7 Entries

图 9-27 Ⅳ区结构面赤平极射投影图

该区在地下矿体开采过程中，上部边坡岩体主要表现为渐进式的崩落破坏。其发生破坏的方式为坡体底部岩体崩塌后，上部边坡岩体临空，会产生崩塌式和局部范围的牵引式滑移破坏。随着开采向深部推进，矿体厚度逐渐变小，且崩落岩体破碎后体积的膨胀作用，使开采对坡体上部岩体的破坏作用减小，地表及边坡岩体的滑动及塌落破坏会控制在一定的范围之内。

9.3.3.2 模型选取

模型断面的选取要尽量选择地下采动影响较为严重的区域，这样才能充分体现地下开采过程中边坡岩体的破坏形式与破坏特征。根据以上分析综合考虑各因素后，选取 B11 勘探线剖面为建模剖面，具体的平面位置和剖面形态如图 9-28 和图 9-29 所示。

9.3.3.3 相似比及相似材料选取

实验采用的模型框架尺寸为 4.20m×1.28m×0.25m，根据模拟剖面的具体范围确定实验几何相似比为 1∶450。

相似材料是指能够满足相似判据条件的材料，在相似实验模拟研究中，相似材料的合理选择极其重要。由于实际工程问题的复杂性，对于岩土工程而言，其物理力学性质千差万别，因此，选择相似材料时，必须满足不同要求。但是，对于实际研究的问题，要同时满足所有的相似条件基本上不可能实现，这样就得在实际问题的分析过程中放宽次要参数

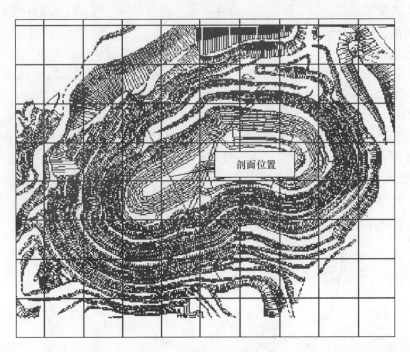

图 9-28　模型的平面位置图

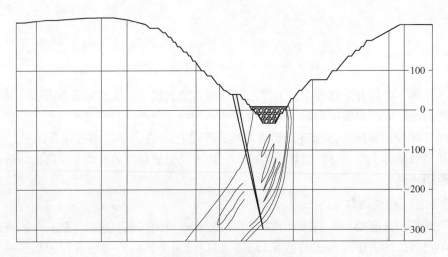

图 9-29　模型剖面图

相似条件的要求，尽量让主要参数满足相似条件。

　　对于露天转地下的边坡岩体，其主要的原型材料是岩体和表土，它们的破坏机理较复杂，即便是同一种材料，在变形破坏各不同阶段表现出的力学性质也不尽相同。因而，选择相似材料时，寻找可供遵循的、简单且通用的规律十分困难，甚至是不可能的，只能具体问题具体分析。混合相似材料的配置要经过大量试样试验来确定。实验采用河砂、石膏和大白粉三种材料来配置相似材料。河砂作为模型骨料，其他两种作为胶结材料。相似材料实验试样及其破坏形式和强度试验如图 9-30 ~ 图 9-32 所示。

（a）试样破坏前　　　　　　　　　　　（b）试样破坏后

图 9-30　相似材料试样破坏前后图

 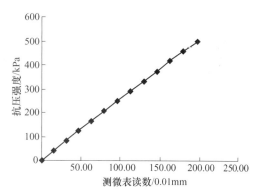

图 9-31　相似材料强度试验　　　　图 9-32　压力仪测微表读数与强度关系

通过大量的相似材料试样实验，测得不同配比下相似材料的抗压强度值和重度，最后结合各模拟岩体的性质和几何相似比，选出边坡岩体模型所用相似材料配比，见表9-9。

表9-9　相似试验材料配比

岩　体	砂胶比	石膏	大白粉	水	抗压强度/kPa
下盘岩体	8：1	0.4	0.6	1/9	75.04
上盘岩体	7：1	0.4	0.6	1/9	93.80
风化层	10：1	0.3	0.7	1/9	30.00
矿体	7：1	0.3	0.7	1/9	86.58

表9-9中各种材料的配合比均采用重量比，相似材料配比表中的"水"一项，是指拌合用水量，即为材料拌合时的用水量。表中水为1/9，指水的重量是河砂、石膏与大白粉三种材料总体重量的1/9。

9.3.4　实验结果分析

9.3.4.1　实验现象分析

露天转地下边坡岩体，由于地下矿体的开采再次打破了应力平衡状态，随着地下矿体的不断采出，边坡岩体内部应力不断发生调整，超过边坡岩体稳定性能量极限时便发生破坏。这里按照采深的变化情况描述边坡岩体变形破坏的过程。

图 9-33 所示为-60m 水平开采结束后边坡岩体的变化形态。从图 9-33 中可以看出，由于覆盖层强度很低，在地下矿体采出后随即下移充填采空区，与垮落的上下盘边坡岩体形成下部矿体开采的覆盖层。上盘岩体断层处由于地下矿体开采的切割作用，使得断层两侧岩体产生位移差，发展成张开裂隙。由于-60m 水平以上为转入地下开采的首采阶段，地下开采对坡体的切割作用较小，坡体的剪切破坏范围较小，不会对地下开采有较大影响。

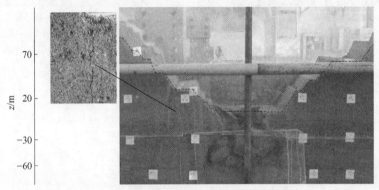

图 9-33   -60m 水平开采后边坡破坏形态

-90m 水平开采结束后，边坡岩体变化破坏形态如图 9-34 所示。从图中可以看出，开采到-90m 水平时，上盘边坡岩体受断层切割部分的岩体沿断层发生了滑移，使得断层由局部活化转化为全部活化；同时由于断层的活化作用阻断了变形向坡体深部和上部发展，使得坡体上部与深部的破坏迹象不明显。该水平在地下矿体的开采过程中造成了断层切割岩体的滑移，会对地下开采造成一定动力冲击影响。

图 9-34   -90m 水平开采后边坡破坏形态

如图 9-35 所示，在-135m 水平开采结束后，在上下盘边坡岩体更高处出现了向采空区方向发展的裂隙，且上盘裂隙张开度较下盘裂隙的张开度大。从-135m 水平开采后边坡岩体的破坏形态可以看出，随着矿体开采向深部延伸，边坡上下盘受开采影响，垮落的岩体不断下移，并在下移过程中不断破碎。随着矿体的采出量增多，对坡脚的切割程度加

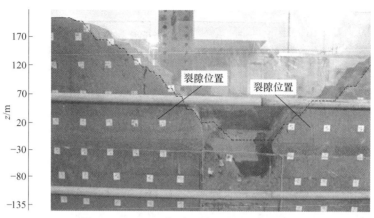

图 9-35 -135m 水平开采后边坡破坏形态

剧,对上下盘边坡岩体的破坏累积效应不断积累,上下盘岩体在自重应力作用下产生损伤微裂隙发生变形破坏。

从图 9-36 可以看出,-165m 水平开采结束后,下盘边坡岩体随着采深增加,不断有新生裂隙的发育、扩张,原生裂隙也不断扩张,向采空区发展,并与采空区贯通,造成下盘边坡部分岩体滑落。下盘边坡下部岩体变形滑落过程中主要发展有三条主裂隙,靠近采空区裂隙切割的岩体已滑落,另外两条裂隙只是不同程度的扩张,没有导致切割岩体的滑落。

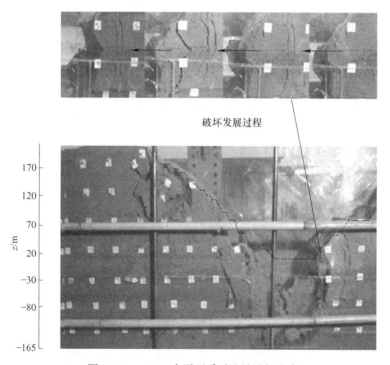

图 9-36 -165m 水平开采后边坡破坏形态

上盘边坡岩体浅表层破坏比较严重。采空区处的上盘岩体破坏向深部发展,使得上盘边坡岩体出现了至断层切割垮落后的第二次滑移。上下盘边坡岩体的滑移垮落再次发生对地下开采的冲击影响。上盘坡体裂隙不断向岩体深部发展,表明受到地下采动的影响,上盘边坡岩体一定深度范围内的变形已超出了允许极限，已开始发生局部变形破坏，形成了边坡岩体下一次动力冲击的蓄能过程。

图 9-37 和图 9-38 所示分别为−210m 水平和−255m 水平地下矿体开采结束后的边坡岩体变形破坏情形。从图 3-37 可看出，在−210m 水平矿体开采结束后，地表拉伸裂隙不断向深部扩展，扩展方向大致与边坡角平行，坡面裂隙也向坡体深部扩展并与坡体内部裂隙不断贯通，随着向坡体内部延伸裂隙逐渐尖灭。在采空区上盘岩体中有深部剪切破坏发生。−255m 水平矿体开采结束后，上盘岩体坡顶裂隙，坡面裂隙进一步扩展，坡体内部裂隙增多，裂隙之间相互贯通性增强，导致坡体的移动破坏范围扩大。−255m 水平开采结束后，采空区处上盘岩体的深部剪切破坏范围和破坏程度加剧，上部破坏岩体随之下移，致使坡面浅表层破坏的岩体发生大范围滑移。综合图 9-37 和图 9-38 可以看出，−210m水平开采后，下盘岩体的破坏范围基本达到稳定状态，其原因在于随着矿体的不断向下开采，开采活动逐渐远离下盘岩体，对下盘岩体影响变小；同时，在以上水平矿体开

图 9-37　−210m 水平开采后边坡破坏形态

图 9-38　−255m 水平开采后边坡破坏形态

采过程中，边坡岩体受到切割作用较大，坡体内部发生了大范围的剪切破坏并相互贯通，使岩体产生滑移，又一次对地下开采造成了较大的动力冲击。

综合分析整个破坏过程发现，在地下开采过程中，露天矿边坡岩体的变形破坏主要发生在上盘岩体，下盘岩体产生破坏的范围较小。上盘边坡岩体的破坏是由坡顶的拉伸破坏、坡面的浅表层破坏和采空区处的剪切破坏向坡体深部发展造成的，而下盘边坡岩体的破坏以浅表层破坏为主。随着矿体向下开采，采出矿体逐渐增多，边坡岩体的移动空间加大，当变形超过岩体能量极限时，会产生局部零星剪切破坏区，伴随着变形累积效应加剧，坡体深部零星分布的剪切破坏区不断发展直至相互贯通，最终导致边坡岩体的失稳破坏。伴随着边坡岩体的变形累积和大块边坡岩体贯通滑落现象，会对地下矿体开采活动造成循环动力冲击的影响。

9.3.4.2　边坡岩体应力变化分析

物理模拟实验中，在相似材料中距矿体左右边界 20m 处，按一定标高埋设了 12 个压力盒（图 9-39），以研究地下矿体开采过程中竖向应力变化特性。根据试验中压力盒的监测数据，得出了竖向应力变化特性。图 9-40 所示为距矿体左右边界 20m 处，即 1 号和 2 号监测线，竖向应力随开采延深的变化规律。

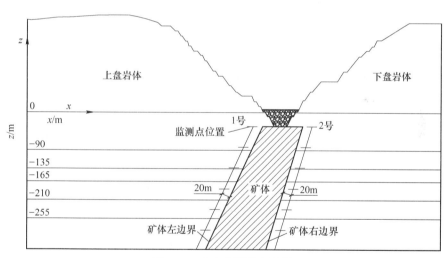

图 9-39　应力监测线布置图

从图 9-40 可以看出，地下矿体的开采过程中，上下盘围岩体都会产生应力集中现象，但上盘围岩体的应力集中程度较下盘显著，而地下矿体深部开采的应力影响范围和集中程度较浅部开采显著。当开采到某一水平时，在该水平附近竖向应力显著增高，随着向上位岩体方向延伸竖向应力又逐渐变小，这是由于地下矿体采出打破了岩体原有的应力平衡状态，上位岩体在应力调整过程中发生变形破坏造成应力释放的缘故。

9.3.5　动力冲击演化机理与控制措施

9.3.5.1　循环动力冲击演化机理

通过露天转地下开采边坡稳定性的相似物理实验研究，分析地下开采过程中边坡岩体

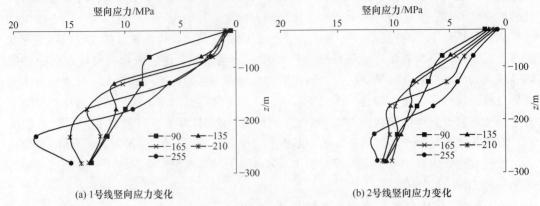

(a) 1号线竖向应力变化　　　　　　　　(b) 2号线竖向应力变化

图 9-40　随采深的竖向应力变化曲线

裂隙发生、发展及其贯通滑移过程发现：地下矿体的开采过程中，边坡岩体的破坏对地下开采活动会造成循环动力冲击影响，其演化机理如图 9-41 所示。

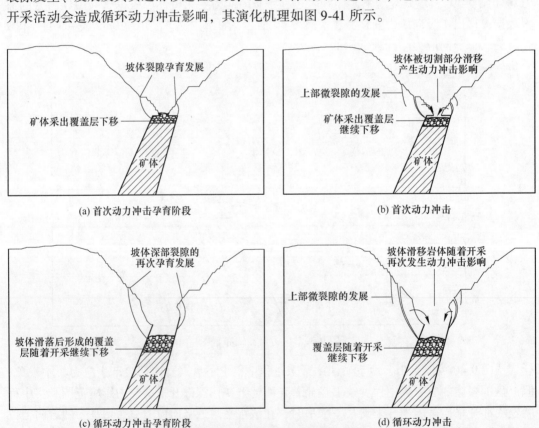

(a) 首次动力冲击孕育阶段　　　　　　　　(b) 首次动力冲击

(c) 循环动力冲击孕育阶段　　　　　　　　(d) 循环动力冲击

图 9-41　边坡岩体循环动力冲击演化机理

从图 9-41 可以看出，地下矿体开采的初始阶段，覆盖层随着矿体的采出而下移。由于矿体的采出与覆盖层的下移，边坡下部岩体失去原有矿体的支持作用，原有的应力平衡状态被打破而不断发生调整，当应力变化超出岩体的承载极限时，会产生零星的损伤微裂隙。随着开采的进行，变形能不断积累，微裂隙不断发展扩张。当开采到某一深度时，部分边坡岩体由于无法继续承受开采的影响和重力作用，积蓄的变形能突然释放，导致原有微裂隙的迅速扩张贯通，从而使大块的滑移体向下运动冲向采场，造成地下采场的动力冲击灾害，对矿山安全生产造成重大威胁。在首次动力冲击发生后，矿体继续向下开采，边坡岩体又一次进入变形蓄能阶段，边坡岩体进入下一次变形能积累与损伤微裂隙发展扩张过程，当继续开采一定深度时，累积的变形能再次被突然释放，大块坡体岩体再次滑移形成又一次的动力冲击影响。在矿体向下开采的过程中会反复出现上述现象，形成循环动力冲击影响，不断威胁矿山的安全生产。

9.3.5.2　循环动力冲击控制措施

为实现矿山安全顺利开采，必须在开采过程中不断回填覆盖层下移所形成的空间，维持覆盖层的顶部标高不变（图9-42），增大缓冲层的厚度，以增强对边坡岩体的支撑，防止坡体大范围滑移突发。

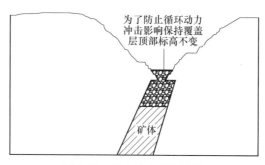

图 9-42　动力冲击控制措施

9.4　露天转地下边坡变形、破坏特征及其稳定性数值模拟

9.4.1　数值模拟计算模型

通过分析得知，杏山铁矿露天转入地下开采以后，露天边坡变形破坏最严重的部位在露天采场的西南部，因此选取该范围内的边坡岩体进行建模。模型根据地质地形图进行相应的简化，分为上盘岩体、下盘岩体、断层和风化层等。模型的尺寸为 1300m×800m×620m，如图 9-43 所示。生成的计算模型共划分为 498897 个单元、86385 个节点。计算的过程中设置 z 方向的底部位移为限制垂直移动，顶部为地表自由边界，模型 4 个侧面施加位移约束条件，限制其水平移动，重力加速度取 $g=9.81N/kg$。模型建立过程和最终模型如图 9-44 所示。

9.4.2　力学模型及岩体参数

根据岩石力学试验特性，在模拟计算中采用式（8-9）所示莫尔-库仑（Mohr-Coulomb）屈服准则作为判断岩体破坏的依据。

当 $f_s>0$ 时，材料将会产生剪切破坏。对岩体而言，通常应力状态下抗拉强度很低，因而可由抗拉强度准则（$\sigma_3 \geqslant \sigma_t$）判断岩体材料是否发生拉破坏现象。

大量的工程实践经验估算结果表明：岩体内聚力 c_m 一般为岩石内聚力的 1/15~1/10；岩体的内摩擦角 φ_m 比岩石的低，但是差距不很大；岩体容重比岩石也稍低些；岩体的弹

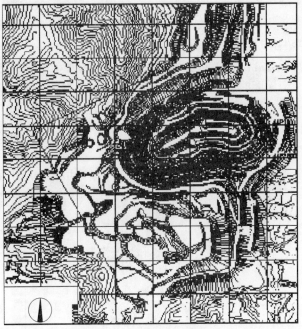

图 9-43　模型计算范围

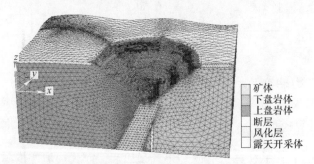

图 9-44　三维数值计算模型

性模量一般为岩石弹性模量的 $1/15 \sim 1/10$。

通过现场地质调查岩石力学试验特性及其工程地质条件等因素，并结合以上经验估算，得到岩体的物理力学参数，见表 9-10。

表 9-10　岩体物理力学参数

岩　体	密度 ρ /kg·m^{-3}	弹性模量 E /GPa	泊松比 ν	黏聚力 c /MPa	内摩擦角 φ /(°)	抗拉强度 σ_t /MPa
上盘岩体	3037	8.10	0.31	2.20	44.5	5.50
下盘岩体	2620	7.40	0.27	1.36	46.0	6.00
风化层	2510	1.50	0.24	0.27	18.0	0.80
矿体	3710	10.0	0.20	2.85	42.0	5.60
断层	2170	1.00	0.29	0.51	32.0	0.01
覆盖层	2480	1.30	0.26	0.32	30.0	0.50
露天开采体	2829	7.75	0.29	1.78	45.0	5.60

9.4.3 数值模拟计算过程

模拟计算严格按照矿山的实际开挖顺序和采取的动力冲击预防措施进行。模拟过程中，将开挖岩体部分设置为 null 单元，并且设置成 null 模型的岩体部分不会影响岩体中其他单元。具体分析露天转地下边坡变形破坏的过程如下：首先根据原始地形地貌形成露天矿未开采前的地形，施加边界条件赋予单元相应的属性，设置重力加速度，计算达到力的平衡状态时形成未受过开挖扰动的初始原岩应力场；然后按照露天矿实际开挖过程，逐级开挖计算达到力的平衡形成露天矿边坡，与此同时形成受露天开采扰动的初次扰动露天边坡应力场，并将所有节点的位移、速度初始化为零；再按照不断进行覆盖层回填和地下矿体的逐级分段开挖，计算分析地下开采扰动下的露天边坡应力场；最后对坡体的稳定性进行分析与研究。

9.4.4 露天转地下边坡岩体变形规律

露天转地下开采过程中，边坡岩体受到地下开采的二次扰动，其内部会发生复杂的应力和位移变化。随着采掘空间的不断扩展，边坡岩体的应力场和位移场打破了原有的平衡状态而不断进行调整，直至岩体承受的应力达到或超过岩体长时强度时，边坡岩体发生变形破坏。

位移是边坡岩体结构在发生复杂变形破坏过程中反馈出的重要信息之一，也是最易采集的信息。通过位移监测点的设置，捕获地下开采过程中边坡岩体的位移信息来分析边坡的变形规律、评判岩体的稳定性，是目前岩体稳定性分析的基本方法与手段。

分析露天转地下开采过程中的边坡岩体变形特征时，在模型 B11 勘探线剖面上，在 z 向为 50m、100m、150m、200m 以及地表处设置了竖向位移水平监测线，如图 9-45 所示。

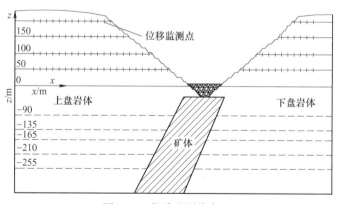

图 9-45 位移监测线布置

图 9-46 所示为不同开采水平下各监测线的竖向位移变化规律。从图可以看出：随着矿体分阶段向下开采，采出的矿体越来越多，上部边坡岩体失去原有矿体支撑的范围也越来越大，边坡岩体在自重应力作用下发生变形的范围也不断增大。

不同开采水平下各监测线的竖向位移变化图表明，在-60m、-90m、-135m 和-165m 水平开采过程中，上下盘边坡岩体的变形范围相对较小。在-210m、-255m 水平开采的过

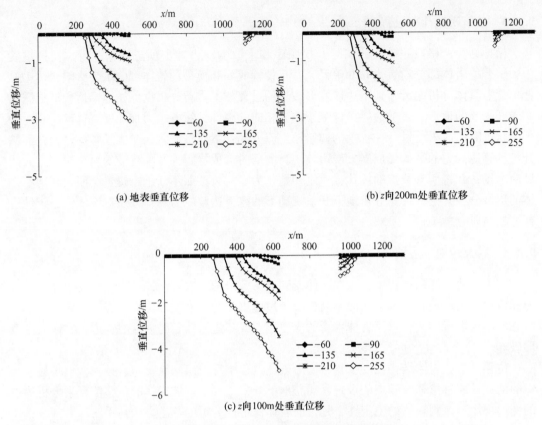

图 9-46　不同开采水平下各监测线垂直位移变化

程中边坡岩体竖向位移变化范围较大，这一现象说明在 -165m 水平及以上水平矿体开采过程中，随着矿体的采出，只是边坡下部台阶岩体发生渐进变形破坏。由于露天转为地下开采主要是在上盘边坡岩体下进行开采活动，在 -210m 和 255m 水平矿体采出后，上盘边坡岩体受地下开采二次扰动的影响，坡体在自身重力作用下发生大范围的沉降与较大的变形。

　　综合分析可知，随着矿体逐级向下开挖，上盘边坡岩体的竖向变形明显大于下盘边坡岩体的变形，且影响范围也较大，变形值由采空区向坡面及地表逐渐减小，并由采空区向上随着深度的增加竖向位移的递减梯度逐渐变小，说明采空区上部一定范围边坡岩体内部会形成空化裂隙。从采空区向上，边坡岩体变形范围逐渐扩大，上盘边坡岩体变形在地下开采过程中较下盘边坡岩体活跃，主要原因是因为地下矿体主要赋存在上盘边坡岩体下部，上盘边坡岩体受到地下开采的剧烈扰动导致岩体强度降低，变形量和变形范围都较下盘边坡岩体大，说明露天转地下开采过程中，地下开采主要影响上盘边坡岩体。

9.4.5　露天转地下边坡应力变化规律

　　图 9-47 和图 9-48 所示为地下开采过程中，不同开采水平下 B11 勘探线位置处，边坡岩体的最大主应力与最小主应力的变化云图。

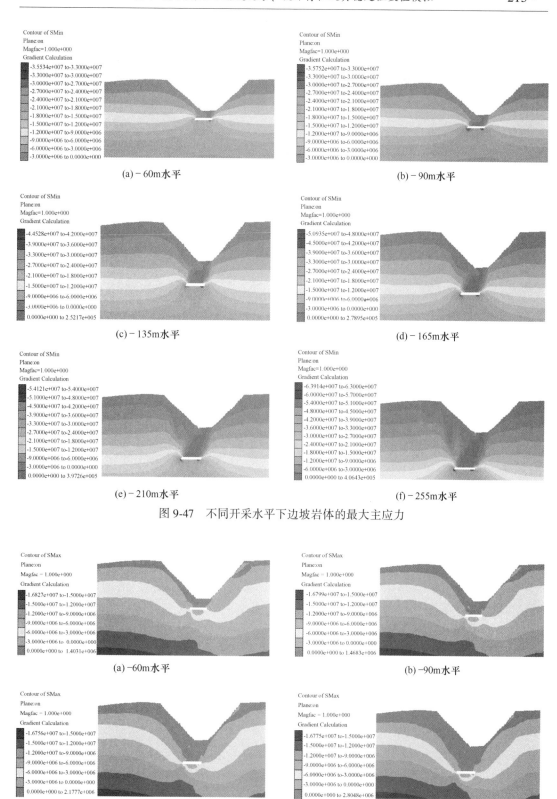

图 9-47　不同开采水平下边坡岩体的最大主应力

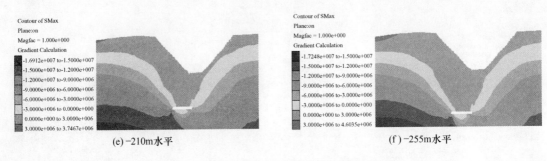

(e) -210m水平　　　　　　　　　　　　　　(f) -255m水平

图 9-48　不同开采水平下边坡岩体的最小主应力

　　为系统地分析地下开采过程中，距矿体左右边界不同深度处最大主应力和最小主应力随开采的变化规律，模拟计算中在矿体的上下盘各设置了四条应力变化监测线，如图 9-49 所示。监测线分别设置在上下盘岩体距矿体左右边界为 5m、20m、35m 和 50m 处，上盘为 1 号、2 号、3 号、4 号线，下盘为 5 号、6 号、7 号、8 号线。

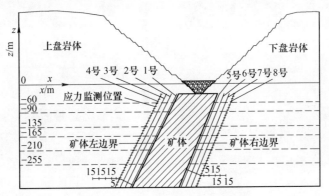

图 9-49　应力监测线布置位置图

　　图 9-50 和图 9-51 所示分别反映了不同开采水平下，上盘岩体距矿体左边界不同垂深的最大主应力变化和最小主应力变化情况。从图中可以看出，在不同开采水平下，岩体最大主应力大体服从自上而下逐渐增大的变化趋势。随着矿体不断向深部水平的开采，当开采到一定水平时，矿体采出的卸荷作用打破了原有的应力平衡状态，应力发生调整和转移，出现了应力集中和应力降低区域。

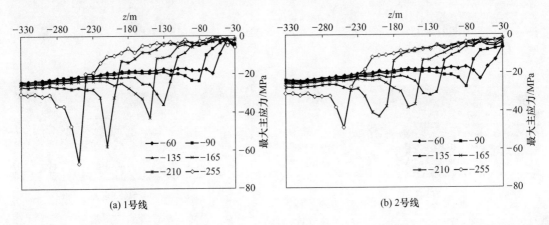

(a) 1号线　　　　　　　　　　　　　　　　(b) 2号线

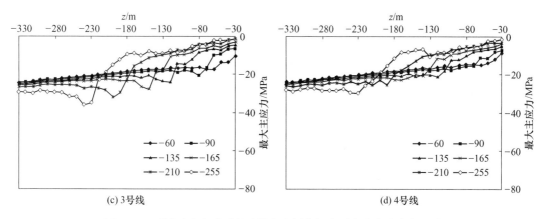

(c) 3号线　　　　　　　　　(d) 4号线

图 9-50　不同开采水平下距矿体左边界各深度最大主应力变化规律

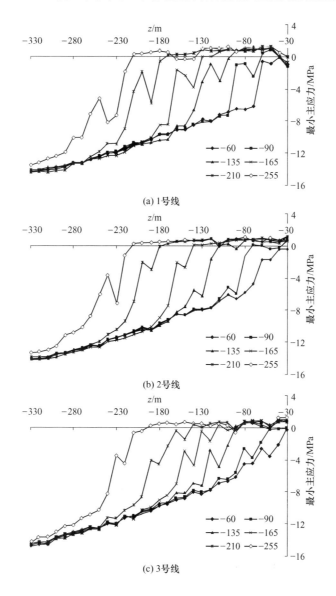

(a) 1号线

(b) 2号线

(c) 3号线

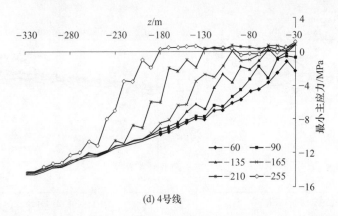

(d) 4号线

图 9-51　不同开采水平下距矿体左边界各深度最小主应力变化规律

图 9-50 反映了不同开采水平下距矿体左边界各深度处的最大主应力变化规律。从图中可以看出，在距矿体左边界同一深度处，随着开采水平的延深，最大主应力的集中程度逐渐增大，应力变化的影响范围也加大。当开采到某一水平时，该水平以下一定深度范围内岩体受到扰动应力缓慢增加，并逐渐达到最大值，随着矿体的采出，应力又迅速减小。

图 9-51 反映了不同开采水平下距矿体左边界各深度处最小主应力的变化规律。从图中可以看出，当开采到某一水平时，在该深度附近出现了最小主应力明显减小的现象，最小主应力的变化幅度较大。随着开采水平向下不断延深，最小主应力的变化幅度有所增加，但与最大主应力的变化幅度相比，最小主应力随延深的变化较小。随着距矿体左边界深度的增加最小主应力变化的幅度也在减小。

图 9-52 反映了不同开采水平下距矿体右边界各深度处最大主应力的变化关系，从图中可以看出，右边界各深度处最大主应力的变化规律与左边界处的最大主应力变化规律基本相同，只是变化幅度与左边界处的变化幅度相比较小，影响范围也相对较小。

图 9-53 反映了不同开采深度下距矿体右边界各深度处最小主应力的变化规律，右边界各深度处最小主应力的变化规律与左边界最小主应力的变化规律也基本相同，但变化幅度和变化范围没有左边界处的大。在左边界处最小主应力出现拉应力的范围和深度较大，而右边界处最小主应力出现拉应力的范围和深度较小，其主要原因是由于矿体的采出，边坡岩体在重力作用下发生破坏而产生较大的拉伸区，上盘岩体受拉破坏后，崩落岩块对下盘围岩起到了一定的支撑作用，使得矿体右边界处出现拉应力的区域和深度较小。

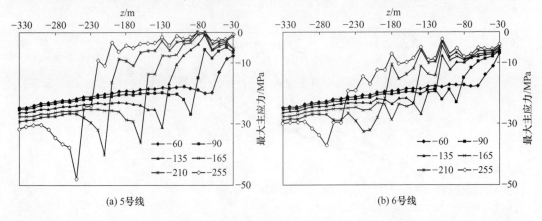

(a) 5号线　　　　　　　　　　　　　　　　　　　　(b) 6号线

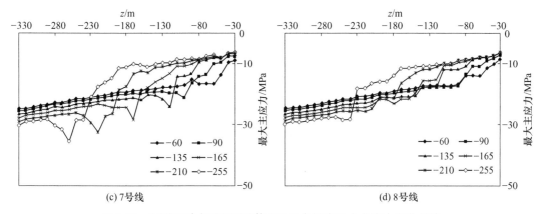

图 9-52 不同开采水平下距矿体右边界各深度最小主应力变化规律

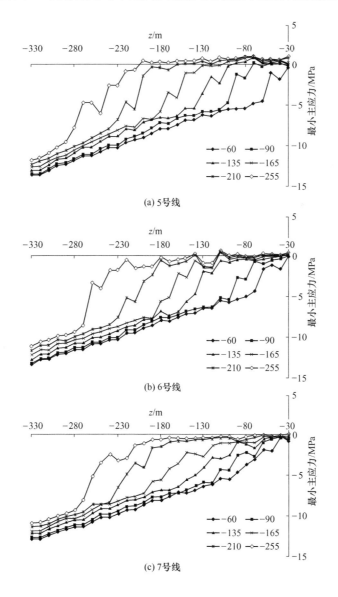

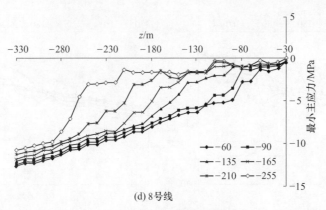

(d) 8号线

图 9-53   不同开采水平下距矿体右边界各深度最小主应力变化规律

9.4.6　露天转地下边坡破坏场特征

为更加深入地研究分析露天转地下边坡岩体破坏场的特征，在图 9-54 所示位置，对所建立的模型进行从纵向和横向剖切，其中，z 方向在 200m、100m 和 -50m 处各切一个横向剖面，纵向在 B11 勘探线所在位置切一剖面，通过不同开采深度下各剖切面的破坏场特征分析地下开采过程中边坡岩体的破坏发展过程和规律，综合分析地下开采过程中破坏场的发展演变机理。

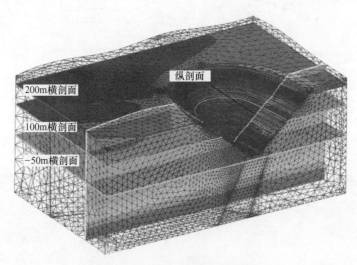

图 9-54   破坏场分析剖面位置

图 9-55~图 9-57 所示反映了露天转地下边坡岩体破坏场的发展规律，表现为坡面和坡顶处的拉伸破坏向下发展以及采空区部位的剪切破坏向上发展的过程。

图 9-55 反映了不同时水平开采后塑性区的演化过程。

从图 9-55（a）可以看出，在 -45m 水平开采后，覆盖层的强度很低，主要以拉伸破坏的形式随着矿体的采出而充填采空区。

从图 9-55（b）可以看出，-90m 水平开采后，上盘边坡岩体塑性区破坏向上有一定发展，并以断层影响处的破坏较明显，主要的破坏为断层附近剧烈破坏与采空区处的剪切

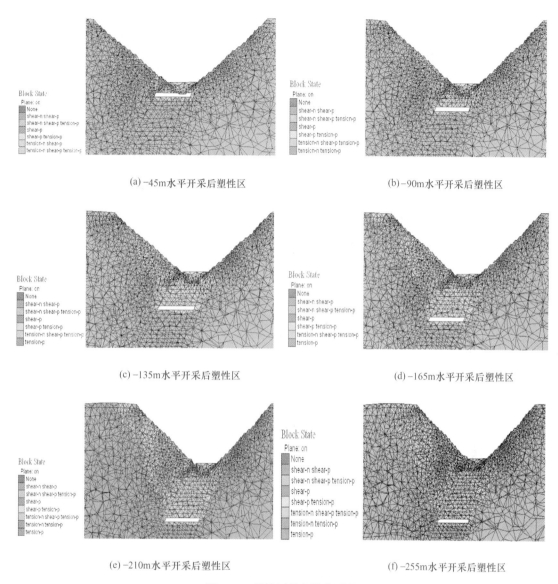

(a) -45m水平开采后塑性区

(b) -90m水平开采后塑性区

(c) -135m水平开采后塑性区

(d) -165m水平开采后塑性区

(e) -210m水平开采后塑性区

(f) -255m水平开采后塑性区

图 9-55 塑性区纵向演化过程

破坏,而下盘边坡的破坏范围很小。

与-90m 水平开采后相比,当-135m 水平开采完毕后,上盘边坡岩体向上破坏发展范围很小,主要破坏形式是上盘边坡岩体由浅表层破坏向深层破坏的发展阶段,而下盘边坡岩体的破坏主要是边坡岩体的浅表层破坏,如图 9-55 (c) 所示。

-165m 水平矿体开采后,在地表处由于风化层强度较低出现了拉伸破坏区 (图 9-55 (d)),坡体中上部和边坡顶部拉伸裂隙之间存在着零星的剪切破坏部分,但是没有相互贯通,因此边坡顶部的拉裂部位不会向下滑移,下盘边坡岩体仍为浅表层的破坏。在-135m 到-165m 水平的开挖过程中,主要的破坏是上盘边坡岩体的深层剪切破坏。

当-210m 水平开采后,上盘边坡岩体顶部的拉伸裂隙范围进一步扩大,坡体顶部的拉伸裂隙区与坡体深部剪切破坏区之间,原有零星分布的剪切破坏区域进一步发生破坏并形成贯通，如图 9-55（e）所示。

　　-255m 水平开采后上盘边坡岩体的破坏主要为深部岩体的剪切破坏，且破坏区发展到了坡顶，如图 9-55（f）所示。

　　说明在地下开采过程中，随着开采水平的不断下降，露天边坡体受到的切割作用加剧，深部剪切破坏严重。

　　图 9-56 反映了-150m 水平开采后不同深度处的岩体破坏场情况。

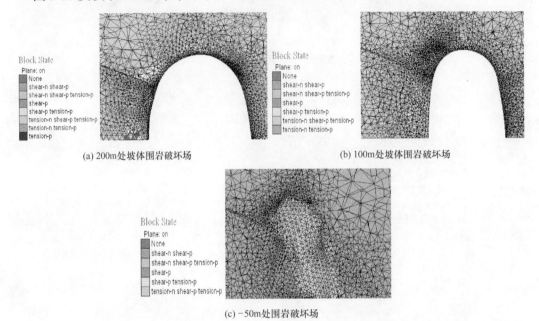

(a) 200m 处坡体围岩破坏场　　　　　　　　(b) 100m 处坡体围岩破坏场

(c) -50m 处围岩破坏场

图 9-56　-150m 水平开采后岩体破坏场

　　图 9-57 反映了-225m 水平开采后不同深度处的岩体破坏场情况。

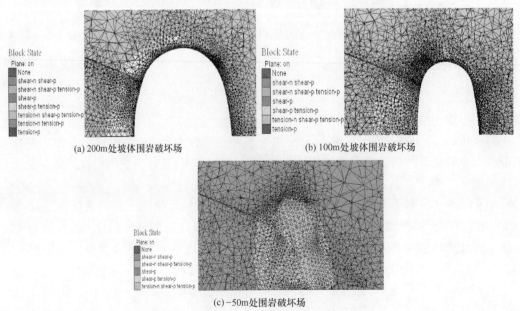

(a) 200m 处坡体围岩破坏场　　　　　　　　(b) 100m 处坡体围岩破坏场

(c) -50m 处围岩破坏场

图 9-57　-225m 水平开采后岩体破坏场

从图 9-56 和图 9-57 所示的破坏场横剖面发展趋势可以看出，矿体的地下开采过程导致了断层活动活动产生，在断层处主要表现为拉伸破坏。−150m 水平开采后，受断层的影响，在靠近矿体端部部位破坏较严重，其主要原因是断层的切割作用加剧了破坏程度，如图 9-56（b）所示。但是，随着开采深度的增加，严重破坏区域又产生了转移，转移到了上盘岩体，如图 9-57（b）所示。

综合分析边坡岩体破坏场发展演化过程发现，地下开采过程中，露天矿边坡岩体的破坏主要产生在上盘边坡岩体，破坏形式表现为坡体表面发生的拉伸破坏以及坡体内部的剪切破坏，与采空区处的剪切破坏同时向边坡岩体深部发展形成岩体的深层破坏，而其中又以坡体内部的剪切破坏发展为主；随着开采的延深，卸荷累积效应增强，坡体深部零星分布的剪切破坏区不断发展直至相互贯通，最终导致边坡岩体的失稳破坏。其主要原因是由于边坡下部矿体被采出，边坡岩体在自重应力和水平应力共同作用下发生缓慢蠕变，使得坡面处的岩体受到拉伸作用而产生拉破坏；由于矿体的不断采出打破了原有的应力平衡状态，坡体内部岩体随着应力的不断调整产生了较大剪应力而发生剪切破坏。下盘边坡岩体主要破坏形式为边坡岩体的浅表层破坏。

9.5 边坡及岩层变形实时监测与预测预报技术

露天矿边坡在其形成过程中的变形稳定性是一个主要受地质条件、地下水、坡高、坡角、露天开采方法等多种因素影响而发展演化的多维非线性动力系统。国内外众多学者在露天矿边坡形成过程中，就上述因素对露天矿边坡稳定性的影响做了研究，并取得了一系列的研究成果。当由露天开采转为地下开采时边坡已形成，影响其稳定性的主导因素发生转变，此时地下开采对边坡的扰动成为边坡变形的主要影响因素，研究基于智能岩石力学的研究思路，采用支持向量机方法对地下开采扰动影响下的边坡非线性变形进行了研究。

支持向量机避免了神经网络中的局部最优解问题和拓扑结构难以确定问题，并有效地克服了"维数灾难"；同时，由于它是一个凸二次优化问题，能够保证得到的极值解是全局最优解。支持向量机是以统计学习理论为基础的一种新型机器学习算法，它具有严格的数学理论基础、直观的几何解释和良好的泛化能力，在处理小样本学习问题上具有独到的优越性；且随着统计学习理论的发展，支持向量机作为一种新的机器学习技术，受到了国内外不同研究领域的广泛关注。

地下开采是露天矿边坡变形的主要影响因素，本研究采用支持向量机的方法，通过现场的监测数据挖掘出在露天转为地下开采时地下开采对露天矿边坡变形影响的非线性规律，提出了基于支持向量机的露天转地下边坡变形模型，并在杏山铁矿进行了应用。

9.5.1 监测网布置与实时监测数据

9.5.1.1 监测网布置

杏山铁矿露天开采结束后，采用地下开采方法对挂帮矿体进行回采，以实现矿山生产能力的衔接，即实现生产方式从露天生产向地下开采的过渡。在这一过渡时期，矿山运输系统采用了原有的露天运输系统，因此，露天矿边坡的稳定性对过渡期生产的正常进行至关重要，边坡失稳破坏将会直接影响运输系统的正常运行。因此，实时监测边坡岩体的变形，分析并研判其稳定程度，具有重要的现实意义。

综合考虑地下及挂帮矿体开采对边坡岩体的影响范围分布情况，建立边坡岩体变形监测网，如图 9-58 所示，共设 6 个监测点，采用全站仪对其进行实时监测。

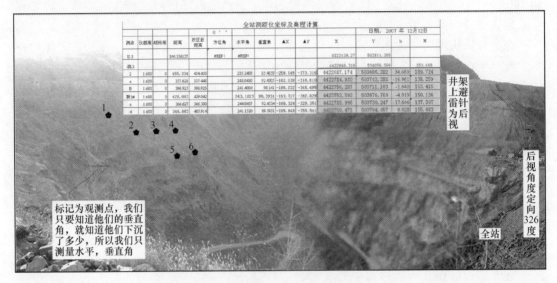

图 9-58　边坡位移监测网布置图

9.5.1.2　边坡位移监测数据

为了进一步详细分析边坡的稳定性，表 9-11 给出监测网中各测点在 2008 年 9 月 10 日 ~2009 年 8 月 31 日之间的变形实时监测数据。

9.5.2　露天转地下边坡变形的支持向量机模型

矿山由露天开采转为地下开采时，地下开采对露天矿边坡的扰动具有随机性和模糊性，因此很难用力学理论来建立影响因素与变形之间的理论关系。因此，建立地下开采对露天矿边坡变形的时间序列支持向量模型，成为研究地下开采对露天矿边坡影响的有效手段。利用现场监测的数据构成非线性的时间序列 $\{x_i\} = \{x_1, x_2, \cdots, x_t\}$，对该非线性位移序列进行预测，就是要寻找在 $i+p$ 时刻的位移值和前 p 个时刻的位移值 $x_i, x_{i+1}, \cdots, x_{i+p-1}$ 的关系，即 $x_{i+p} = f(x_i, x_{i+1}, \cdots, x_{i+p-1})$，$f$ 为一个非线性函数，表示位移时间序列之间非线性关系。根据支持向量机理论，上述的非线性对应关系可以通过支持向量机对若干组实测位移序列样本的学习，用 $f(x) = \sum\limits_{SV} (\alpha - \alpha^*) K(x_i, x) + b$ 表示。

为提高预测准确性，充分利用最新信息，采用实时滚动预测方法。其基本思想是，假设要对时间序列进行预测，最佳历史点数为 p，预测的步数为 m；目前已经获得 n 个时间序列 $\{x_0, x_1, \cdots, x_{n-1}\}$，滚动预测的第 1 步是用 n 个时间序列的 $\{x_i, x_{i+1}, \cdots, x_{i+p-1}, x_{i+p}\}$（$i = 0, 1, 2, \cdots, n-p-1$）$n-p$ 组时序预测 n 时刻后的 $\{x_n, x_{n+l}, \cdots, x_{n+m-1}\}$ m 个时序；随着后面 m 个时序的获得，用 m 个新的时序替代前面的 $\{x_0, x_1, \cdots, x_{m-1}\}$ m 个时序进行下一步的预测，得到下一次的 m 个预测值，依次类推。

表 9-11　边坡位移监测数据

（mm）

监测日期	1号			2号			3号			4号			5号			6号		
	Δx	Δy	Δz	Δx	Δy	Δz	Δx	Δy	Δz	Δx	Δy	Δz	Δx	Δy	Δz	Δx	Δy	Δz
2008年9月8日	0	0	0	0	0	0	0	0	0	0	0	0	0	0	0	0	0	0
9月10日	4	-3	21	4	-3	21	2	-1	10	3	-1	19	-6	3	15	-5	2	15
9月15日	4	-3	41	4	-3	41	2	-1	21	3	-1	45	-6	3	29	-5	2	19
9月21日	7	-8	73	7	-8	73	28	-17	70	43	-51	93	-16	-8	53	-35	8	51
9月24日	8	-4	105	8	-4	105	60	-33	80	69	-35	124	59	-30	59	38	-18	74
9月28日	118	-81	119	118	-81	119	87	-48	91	132	-67	137	58	-29	64	90	-43	80
10月3日	153	-125	125	153	-125	125	115	-54	111	152	-97	196	80	-36	69	96	-46	94
10月6日	173	-119	134	173	-119	134	135	-74	125	182	-91	218	90	-46	82	106	-52	106
10月10日	145	-100	159	145	-100	159	134	-73	151	181	-91	222	64	-32	90	102	-50	120
10月15日	188	-130	248	188	-130	248	144	-79	183	195	-98	271	88	-45	112	100	-49	116
10月19日	186	-128	294	186	-128	294	126	-69	191	177	-89	293	51	-26	116	85	-41	125
10月23日	208	-143	323	208	-143	323	190	-104	176	235	-118	286	95	-48	108	110	-54	113
10月27日	263	-181	419	263	-181	419	199	-109	236	253	-127	348	102	-52	128	144	-70	144
10月30日	270	-186	475	270	-186	475	208	-114	241	270	-135	362	188	97	138	150	-73	154
11月3日	319	-220	620	319	-220	620	257	-141	279	315	-158	378	193	94	144	154	-74	163
11月10日	327	-225	657	327	-225	657	254	-139	288	319	-160	456	108	-55	145	151	-73	169
11月15日	379	-261	699	379	-261	699	273	-149	322	336	-169	495	117	-59	173	163	-79	187
11月21日	459	-316	821	459	-316	821	324	-177	332	404	-203	510	173	-88	169	215	-104	175
11月26日	440	-303	878	440	-303	878	326	-179	381	395	-198	622	145	-74	209	200	-97	226
12月1日	452	-311	955	452	-311	955	334	-183	410	400	-201	633	152	-77	217	207	-100	226
12月4日	461	-317	967	461	-317	967	365	-200	414	445	-223	698	158	-80	218	206	-100	223
12月8日	457	-314	986	457	-314	986	364	-199	426	449	-225	701	161	-82	229	209	-101	230
12月15日	469	-323	1025	469	-323	1025	377	-206	432	459	-230	706	158	-80	234	217	-105	231

监测日期	1号 Δx	1号 Δy	1号 Δz	2号 Δx	2号 Δy	2号 Δz	3号 Δx	3号 Δy	3号 Δz	4号 Δx	4号 Δy	4号 Δz	5号 Δx	5号 Δy	5号 Δz	6号 Δx	6号 Δy	6号 Δz
12月22日	432	-327	1047	432	-327	1047	374	-201	448	464	-232	723	164	-94	247	212	-111	252
12月29日	531	-365	1086	531	-365	1086	395	-216	465	524	-263	737	202	-102	273	224	-109	262
2009年1月5日	526	-362	1130	526	-362	1130	395	-216	481	510	-256	750	174	-88	288	226	-109	273
1月8日	907	-624	1146	907	-624	1146	390	-213	482	469	-235	755	166	-84	289	217	-105	273
1月12日	529	-364	1156	529	-364	1156	428	-234	484	527	-264	766	201	-102	292	232	-112	279
1月16日	537	-370	1181	537	-370	1181	439	-240	490	525	-264	770	174	-88	294	265	-128	282
1月19日	527	-363	1199	527	-363	1199	426	-233	492	512	-257	771	173	-88	296	226	-109	284
1月26日	515	-367	1199	515	-367	1199	422	-237	492	509	-262	771	168	-91	296	219	-112	288
2月1日	483	-386	1227	483	-386	1227	406	-269	504	506	-268	785	171	-127	308	227	-103	291
2月5日	577	-397	1251	577	-397	1251	450	-246	516	504	-253	794	213	-108	308	270	-131	292
2月9日	577	-397	1262	577	-397	1262	450	-246	519	504	-253	798	213	-108	322	270	-131	293
2月13日	577	-397	1287	577	-397	1287	450	-246	528	569	-285	801	211	-107	326	269	-130	298
2月16日	593	-408	1297	593	-408	1297	491	-269	529	584	-293	802	217	-110	326	273	-132	300
2月20日	646	-424	1338	646	-424	1338	499	-272	538	588	-294	837	215	-141	336	277	-136	301
2月23日	646	-444	1359	646	-444	1359	510	-279	543	648	-325	858	260	-132	355	287	-139	301
2月27日	591	-406	1385	591	-406	1385	494	-270	563	592	-297	871	207	-105	378	267	-129	312
3月2日	648	-445	1426	648	-445	1426	513	-281	563	651	-326	872	255	-129	378	315	-152	312
3月7日	669	-460	1476	669	-460	1476	554	-302	577	668	-334	872	257	-131	379	289	-140	313
3月10日	652	-449	1548	652	-449	1548	515	-282	600	653	-328	883	222	-113	472	284	-137	327
3月16日	716	-492	1576	716	-492	1576	314	-172	603	665	-334	887	229	-116	479	270	-131	354
3月20日	662	-501	1608	662	-501	1608	494	-272	626	626	-352	898	209	-130	517	281	-134	377
3月26日	-305	-1601	1644	-305	-1601	1644	602	-278	649	636	659	909	215	-121	533	1334	-150	387

续表 9-11

监测日期	1号			2号			3号			4号			5号			6号		
	Δx	Δy	Δz	Δx	Δy	Δz	Δx	Δy	Δz	Δx	Δy	Δz	Δx	Δy	Δz	Δx	Δy	Δz
4月1日	769	-528	1664	769	-528	1664	584	-319	668	738	-370	918	262	-133	548	327	-158	407
4月6日	456	-314	1703	456	-314	1703	508	-278	687	659	-331	940	-13	6	560	317	-154	421
4月10日	560	-1314	1752	560	-1314	1752	581	-308	717	659	-367	970	-22	-41	571	338	-162	431
4月13日	767	-533	1776	767	-533	1776	586	-273	725	739	-367	976	228	-101	578	290	-131	441
4月20日	798	-549	1878	798	-549	1878	625	-341	765	797	-399	1031	259	-131	614	325	-157	499
4月22日	833	-573	1949	833	-573	1949	624	-341	799	797	-399	1037	257	-130	637	327	-159	518
4月29日	852	-586	1980	852	-586	1980	643	-351	818	772	-387	1062	267	-135	662	334	-162	556
5月4日	894	-615	2265	894	-615	2265	678	-370	829	798	-400	1068	256	-130	662	332	-161	557
5月11日	909	-625	2347	909	-625	2347	692	-378	882	841	-421	1093	265	-134	703	339	-164	572
5月13日	899	-618	2436	899	-618	2436	691	-378	951	795	-398	1121	267	-135	715	335	-162	576
5月20日	-130	371	2494	-130	371	2494	700	-302	1057	774	-1888	1153	254	60	748	310	-1180	615
5月25日	920	-632	2522	920	-632	2522	695	-380	1098	923	-462	1176	284	-144	761	376	-182	644
5月27日	904	-615	2539	904	-615	2539	683	-330	1104	838	-454	1201	269	61	772	330	-173	662
6月1日	966	-664	2553	966	-664	2553	707	-386	1120	935	-468	1205	282	-143	786	376	-182	678
6月5日	930	-639	2587	930	-639	2587	736	-402	1133	924	-463	1233	255	-129	823	487	-236	715
6月10日	987	-678	2681	987	-678	2681	755	-412	1135	994	-498	1277	312	-158	862	394	-191	754
6月15日	977	-671	2712	977	-671	2712	736	-402	1142	979	-491	1300	277	-140	890	378	-183	766
6月20日	1034	-710	2788	1034	-710	2788	768	-420	1170	1036	-519	1354	312	-158	931	389	-188	780
6月24日	1047	-719	2789	1047	-719	2789	772	-422	1176	1065	-533	1424	322	-163	947	402	-194	787
6月29日	1030	-689	2797	1030	-689	2797	771	-409	1188	1038	-500	1445	279	-141	959	389	-194	798
7月1日	991	-681	2809	991	-681	2809	735	-402	1194	1001	-501	1451	258	-131	966	344	-166	800
7月5日	995	-684	2811	995	-684	2811	749	-409	1203	1040	-521	1455	267	-135	977	372	-180	810

续表 9-11

监测日期	1号			2号			3号			4号			5号			6号		
	Δx	Δy	Δz	Δx	Δy	Δz	Δx	Δy	Δz	Δx	Δy	Δz	Δx	Δy	Δz	Δx	Δy	Δz
7月9日	991	-691	2815	991	-691	2815	765	-402	1207	995	-500	1460	277	-141	980	372	-180	815
7月15日	984	-682	2820	984	-682	2820	778	-398	1214	1056	-514	1469	267	-134	988	402	-165	818
7月18日	995	-684	2825	995	-684	2825	867	-474	1217	1187	-594	1473	1786	-136	993	-962	1785	822
7月21日	3719	-2535	2826	3719	-2535	2826	769	-420	1218	1107	-554	1477	273	-139	995	386	-187	823
7月27日	3396	-1537	2828	3396	-1537	2828	770	-475	1222	1057	-520	1480	285	-142	997	404	-184	826
7月31日	3695	-2517	2830	3695	-2517	2830	809	-418	1224	1110	-554	1483	272	-153	999	444	-210	829
8月3日	3726	-2540	2859	3726	-2540	2859	925	-505	1249	1274	-638	1502	388	-196	1023	513	-248	851
8月7日	3696	-2520	2867	3696	-2520	2867	915	-455	1253	1114	-568	1509	288	-146	1029	443	-243	854
8月10日	3705	-2541	2877	3705	-2541	2877	934	-485	1260	1266	-637	1518	388	-196	1044	513	-248	866
8月15日	3696	-2540	2907	3696	-2540	2907	951	-472	1273	1124	-527	1540	371	-206	1061	516	-205	882
8月20日	3864	-2633	2920	3864	-2633	2920	928	-507	1283	1266	-633	1561	388	-196	1076	505	-244	896
8月24日	3861	-2631	2940	3861	-2631	2940	930	-508	1288	1266	-633	1571	388	-196	1081	513	-248	899
8月28日	3863	-2632	2954	3863	-2632	2954	935	-511	1299	1307	-654	1595	387	-196	1091	517	-250	912
8月31日	3863	-2632	2969	3863	-2632	2969	937	-512	1303	1314	-658	1601	386	-195	1101	517	-250	915

9.5.3 支持向量机模型的构建及应用

本节以杏山铁矿为工程背景，研究露天转为地下开采时地下开采对露天矿边坡位移的非线性影响。采用 2008 年 9 月 10 日~2009 年 8 月 20 日之间的实测数据，利用支持向量机对该矿露天转地下开采边坡监测点的实测位移进行建模，对 2008 年 12 月 20 日~2009 年 9 月 20 日之间的变形进行预测。具体建模数据提取每月 10 号、20 号和 30 号 3 组数据，对于个别没有对应日期的数据采用插值方式获得。每一监测点共提取 35 组数据，选择变形序列历史点数为 10，共构建 25 个学习样本，进行学习训练建立起支持向量机模型，训练样本构成见表 9-12。

表 9-12 训练样本的构成

训 练 样 本	期 望 输 出
$x(1)$, $x(2)$, $\cdots$, $x(10)$	$x(11)$
$x(2)$, $x(3)$, $\cdots$, $x(11)$	$x(12)$
$\vdots$	$\vdots$
$x(25)$, $x(26)$, $\cdots$, $x(34)$	$x(35)$

对 2009 年 8 月 30 日~9 月 20 日之间的位移值进行预测分析，结果如图 9-59~图 9-64 所示。从分析结果可以看出，利用支持向量机以结构风险最小为理论基础，在处理小样本学习问题上具有独到优越性的特性，可获得全局最优解，有着良好的泛化性能。所建立的模型能够有效表达地下开采与露天矿边坡变形之间复杂的非线性关系，预测结果准确性高。

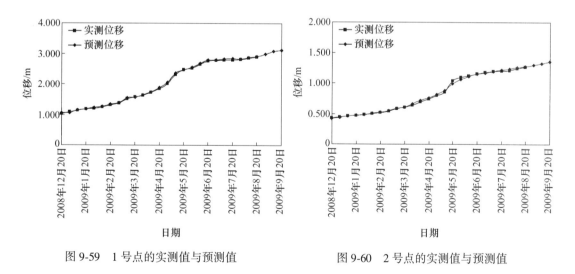

图 9-59 1 号点的实测值与预测值　　　　图 9-60 2 号点的实测值与预测值

从图 9-59~图 9-63 可见，支持向量机对学习样本的拟合精度高，支持向量机对学习样本之外的样本预测精度也很高，最大相对误差为 3.11%，变形预测可完全满足工程上对精度的要求，可为矿山边坡稳定性预测预报提供重要参考。

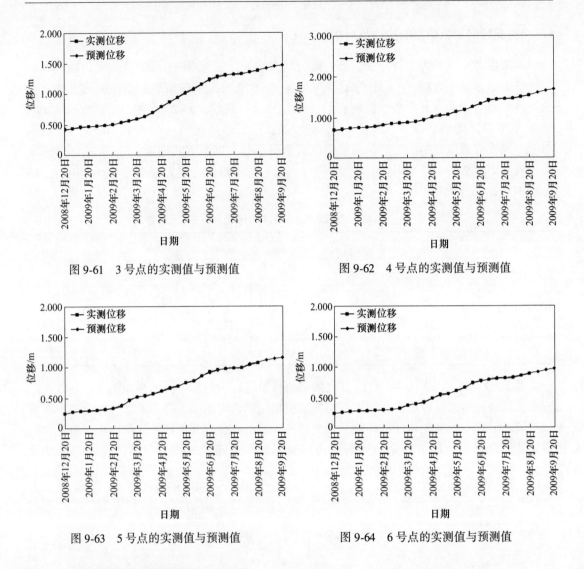

图 9-61　3 号点的实测值与预测值　　　　图 9-62　4 号点的实测值与预测值

图 9-63　5 号点的实测值与预测值　　　　图 9-64　6 号点的实测值与预测值

9.6　地压监测与围岩稳定性分析

9.6.1　巷道表面位移测量

巷道表面位移测量包括两帮收敛、顶板下沉及底鼓的测量等。巷道表面位移与许多因素有关，诸如地应力、岩体的物理力学特性、开挖方式、巷道形状及尺寸等的影响。因此，围岩变形的发生、发展是一个非常复杂的过程，它是各种相关因素的综合反映。根据围岩变形提供的信息既可以分析巷道周边相对位移变化速度、变化量，又可以研究它们与工作面位置的关系，对评价巷道围岩稳定性具有实际指导意义。

巷道表面位移测量采用煤炭科学研究总院北京建井所研制的 JSS30A 型伸缩式数显收敛计，可用于测量巷道周边两点间的距离变化。该收敛计主机读数有液晶显示屏显示，具有读数直观、结构新颖、测量精度高、重量轻、便于携带等特点，其结构原理如图 3-65 所示。

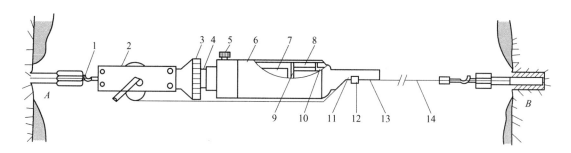

图 9-65　收敛计结构图

1—钩；2—尺架；3—调节螺母；4—滑套；5—紧固螺钉；6—外壳；7—数显装置；8—弹簧；
9—前轴螺母；10—前轴；11—联尺；12—尺卡；13—尺孔销；14—带孔钢尺

9.6.1.1　布线形式及测量原理

A　布线形式

巷道断面收敛监测的实质是测量巷道两帮、顶底板之间的相对位移。监测采用安装、测试简便、精度较高且具有可验证性的双三角形布线方式，如图 9-66 所示。通过测线 *BC*、*DE* 的变化可得出巷道两帮的相对变形；通过测线 *AB*、*AC*、*AD*、*AE* 的变化可了解顶板的位移情况。

B　测量原理

围岩周边的位移，是一定范围内的岩体各点应变在某一线性长度上的积分，位移相对于应变是一个宏观物理量，具有较大的量值，可采用收敛计测出巷道周边两固定点在连线方向上的位移变化，所测得的数值是两固定点在其连线方向上位移量之和。为求出每一测点的位移量，可采用闭合三角形法分析解算，如图 9-67 所示。

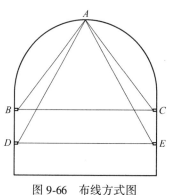

图 9-66　布线方式图

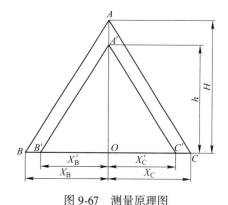

图 9-67　测量原理图

9.6.1.2　测点布置及安装操作

巷道断面收敛测量在 −30m 水平的 4、5 回采进路中各布置 2 个监测站，编号为 1 号、2 号，两测站之间的距离为 6~6.5m；在 −45m 水平的 3、4 进路中共布置 7 个监测站，编号为 3-1 号、3-2 号、3-3 号、3-4 号、3-5 号和 4-1 号、4-2 号，两测站之间的距离为 7m。其中 3-3 号、3-4 号测站在监测过程中先后损毁。收敛监测点布置如图 9-68、图 9-69 所示，具体布点参数见表 9-13。

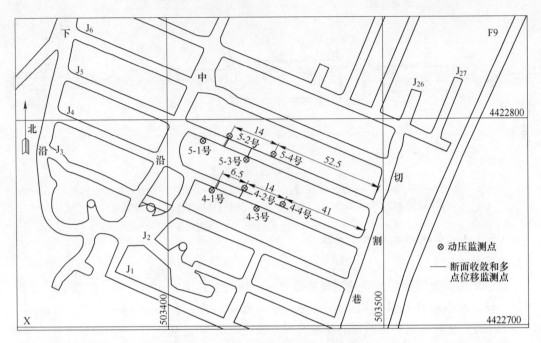

图 9-68 -30m 水平收敛监测点布置平面图

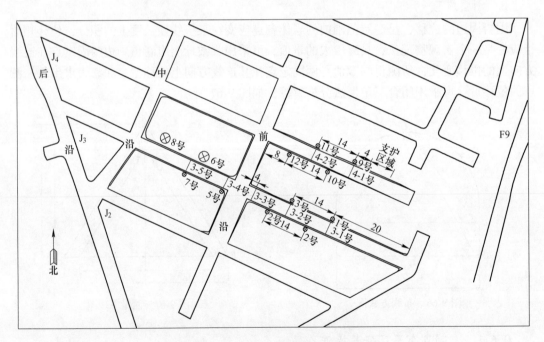

图 9-69 -45m 水平收敛监测点布置平面图

9.6.1.3 数据处理与分析

A 数据处理

根据巷道断面收敛数据，分别作顶板下沉量、下沉速率和两帮的移近量、移近速率随时间变化曲线，如图 9-70~图 9-77 所示。

表 9-13 巷道断面收敛布线参数

开采水平	回采进路	测站编号	距工作面初始距离/m	测站	距底板高度/m
-30m	4	1	43	B（C）	1.60
				D（E）	1.20
		2	36.5	B（C）	1.71
				D（E）	1.36
	5	1	46.5	B（C）	0.72
				D（E）	1.15
		2	52.5	B（C）	1.59
				D（E）	1.11
-45m	3	1	20	B（C）	1.0
				D（E）	1.5
		2	34	B（C）	1.0
				D（E）	1.5
		3	48	B（C）	1.0
				D（E）	1.5
		4	57.6	B（C）	1.0
				D（E）	1.5
		5	71.6	B（C）	1.0
				D（E）	1.5
	4	1	6	B（C）	1.0
				D（E）	1.5
		2	20	B（C）	1.0
				D（E）	1.5

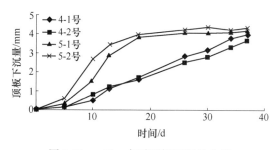

图 9-70 -30m 水平顶板下沉量曲线 　　图 9-71 -30m 水平顶板下沉速率曲线

B 结果分析及预测

（1）-30m 水平数据分析如下：

分析图 9-70~图 9-73 可知，5 进路 1 号、2 号巷道断面收敛大致经历了变形急剧增长、缓慢增长和基本稳定 3 个阶段。在变形急剧增长阶段，顶板下沉速率最高达到了 0.46mm/d，两帮移近速率超过了 0.6mm/d；随时间推移，变形缓慢增长，增长率逐渐下降，收敛变化率平均在 0.2~0.4mm/d 之间；当收敛变化率在 0.2mm/d 以下时，可认为巷道围岩稳定。

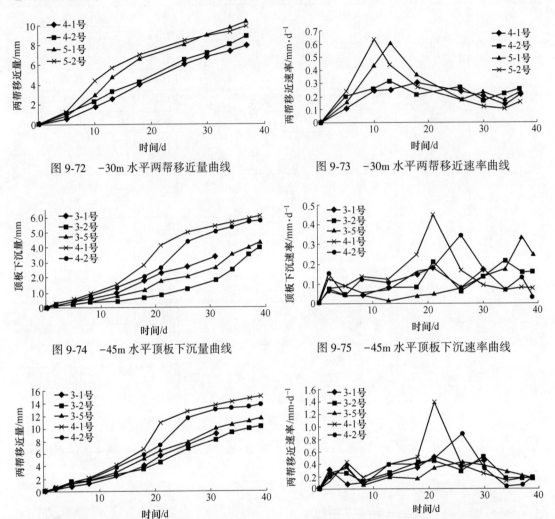

图 9-72　−30m 水平两帮移近量曲线　　　　图 9-73　−30m 水平两帮移近速率曲线

图 9-74　−45m 水平顶板下沉量曲线　　　　图 9-75　−45m 水平顶板下沉速率曲线

图 9-76　−45m 水平两帮移近量曲线　　　　图 9-77　−45m 水平两帮移近速率曲线

　　5 进路 1 号、2 号断面各测点顶板下沉速率、两帮移近速率最大分别发生在第 13 天和第 9 天，即离工作面的距离分别为 42m 和 40m，刚好处在应力峰值点区间，这与采场地压监测情况是相符的。

　　与 4 进路监测结果相比，5 进路各测点顶板下沉量、两帮移近量均偏大，这是因为采动引起的局部应力集中造成巷道变形较大，而 4 进路断面始终处于应力降压区或稳定区，其巷道变形受应力影响较小一些。

　　综合图 9-70~图 9-73 可知，矿体回采时，巷道位移是以收敛为主，多数表现为顶板的微小下沉和两帮的微小移近；顶板下沉量在 4.36mm 范围内，两帮移近量在 10.41mm 范围内。可见，两帮的移近量大于顶板的下沉量，且前者一般是后者的 2 倍左右。其原因一方面是早期露天开采期间的大规模开挖，大大消减了上覆岩层的重量；另一方面是该矿采用无底柱分段崩落采矿法，在对上一分层进行回采时，使下分层的顶板压力得以释放。

（2）-45m 水平数据分析如下：

分析图 9-74~图 9-77 可知，从仪器安装到工作面开始回采，顶板下沉量、两帮位移量均缓慢增加，巷道断面收敛也大致经历了变形急剧增长、缓慢增长和基本稳定 3 个阶段，这与-30m 水平监测结果是一致的。

-45m 水平 4 进路的巷道断面收敛与 3 进路的断面收敛相比普遍偏大，其中顶板下沉量最大差值达 2.69mm，两帮位移量最大差值达 5.96mm。其主要原因是 4 进路巷道围岩较为破碎，进路开挖后巷道围岩产生了塑性流动。因此，工程实际中除对塌方冒落区域需进行支护外，还应对该区域附近进行喷射混凝土支护，以提高巷道围岩的抗变形能力。

9.6.2 巷道围岩深部位移测量

为探明巷道围岩深部的稳定状况，进一步研究不同高程处巷道顶部岩层的移动情况，摸清岩体变形移动与岩体位置、动压活动规律的关系，除测量巷道表面的相对位移外，还需对围岩深部岩体的破坏和位移变化情况进行观测。

9.6.2.1 测点布置及安装

在 4、5 回采进路中各布置 2 个多点位移计监测点，编号为 1 号、2 号，其中 2 号测点距工作面距离较近。4 回采进路中 2 号测点距工作面的初始距离为 36.5m，1 号测点损毁；5 回采进路中 2 号测点距工作面的初始距离为 46.5m。为了便于监测和结果分析，多点位移计和收敛仪应布置在同一巷道断面上。在 4 回采进路中，多点位移计和收敛计的 1 号、2 号测点共同布置在 62 号和 58 号炮孔中；在 5 回采进路中，多点位移计和收敛计的 1 号、2 号测点共同布置在 65 号和 58 号炮孔中，具体测点布置如图 9-68 所示。

9.6.2.2 数据处理与分析

当巷道围岩发生位移时，孔内不同深处各测点、孔口参考点的位移均发生变化，利用高精度量尺测出孔内各测点下垂钢丝自由端距孔口参考点的距离，可以计算出孔内各测点相对孔口的位移量，然后在表面位移监测的基础上，算出各个孔内不同深度处的绝对位移，依此可做出顶板内各测点位移变化曲线。监测从 2009 年 12 月 12 日~2010 年 1 月 18 日，历经 37 天。归纳整理监测数据，以时间（天）为横坐标、以位移（mm）或位移速率（mm/d）为纵坐标，作顶板内围岩变形位移曲线，如图 9-78~图 9-83 所示。

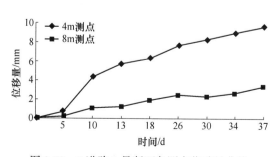

图 9-78　5 进路 1 号断面各测点位移量曲线

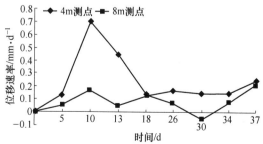

图 9-79　5 进路 1 号断面各测点位移速率曲线

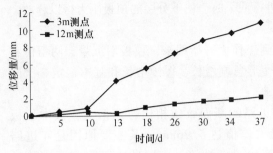

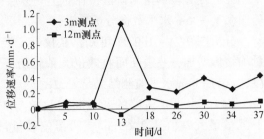

图 9-80　5 进路 2 号断面各测点位移量曲线　　　　图 9-81　5 进路 2 号断面各测点位移速率曲线

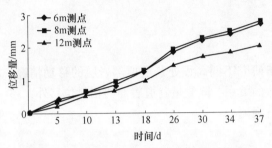

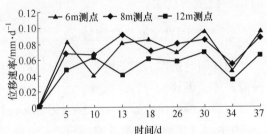

图 9-82　4 进路 2 号断面各测点位移量曲线　　　　图 9-83　4 进路 2 号断面各测点位移速率曲线

基于上述监测结果，对巷道围岩变形分析及预测如下：

（1）分析图 9-78 ～ 图 9-81 可知，5 进路 1 号、2 号断面各测点下沉量均是先缓慢增加，经过一段时间后迅速增大，这是因为开始时各断面测点尚未受到采动应力的影响，随着应力增长区的到来，各测点的下沉量也迅速增加，但总体上下沉量不大，均在 10.7mm 以内，表明巷道发生变形破坏的可能性较小。

（2）5 进路 1 号、2 号断面各测点最大下沉量、下沉速率分别发生在第 13 天和第 9 天，说明采动应力峰值到达各断面的先后时间不同，这与钻孔压力出现峰值点的时间相符。

（3）从图 9-82、图 9-83 可以看出，4 进路 2 号断面各测点下沉量自始至终缓慢增加，下沉速率也基本恒定，这是因为此断面距工作面的距离较近，处在采动压力降低区或稳定区的缘故。

综合图 9-78 ～ 图 9-81 可知，3m、4m 测点的下沉量变化明显，6m、8m、12m 测点下沉量变化较小，说明巷道围岩内部稳定性较好，而围岩表面松动破坏严重，因此在围岩比较破碎或节理裂隙发育地段需进行防护。

9.6.3　巷道围岩应力监测

巷道围岩发生变形、位移和破坏是岩体内应力作用的结果。岩体内的应力状态十分复杂，受到上覆岩层自重应力、地质构造残余应力和水压力等的影响。巷道开掘后，围岩应力重新分布，其分布状况与巷道的几何尺寸、开采技术条件及岩体物理力学性质等密切相关。在进行巷道围岩稳定性分析时，了解岩体内应力的大小、方向、分布状态及其变化规律十分重要。

进行钻孔应力监测，测量因采动影响的岩层内部应力场的变化，是研究采场地压作用规律的重要手段之一，可为巷道围岩稳定性评价及支护设计优化提供科学依据，对矿山安全生产具有重要指导意义。

钻孔应力监测采用天地科技股份有限公司开发研制的 ZYJ-25 型钻孔应力计，如图 9-84 所示，它是近几年发展起来的一种岩体应力变化测试技术，具有灵敏度高、读数方便、简单等特点，在地下围岩应力监测中得到广泛的应用。

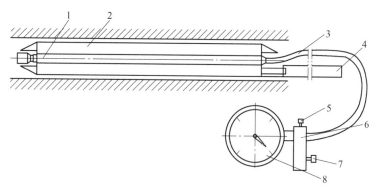

图 9-84 钻孔应力计结构示意图

1—包裹体；2—压力枕；3—油管；4—安装杆；5—注油嘴；6—四通；7—密封栓；8—压力表

9.6.3.1 测点布置、布置形式及安装操作

A 测点布置

为更好地掌握采场地压变化规律、矿岩体的破坏形式以及巷道围岩的变形情况，结合回采顺序、爆破进度等，测站分别布置在-30m 水平正在回采的 4、5 进路和-45m 水平的3、4 进路中。

动压监测点在每条回采进路中各布置 4 个，编号分别为 1 号、2 号、3 号、4 号。1 号、3 号测点分别布置在巷道的右帮，2 号、4 号测点分别布置在巷道的左帮，两相邻测点之间的距离为 7m，其中 4 号测点距工作面最近。为了便于监测和结果分析，钻孔应力计和收敛计布置在同一剖面上或附近。在-30m 水平的 4 回采进路中，钻孔应力计的 1 号测点布置在 63 号炮孔，2 号测点布置在 57 号炮孔；收敛计的 1 号测点布置在 62 号炮孔，2 号测点布置在 58 号炮孔。在 5 回采进路中，钻孔应力计和收敛计的 1 号、2 号测点共同布置在 70 号和 65 号炮孔中。测点布置如图 9-68 所示。

在-45m 水平的 3 进路中，共布置 8 个监测点，编号为 1 号、2 号、3 号、4 号、5 号、6 号、7 号、8 号；4 进路共布置 4 个监测点，编号为 9 号、10 号、11 号、12 号。2 号、4 号、5 号、7 号、10 号、12 号钻孔应力计分别布置在巷道的左帮，1 号、3 号、6 号、8 号、9 号、11 号钻孔应力计分别布置在巷道的右帮，两相邻测点之间的距离为 7m。其中，3 进路的 1 号应力计距开切眼最近，为 20m；4 进路的 9 号应力计距塌陷区距离最近，仅有 6m。测点布置如图 9-69 所示。

两开采水平的测点钻孔布置参数见表 9-14。

B 布置形式

根据实际监测的需要，选择合适的安装方式，ZYJ-25 型钻孔应力计可以实现任一方向应力变化的监测。由于本环节研究主要是针对竖直方向上的应力变化情况进行监测，故将钻孔应力计布置在回采巷道两帮水平孔内，埋深2~3m。安装时，应力枕水平放置，使包裹体处于上下位置。

表 9-14　钻孔布置参数

开采水平	回采进路	应力计编号	距工作面初始距离 /m	孔深 /m	距底板高度 /m
-30m	4	1	41	2.5~3.0	1.36
		2	33.5	2.5~3.0	1.05
		3	26.5	2.5~3.0	0.90
		4	22.5	2.5~3.0	1.20
	5	1	52.5	2.5~3.0	1.11
		2	46.5	2.5~3.0	1.29
		3	36.5	2.5~3.0	1.17
		4	31.5	2.5~3.0	0.72
-45m	3	1	18.8	2.5~3.0	1.5
		2	25.8	2.5~3.0	1.5
		3	32.8	2.5~3.0	1.5
		4	39.8	2.5~3.0	1.5
		5	57.6	2.5~3.0	1.5
		6	64.6	2.5~3.0	1.5
		7	71.6	2.5~3.0	1.5
		8	78.6	2.5~3.0	1.5
	4	9	6	2.5~3.0	1.5
		10	13	2.5~3.0	1.5
		11	20	2.5~3.0	1.5
		12	27	2.5~3.0	1.5

9.6.3.2　数据处理与分析

A　监测数据处理

地压监测在-30m水平4、5回采进路共设置了8个监测点，监测从2009年12月12日~2010年1月18日，共历经38天；在-45m水平3、4进路共设置12个监测点，监测从2010年7月29日~2010年10月31日，共历经37天。平均每两天观测一次。其间，-45m水平的5号、10号、11号、12号监测点损毁。随着回采工作面的不断推进，各进路的钻孔应力计先后被损毁。对监测到的数据归纳整理，以距工作面距离为横轴，以应力计读数为纵轴，形成各测点压力变化曲线，如图9-85~图9-99所示。由于-45m水平3进路的9号监测点距巷道冒落区较近，根据监测数据，形成了应力随时间变化的曲线，如图9-100所示。

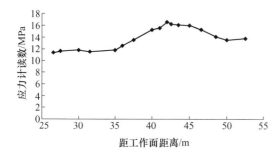

图 9-85 -30m 水平 5-1 号测点压力观测曲线

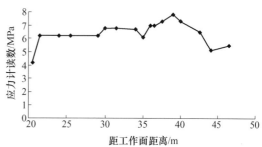

图 9-86 -30m 水平 5-2 号测点压力观测曲线

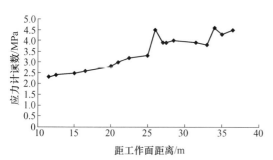

图 9-87 -30m 水平 5-3 号测点压力观测曲线

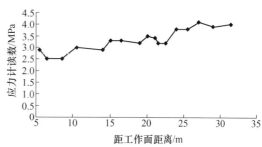

图 9-88 -30m 水平 5-4 号测点压力观测曲线

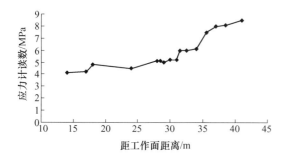

图 9-89 -30m 水平 4-1 号测点压力观测曲线

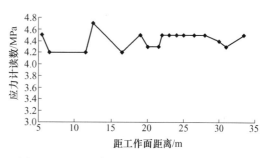

图 9-90 -30m 水平 4-2 号测点压力观测曲线

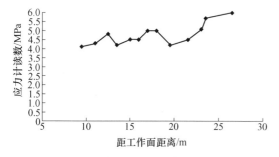

图 9-91 -30m 水平 4-3 号测点压力观测曲线

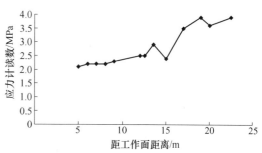

图 9-92 -30m 水平 4-4 号测点压力观测曲线

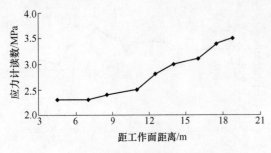

图 9-93　−45m 水平 3-1 号测点压力观测曲线

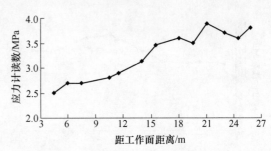

图 9-94　−45m 水平 3-2 号测点压力观测曲线

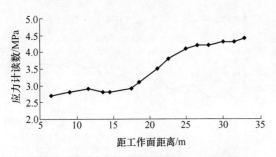

图 9-95　−45m 水平 3-3 号测点压力观测曲线

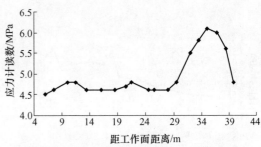

图 9-96　−45m 水平 3-4 号测点压力观测曲线

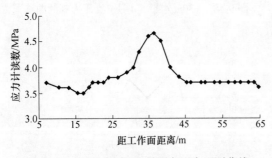

图 9-97　−45m 水平 3-6 号测点压力观测曲线

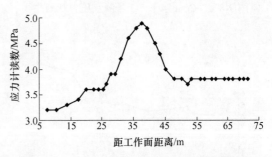

图 9-98　−45m 水平 3-7 号测点压力观测曲线

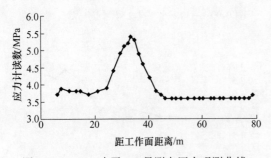

图 9-99　−45m 水平 3-8 号测点压力观测曲线

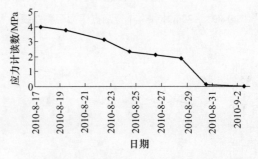

图 9-100　−45m 水平 3-9 号测点压力观测曲线

B　结果分析及预测

a　−30m 水平

分析图 9-85、图 9-86 可知，5-1 号、5-2 号钻孔应力计开始安装时，应力值有所下降，但下降量不大。这是由于钻孔应力计安装时设定的初始压力偏高，钻孔围岩变形较大，应力有所释放造成的。经过一段时间后，应力迅速增加，稍后逐渐下降，最后趋于稳定，这与采场地压显现规律相符，即存在应力升高区、应力降低区和应力稳定区。采场应力峰值点在 39~42m 之间，该区段回采巷道应该加强支护，以免造成安全事故。

从图 9-87、图 9-88 可知，5-3 号、5-4 号钻孔应力计从安装到破坏，应力值呈现出先缓慢下降、接着趋于稳定的特征，这是由于应力计安装在应力降低区的缘故。5-3 号、5-4 号钻孔应力计安装的初始位置分别是 36.5m 和 36.5m，刚好处在 5-1 号、5-2 号钻孔应力的降低区，与上述情形相符。

4-1 号、4-3 号、4-4 号钻孔应力值也呈现出先下降、稍后逐渐趋于稳定的特征。结合 5 进路矿压显现规律，不难看出，这是因为钻孔应力计安装距工作面较近，处在应力降低区。而 4-2 号钻孔应力值始终在 4.4MPa 附近波动，是由于钻孔应力计安装在了应力稳定区。

b　-45m 水平

从安装到工作面开始回采（历经 14 天），3、4 回采进路的应力计读数均有所下降，3 进路的应力计读数最小下降了 0.3MPa，最大下降了 0.7MPa，平均下降了 0.54MPa；4 进路的应力计读数最小下降了 0.6MPa，最大下降了 1.3MPa，平均下降了 1.0MPa。主要原因是巷道开挖后围岩体的塑性变形，使应力有所释放所造成的，随围岩体趋于稳定，应力计读数也趋于恒定。另外，4 进路的应力计读数下降值近乎是 3 进路的 2 倍，进一步说明了 4 进路的巷道围岩体较为破碎、塑性变形较大的问题。

分析图 9-89~图 9-99 可知，-45m 水平采场地压最大峰值点距工作面 33.5~36.5m 之间，这与 -30m 水平监测值有所差异（5.5m），说明采场地压不仅受回采工艺的影响（炮孔排距、装药量、回采顺序等），而且还与采场节理、裂隙、断层等地质因素有关。

从图 9-100 可以看出，9 号应力计读数先是缓慢下降，最后降低为 0MPa。主要原因是由于该位置距巷道冒落支护区较近（仅有 6m），一方面巷道围岩较为破碎，另一方面巷道围岩变形量较大（两帮移近量最大 15.2mm），使围岩应力得以充分释放。

总体上，巷道围岩体中的竖直压力变化幅度不算太大，均在 5.2MPa 以下，说明爆破扰动后，采场应力变化不是很明显，局部的应力集中不会对巷道稳定性造成太大的影响。

9.6.4　地下围岩破坏和失稳声发射监测

在露天转地下开采情况下，地下开采对边坡稳定性有很大影响。为研究地下开采引起的边坡围岩破坏范围和围岩体采动影响下的破坏发展规律，进行了现场声发射监测和分析。

声发射是材料内部动力学过程中，伴随着应变能的释放而产生的一种应力波。固体材料在外力的作用下，内部的物理缺陷或不均质区会发生应力集中，导致微破裂的产生和扩展。同时，累积的应变能也随即释放，伴随着应变能的释放产生应力波，由材料内部的发源点向四周传播。这种现象称为固体材料的声发射。

岩体为非均质固体材料，在变形破坏过程中，伴随着岩体内部应力分布的重新调整，岩体内部会产生一系列声发射信号。研究表明，声发射信号的强弱、多少与岩体结构、构造及受力状态有关，岩体结构受力破坏的不同阶段，其声发射水平有一定的差别。岩体越濒临破坏,所产生的声发射信号就越强、越多,且岩体声发射水平的升高超前于岩体结构的变形破坏。岩体一旦破坏后,其声发射水平便会急剧下降。因此,对岩体的声发射状态进行检测分析,就可判断岩体、充填体的变形破坏程度,从而预测其安全状态及稳定性。

9.6.4.1 现场声发射监测

为能有效完成露天转地下矿体开采安全保障体系的监测,采用 SWAES 数字化全波形声发射监测仪(图 9-101),该装置可根据需要选配不同的传感器和放大器,对应每一通道的参数、波形分别触发,数字信号处理电路可避免飘移现象,实现更高的精度和稳定性,可操控任意或全部通道的参数和波形采集(图 9-102)。设备主要参数见表 9-15 和表 9-16。

(a) 声发射采集机箱　　　　　(b) 前置放大器　　　　　(c) 声发射传感器

图 9-101　SWAES 数字化声发射测试装置

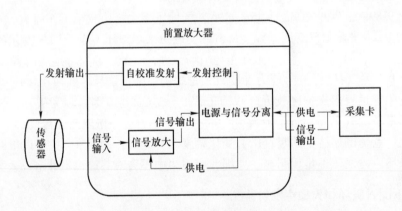

图 9-102　声发射系统测试系统简图

表 9-15　SWAES 主要性能范围

数据传输 /MB·s⁻¹	频率响应 /kHz	功耗 /W	动态范围 /dB	采样精度 /Byte	工作电压 /V
132	(20~200)±1.0dB	160	≥72	16	AC220

表 9-16　声发射系统主要实验参数预置

采样频率 /kHz	采样长 /Byte	采样间隔 /μs	波形门限 /dB	参数门限 /dB	前放增益 /dB	主放增益 /dB
2000	2048	2000	40	40	40	0

9.6.4.2 现场声发射监测过程

A 测点布置

现场监测周期从 2010 年 8 月开始到 2010 年 11 月结束，在 -45m 水平布置了 12 个观测孔，监测孔的布置如图 9-103 所示。第一个监测孔 S1 距回采巷道 20m，监测孔的间距 4m，设计孔深 2.5m，钻孔向下倾斜，与水平面夹角 20°。

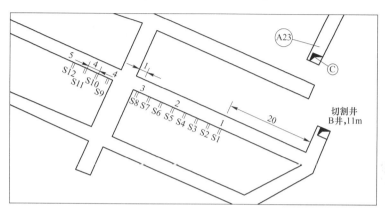

图 9-103 杏山铁矿 -45m 水平声发射监测布置图

B 现场监测步骤

声发射监测的基本程序为：硬件连接→软件设置→调试。每次监测距离掘进面最近的 4 个相邻孔，每孔布设 1 个传感器。布置好传感器后，需在钻孔灌满水进行耦合，保证声发射监测数据的准确性，现场监测设备布置如图 9-104 所示。

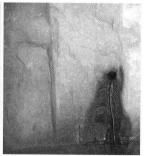

图 9-104 现场声发射监测系统安装图

9.6.4.3　监测结果及数据分析

自 2010 年 8 月到 11 月开始，共进行了 8 个时段的现场声发射监测，每次监测 3~4h，监测并记录该时段内的围岩裂隙产生的声发射信号。观测时间和观测位置见表 9-17。

表 9-17　现场监测数据统计表

监测日期	测点位置	第一通道测点距采掘面距离/m
2010 年 8 月 18 日	S1、S2、S3、S4	20
2010 年 8 月 24 日	S2、S3、S4、S5	15
2010 年 8 月 26 日	S3、S4、S5、S6	15
2010 年 9 月 22 日	S5、S6、S7、S8	15
2010 年 9 月 25 日	S6、S7、S8、S9	16
2010 年 10 月 20 日	S8、S9、S10、S11	15
2010 年 11 月 5 日	S9、S10、S11、S12	7
2010 年 11 月 8 日	S9、S10、S11、S12	7

由于观测记录的数据量非常大，选择将 8 月 18 日观测得到的部分大事件数据示于表 9-18。所得到的典型监测图如图 9-105~图 9-118 所示。

表 9-18　现场记录声发射测试数据

通道	到达时间	幅度/dB	振铃计数	持续时间/μs	能量/mV·μs
1	14：50：37	45.9	26226	113743353.3	278659.2905
	14：57：28	58.5	54410	100886844.9	139084.483
	15：15：20	46.3	50576	94011936.6	97110.6421
	15：26：10	47.4	53760	99710947.9	509524.9609
	15：37：29	29.3	14547	222738.6	1834.7018
	15：44：02	26.3	11350	134278.3	1113.7204
	16：34：43	94.1	17512	673225.2	598322.4207
2	14：37：45	32.6	27348	39945513.6	215468.483
	15：13：25	39.3	51843	24892823.4	147211.3965
	15：27：02	38.3	53964	15780062.9	89544.5325
	15：30：09	25.5	63167	5237247.6	29349.0759
	15：31：12	25.5	64498	1317316.7	7081.1252
	15：49：35	58.8	65048	993216.4	10113.0557
	16：00：10	43.3	62417	537253.9	5608.7357
	16：15：43	43.8	41132	383774.2	3456.4081
	16：22：39	44.2	47862	930558.6	6285.3363

续表9-18

通道	到达时间	幅度/dB	振铃计数	持续时间/μs	能量/mV·μs
3	15：50：55	59.2	2928	42987.3	2283.5522
	15：50：55	43.8	1710	26365.9	269.4772
	15：52：41	56.7	1929	30989.5	727.7121
	16：34：43	70.1	6503	94863.6	2527.254
	16：38：44	81.5	34139	742376.3	248664.014
	16：44：46	75.2	13906	158421.9	5868.5144
	16：48：40	53.9	2535	60499.4	490.9332
4	14：56：33	30.3	1119	14298.2	105.2084
	15：37：35	34.8	1572	16291.9	205.9619
	15：50：50	33	1020	15212.2	105.9726
	16：34：43	95	43964	103123427.2	141554.0176
	16：59：00	25.5	1008	13638.4	86.8469
	17：01：44	33.6	1524	13077.3	135.9509
	18：17：12	35.8	1090	12579	102.7554

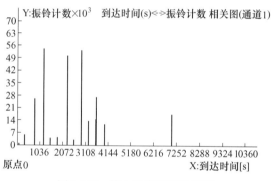

图9-105 第1通道振铃数记录

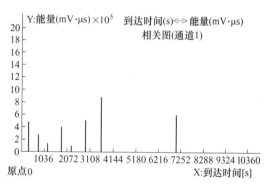

图9-106 第1通道能量记录

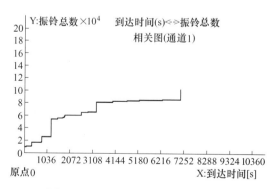

图9-107 第1通道累计振铃数记录

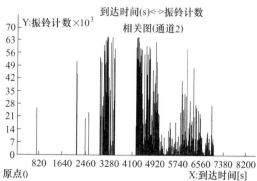

图9-108 第2通道振铃数记录

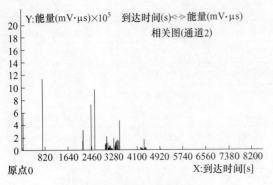

图 9-109　第 2 通道能量记录

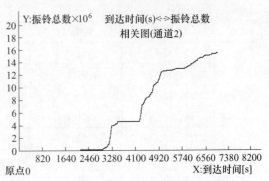

图 9-110　第 2 通道累计振铃数记录

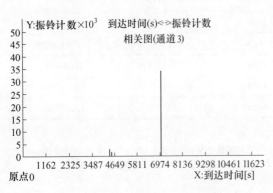

图 9-111　第 3 通道振铃数记录

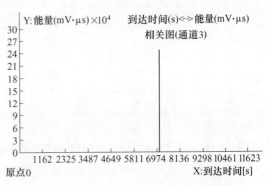

图 9-112　第 3 通道能量记录

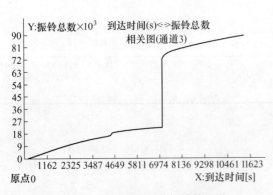

图 9-113　第 3 通道累计振铃数记录

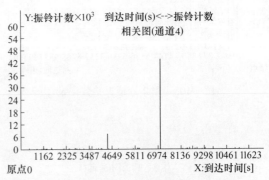

图 9-114　第 4 通道振铃数记录

以 2010 年 8 月 18 日为例，从记录数据中可以看出，在开采过程中岩体内部破坏持续发展（图 9-107、图 9-110、图 9-113、图 9-116），且在爆破前后围岩体损伤破坏发展极为迅速。

采动过程中，围岩体存在零星声发射信号输出，从现场观察和试验情况来看，部分信号来自于凿岩或其他工程引起的声发射现象，还有部分信号由于测点附近围岩体受到开采扰动，应力重分布尚未达到平衡，围岩破坏持续发展而产生（图 9-117）。

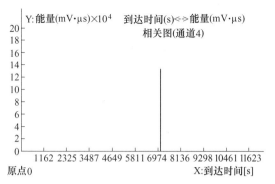

图 9-115 第 4 通道能量记录

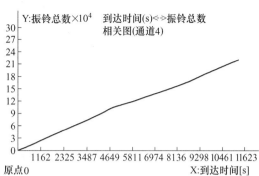

图 9-116 第 4 通道累计振铃数记录

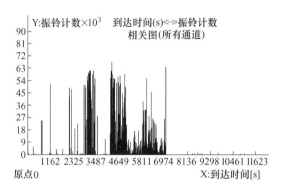

图 9-117 所有通道振铃数记录

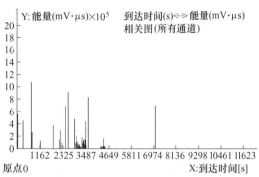

图 9-118 所有通道能量记录

记录过程中在其他开采水平进行了两次爆破，仪器第 1、2 通道记录了两次爆破和爆破后的围岩破裂声发射信号，而第 3、4 通道没有捕捉到信号。由此可基本确定爆破水平位置位于第 1、2 测点之间，靠近 2 号测点的位置；而这两次爆破对 3、4 测点附近的岩体基本没有造成影响。可见采动对围岩体稳定性在竖直方向的影响要大于水平方向。

从整体记录上看，采动引起的巷道围岩体破裂发展在整个采动过程中持续进行，而在爆破前后围岩破裂程度加剧，速度加快。从图 9-108、图 9-109 中不仅可以看出爆破振动对围岩的直接破坏，也可以发现爆破后 1h 内扰动区围岩仍然处于加速破裂阶段。而从第二通道能量图可以看出，由于开采扰动的影响，前两次爆破使第 2 测点附近岩体破坏程度较大，所以第二通道没有探测到在 -45m 水平的第三次爆破。

分析图 9-117 和图 9-118 可以看出，在强烈扰动的情况下，围岩体完整性遭受严重破坏，虽然周围岩体后期仍有不断破裂，但是传递过来的能量都很小，说明测点周围的岩体已经处于塑性破坏阶段。

对比各通道振铃计数结果可以发现，距离采动面较近的 1、2 号通道捕捉到的信号较多，信号也比较强烈；距离较远的 3、4 号通道捕捉到的信号较多，信号强度也较弱。根据室内模拟实验的结果可知，完整岩体中探头测试范围约为 10m 左右，由此可以得出采动引起围岩扰动造成的围岩体破坏范围约为 30m。

综上所述，可以得出以下结论：

（1）采动过程中凿岩、爆破和围岩应力扰动后的重新分布，均可造成现场声发射信号触发，其中钻孔引起的信号较少，爆破造成的围岩扰动较大。对围岩的损伤破坏不仅体现在爆轰波和爆生气体对围岩的直接破坏，也体现在围岩体受剧烈的采动扰动后，打破了原有的应力平衡状态，在达到新的应力平衡状态的自组织过程中，岩体内部新的微裂隙产生与扩展，从而产生了次生的声发射现象。

（2）采动影响是由开采变形、爆破、局部应力集中等多种因素共同作用产生。从各通道的位置关系和接收信号强弱分析中可以得出，采动对围岩体破裂的影响范围在竖直方向上要大于水平方向。对比各个通道数据可以发现，采动扰动影响发展于整个开采过程，以 2010 年 8 月 18 日为例，采动对围岩体造成的破坏范围在水平方向上约为 30m。

（3）对比各通道的振铃计数和能量关系，能够分析得到测点附近岩体的破损程度；同时也可以发现，测点附近围岩体在受到较强扰动、产生大量破裂之后，仍可以探测到局部围岩后期破损发展情况，但其能量数值已经大大削弱。

参 考 文 献

[1] 蔡美峰. 金属矿山采矿设计优化与地压控制——理论与实践 [M]. 北京：科学出版社，2001：3~33.

[2] 徐长佑. 露天转地下开采 [M]. 武汉：武汉工业大学出版社，1989.

[3] 吴洪年. 折腰山矿床露天转地下开采的设计与实践 [J]. 有色矿山，1994，4：8~15.

[4] 王玉斌. 铁蛋山矿区露天转地下开采初期采矿方法的探讨 [J]. 矿业快报，2007，459（7）：33~35.

[5] Louis Caccetta, Stephen P Hill. An Application of Branch and Cut to Open Pit Mine Scheduling [J]. Journal of Global Optimization, 2003, 27：349~365.

[6] Lerchs H, Grossmann I F. Optimum Design of Open Pit Mines [J]. Canadian Institute of Mining Bulletin, 1965, 58：47~54.

[7] Dagdelen K, Johnson T B. Optimum Open Pit mine Production Scheduling by Lagrangian Parameterization [C] // Proc. 19th APCOM Symposium of the Society of Mining Engineers, New York：AIME, 1986：127~142.

[8] Caccetta L, Giannini L M, Kelsey P. Application of Optimization Techniques in Open Pit Mining [C] // Proc. 4th International Conference on Optimization Techniques and Applications (Caccetta L, et al., Editors), 1998, 1：414~422.

[9] Caccetta L, Giannini L M. On Bounding Techniques for the Optimum Pit Limit Problem [C] // Proceedings of Australasian Institute of Mining and Metallurgy, 1985, 290：87~92.

[10] Caccetta L, Giannini L M. Optimization Techniques in Open Pit Mining [C] // Proceedings of Australasian Institute of Mining and Metallurgy, 1986, 291（8）：57~63.

[11] Caccetta L, Giannini L M, Kelsey P. Optimum Open Pit Design：A Case Study [J]. Asia-Pacific Journal of Operational Research, 1991, 8：166~178.

[12] Wike F L, Muellar K, Wright E A. Ultimate Pit Limit and Production Scheduling Optimazations [C] // 18th APCOM Proceedings, London：IMM, 29~38.

[13] Wright E A. The Use of Dynamic Programming for Open Pit Mine Design：Some Practical Implication [J]. Mining Science and Technology, 1987, 1：97~104.

[14] 石忠民，冯仲仁. 确定露天开采境界的原则和手工法 [J]. 金属矿山，1991，12：21~25.

[15] 李宝祥. 金属矿床露天开采 [M]. 北京：冶金工业出版社，1992：134~160.

[16] 龚清田. 露天矿末期延深扩帮经济合理剥采比的确定 [J]. 金属矿山，1999，273（3）：5~7.

[17] 张伟. 试论采用储量现值指数法确定露天矿合理开采深度 [J]. 湖南有色金属，2002，18（6）：1~3.

[18] Lerchs H, Grossmann I F. Optimum Design of Open-Pit Mines [J]. Trans CIM, 1965, 68：17~24.

[19] 丹·尼尔逊，卡尔·伯格. 露天矿最优开采深度的确定 [J]. 辉宝琨，译. 河北矿冶学院学报，1983（1）：177~186.

[20] 诺沃日诺夫 М Г，等. 急倾斜矿床由露天开采向地下开采过渡界限的确定 [J]. 牛成俊，译. 国外金属矿山，1990（4）：18，22~25.

[21] 诺沃日诺夫 М Г，等. 露天开采向地下开采过渡的效率问题 [J]. 江成博，译. 国外金属矿山，1989（10）：41~43，47.

[22] 阿加巴良 Ю А，阿加巴良 А Ю. 山坡-深凹型露天采场极限深度的确定 [J]. 宋彦琦，译. 国外金属矿山，1993（2）：8~12.

[23] 阿加巴良 Ю А，拉扎良 Ф С，巴格达萨良 А Т. 露天矿极限境界的确定 [J]. 牛成俊，译. 国外金

属矿山，1997 (6)：8~12.

[24] 科扎科夫 E M. 露天开采极限深度的技术经济论证 [J]. 刘贺方，译. 国外金属采矿，1988 (1)：6~8.

[25] 萨尔马诺夫 O H. 确定露天矿境界的原则系统和方法 [J]. 辛立中，译. 国外金属矿山，1994 (8)：17~21.

[26] 赵继新. 按照经济规律合理确定露天开采境界 [J]. 有色金属 (矿山部分)，1981 (2)：10~13.

[27] 陆佐铭. 按最大现值的原则确定合理的露天开采境界深度 [J]. 轻金属，1982 (2)：4~8.

[28] 黄诚义. 用动态规划法确定大为石膏矿最优露天开采境界 [J]. 非金属矿，1982 (1)：15~20.

[29] 杨永光. 关于高价矿石露天开采境界的确定原则 [J]. 金属矿山，1984 (7)：16~18，22.

[30] 甘德清. 露天转地下矿山露天开采境界合理确定的探讨 [J]. 河北理工学院学报，1996，18 (3)：8~14.

[31] 王欣. 霍各乞铁矿二号矿床露天开采境界优化 [J]. 包钢科技，2007，33 (3)：5~7.

[32] 苏宏志，鞠玉忠. 确定露天矿开采境界的解析法和方案法 [J]. 金属矿山，1995，226 (4)：12~18.

[33] 龙涛，余斌，高玉宝. 磷矿露天与地下合理开采范围与条件的优化 [J]. 化工矿物与加工，2011 (1)：39~41.

[34] 高彦，张雨果，李慧静，等. 露天矿境界圈定复合锥法 [J]. 中国矿业，2004，13 (4)：42~44.

[35] 王海军，王青，顾晓薇，等. 露天矿最终境界的优化研究 [J]. 矿冶，2011，20 (4)：33~37.

[36] 王青，史维祥. 采矿学 [M]. 北京：冶金工业出版社，2006.

[37] 李斯基. 露天转地下开采不停产过渡的探讨 [J]. 冶金矿山设计与建设，1999，31 (5)：3~8.

[38] 王运敏，张钦礼，章林. 露天转地下开采平稳过渡关键技术研究展望 [J]. 金属矿山，2007 (8)：114~116，490.

[39] 甘德清，张云鹏，白颖超. 建龙铁矿露天转地下过渡期联合开采方案研究 [J]. 金属矿山，2002，312 (6)：4~6，9.

[40] 万德庆，南世卿，高瑞永. 石人沟铁矿露天转地下平稳过渡措施研究 [C]∥中国钢铁年会论文集，2005：43~46.

[41] 万德庆，艾立新，周会志. 露天转井下开采的平稳过渡措施 [J]. 矿业快报，2001，363 (9)：5~6.

[42] 于龙发. 露天转地下开采过渡期的稳产措施 [J]. 矿业快报，2000，345 (15)：16~17.

[43] 和平贤，吴子钧. 广西大新锰矿露天转地下开采顺序研究 [J]. 中国锰业，2008，26 (2)：35~38.

[44] 杨福军，高海川. 露天转井下矿山过渡技术问题的研究与实践 [J]. 金属矿山，2006，356 (2)：18~21.

[45] Everett J E. Iron Ore Production Scheduling to Improve Product Quality [J]. European Journal of Operational Research, 2001, 129 (2)：355~361.

[46] Huang Xiaoling, Chu Yanggang, Yi Hu. The Production Process Management System for Production Indices Optimization of Mineral Processing [C]. Prague：16th IFAC World Congress, 2005.

[47] 宋卫东，匡忠祥，尹小鹏. 大冶铁矿东露天转地下开采生产规模优化研究 [J]. 金属矿山，2004，342 (12)：9~11，22.

[48] 肖振凯，李卫东. 浅谈排山楼金矿露天转地下开采生产能力的实现 [J]. 黄金，2007，28 (9)：23~27.

[49] 杨福军. 露天转井下开采过渡期稳产途径的探索 [J]. 金属矿山，2005，351 (9)：66~67.

[50] 黄真劲. 永平铜矿露天转地下开采过渡方案的讨论 [J]. 采矿技术，2006，6 (3)：231~

232，268.

[51] 代碧波，陈顺育，孙丽军，等．峨口铁矿露天转地下开采产能平稳过渡技术研究［J］．金属矿山，2011，421（7）：1~7.

[52] 龚清田．浅析露天转地下开采的几个问题［J］．有色冶金设计与研究，2005，26（4）：1~3.

[53] 杨福海，李富平．露天转地下开采的若干特殊技术问题［J］．河北冶金，1994，81（3）：1~4.

[54] 焦玉书．金属矿山露天开采［M］．北京：冶金工业出版社，1989：60~77.

[55] 解世俊．金属矿床地下开采［M］．2版．北京：冶金工业出版社，1986：26~37.

[56] 陈光富．杏山铁矿露天转地下开采工程的设计实践［J］．黄金，2009，30（7）：23~26.

[57] 严松山．南山矿业公司凹山采场露天转地下可行性研究［J］．金属矿山，2006，363（9）：34~36.

[58] 赵世民．金川露天转地下开采建设实践［J］．有色矿山，1992，6：1~5.

[59] 柳自强，沈钢．白银折腰山铜矿露天转地下开采地压研究［J］．长沙矿山研究院季刊，1990，10（1）：21~28.

[60] 江军生．获各琦铜矿露天转地下开采开拓系统选择研究［D］．长沙：中南大学，2005.

[61] 潘鹏飞，梁峥祥，洪大华．眼前山铁矿露天转地下开采的可行性研究［J］．矿业工程，2005，3（5）：8~10.

[62] 董卫军，吉兆宁．鞍钢眼前山铁矿三期开采方式优化研究［J］．采矿技术，2006，6（3）：183~183，222.

[63] 孟桂芳．露天转地下开采方案的选择和确定［J］．矿业工程，2009，7（1）：18~19.

[64] 李鼎权．论露天转地下开采的若干特点［J］．金属矿山，1994，212（2）：9~12，23.

[65] 田泽军，南世卿，宋爱东．露天转地下开采前期关键技术措施研究［J］．金属矿山，2008，385（7）：27~29，159.

[66] 陈梦熊，马凤山．中国地下水资源与环境［M］．北京：地震出版社，2002：19~65.

[67] 陈希廉．地质学［M］．北京：冶金工业出版社，1985：213~271.

[68] 王清生，李小双．露天转地下开采后大气降雨灾害防治技术研究［J］．能源技术与管理，2011（5）：122~123.

[69] 金蕴宽．露天转入地下开采矿山的贮洪与排水［J］．金属矿山，1978（5）：27~30，80.

[70] 王安则．露天转地下开采的井下防洪问题［J］．冶金矿山设计与建设，1994，26（2）：6~9.

[71] 刘景秀．深凹露天转地下开采矿山防排水措施的探讨［J］．非金属矿，2001，24（4）：40~41.

[72] 甘德清，李占金，乔国刚．露天转地下开采覆盖层厚度与降雨量和渗漏时间的关系研究［J］．金属矿山，2007（8）：135~138.

[73] 李海波，蔡锦勇，韩周礼．白银公司深部铜矿井下防洪的研究［J］．工业安全与防尘，1994（9）：13~19.

[74] 李定欧．露天转地下矿山防洪排水的探讨［J］．冶金矿山设计与建设，1997，29（3）：6~11.

[75] 张广篇．浅谈露天转地下开采防洪问题［J］．有色冶矿，2010，26（4）：8~10.

[76] Revilla J, Castillo E. The Calculus of Variation Applied to Stability of Slope［J］. Geotech, 1977, 27（1）：1~11.

[77] Sarma S K. Stability Analysis of Embankments and Slopes［J］. Geotec Eng Div, ASCE, 1979, 105（12）：1511~1524.

[78] Brady B H G B, Brown E T. Rock Mechanics for Underground Mining［M］. London：George Allen & Unwin, 1985：5~6, 213~228.

[79] Imenitov V R. Mining Operations in Underground Ore Development［M］. Nedra, Moscow, 1984.

[80] Janelid I, Kvapil R. Sublevel Caving［J］. International Journal Rock Mechanics & Mining Science, 1966, 3：129~153.

［81］ Janelid I, Kvapil R. Mining of Ore by Sublevel Caving in Sweden ［C］. Moscow：International Mining Congress, 1967.

［82］ David Jolley. Computer Simulation of the Movement of Ore and Waste in an Underground Mining Pillar ［J］. The Canadian Mining and Metal Bulletin, 1968, 67：854～859.

［83］ Janelid I. Study of the Gravity Flow Process in Sublevel Caving ［C］∥Proceedings Sublevel Caving Symposium, Stockholm：Atlas Copco, 1975.

［84］ Heden H, Linden K, Malmstorm R. Sublevel Caving at LKAB ［M］. Hustrulidm W A, ed. Underground Mining Methods Handbook. New York：SME-AIME, 1982：923～927.

［85］ Kvapil R. The Mechanics and Design of Sublevel Caving System ［M］. Hustrulidm W A, ed. Underground Mining Methods Handbook. New York：SME-AIME, 1982：923～927.

［86］ Anon. Sublevel Caving Symposium, Atlas Copco Co. ［J］. Mining Magazine, 1972, 139 （1）：13～21.

［87］ Freidin A M, Neverov S A, Neverov A A, et al. Mine Stability with Application of Sublevel Caving Schemes ［J］. Journal of Mining Science, 2008, 44 （1）：82～91.

［88］ 斯塔热夫, 等. 瑞典地下矿的现状和前景 ［J］. 国外金属矿山, 1992 （4）：34～37.

［89］ 布鲁伊维斯 T. 基鲁纳铁矿 KVJ2000 地下采矿发展规划 ［J］. 国外金属矿山, 1995 （3）：24～29.

［90］ 朱卫东, 原丕业, 鞠玉忠. 无底柱分段崩落法结构参数优化主要途径 ［J］. 金属矿山, 2000, 291 （9）：12～16.

［91］ 张志贵. 无底柱分段崩落法最优结构参数及确定准则探讨 ［J］. 矿冶工程, 2004, 24 （1）：4～6.

［92］ 熊国华, 赵怀遥. 无底柱分段崩落采矿法 ［M］. 北京：冶金工业出版社, 1988：4～9.

［93］ 原丕业, 赵金先, 王军英, 等. 急倾斜中厚矿体无底柱分段崩落法结构参数优化研究 ［J］. 中国矿业, 2004, 13 （5）：30～33, 73.

［94］ 宋华, 任高峰, 任少峰, 等. 无底柱分段崩落法在露天转地下矿山的应用研究 ［J］. 金属矿山, 2011, 421 （7）：36～38.

［95］ 方国勇, 王炎明. 白银深凹露天矿转地下开采的实践 ［J］. 矿业研究与开发, 1996, 16 （增刊）：124～127.

［96］ 马旭峰, 徐帅, 刘显峰. 眼前山铁矿露天转井下采矿方法研究 ［J］. 金属矿山, 2008, 383 （5）：37～39.

［97］ 王进学, 王家臣, 董卫军, 等. 大型露天金属矿山深部开采技术研究 ［J］. 金属矿山, 2005 （7）：14～16.

［98］ 张国联, 邱景平, 宋守志. 无底柱分段崩落法最佳结构参数的确定方法 ［J］. 中国矿业, 2003, 12 （12）：49～51.

［99］ 金闯, 董振民, 范庆霞. 梅山铁矿大间距结构参数研究与应用 ［J］. 金属矿山, 2002, 308 （2）：7～9.

［100］ 金闯, 董振民, 贡锁国, 等. 梅山铁矿无底柱分段崩落采矿法增大结构参数的研究 ［J］. 金属矿山, 2000, 284 （2）：16～19.

［101］ 余健, 汪德文. 高分段大间距无底柱分段崩落采矿新技术 ［J］. 金属矿山, 2008, 381 （3）：26～31.

［102］ 甘德清, 陈超. 程家沟铁矿露天转地下采场结构参数及回采顺序研究 ［J］. 有色金属（矿山部分）, 2005, 57 （6）：18～20, 26.

［103］ 王艳辉, 甘德清. 石人沟露天转地下过渡Ⅰ区采场结构参数研究 ［J］. 矿业研究与开发, 2005, 25 （6）：20～23.

［104］ 宋卫东, 何明华. 程潮铁矿采场结构参数的调整与优化研究 ［J］. 中国矿业, 2002, 11 （4）：35～38.

[105] 王新民，赵彬，张钦礼．基于层次分析和模糊数学的采矿方法选择 [J]．中南大学学报（自然科学版），2008，39（5）：875~888．

[106] 李占金，韩现民，甘德清，等．石人沟铁矿露天转地下过渡期采场结构参数研究 [J]．矿业研究与开发，2008，28（3）：1~2．

[107] 杨力，王新民，赵建文．石人沟露天转地下采矿方法优化选择 [J]．金属矿山，2008，421（7）：19~23．

[108] 任红岗，谭卓英，蔡学峰，等．分段空场嗣后充填法彩霞结构参数 AHP-Fuzzy 优化 [J]．北京科技大学学报，2010，23（11）：1383~1387．

[109] 赵国彦，吴俊俊，张磊，等．基于 AHP-Fuzzy 的自然崩落法结构参数优选 [J]．武汉理工大学学报，2010，32（19）：115~119，149．

[110] 周前祥．露天与地下联合开采工艺特点分析 [J]．煤炭科学技术，1995，23（1）：33~36．

[111] 王龑明，任凤玉，张永亮．大型深凹露天转井下深部开采技术研究 [J]．中国矿业，2005，14（7）：57~59．

[112] 陈仕阔，杨天鸿，张华兴．平朔安家岭露天矿地下采动条件下的边坡稳定性 [J]．煤炭学报，2008，33（2）：148~152．

[113] 林水通．滑坡灾害监测方法综述 [J]．福建建筑，2006（5）：73~74．

[114] Sun Shiguo. Theoretical Study of the Slope Stability in Open Pit Influence by Underground Mining [C]// Proceeding of the International Symposium on New Development in Rock Mechanics and Engineering, Shenyang：North East University Press，1994：699~703.

[115] 韩放，谢芳，王金安．露天转地下开采岩体稳定性三维数值模拟 [J]．北京科技大学学报，2006，28（6）：509~514．

[116] 孙世国，蔡美峰，王思敬．露天转地下开采边坡岩体滑移机制的探讨 [J]．岩石力学与工程学报，2000，19（1）：126~129．

[117] 徐嘉谟．露天开采与地下开采引起岩石移动的一些主要区别 [J]．岩石力学与工程学报，1990，9（4）：311~318．

[118] Wang J，Tan W，Feng S，et al. Reliability Analysis of an Open Pit Coal Mine Slope [J]. Int J Rock Mech Min Sci & Geomech Abstr，2000，37（4）：715~721.

[119] He M C，Feng J L，Sun X M. Stability Evaluation and Optimal Excavated Design of Rock Slope at Antaibao Open Pit Coal Mine，China [J]. International Journal of Rock Mechanics & Mining Sciences，2008，45：289~302.

[120] Rose N D，Hungr O. Forecasting Potential Rock Slope Failure in Open Pit Mines Using the Inverse-Velocity Method [J]. International Journal of Rock Mechanics & Mining Sciences，2007，44：308~320.

[121] Zavodni Z M. Time-Dependent Movements of Open-Pit Slopes [M]// Hustrulid A，Carter M K，Van Zyl DJA，editors. Slope Stability in Surface Mining，Littleton，Colorado：Society for Mining，Metallurgy，and Exploration，Inc.，2000：81~88.

[122] Hoek E，Bray J. Rock Slope Engineering [M]. 3rd edition. London：Institution of Mining and Metallurgy，1981.

[123] Pakalnis R. Empirical Stope Design at the Ruttan Mine，Sherritt Gordon Mines Ltd. [D]. The University of British Columbia，1986.

[124] 左治兴．露天转地下开采过程中高陡边坡的稳定性评价与控制技术研究 [D]．长沙：中南大学，2009．

[125] 王文忠，冉启发，孙世国，等．露天边坡与山体边坡复合体稳定性分析 [M]．北京：冶金工业出版社，2001：7~115．

[126] 李文秀. 急倾斜厚大矿体地下与露天联合开采岩体移动分析的模糊数学模型 [J]. 岩石力学与工程学报, 2004, 23 (4): 572~577.

[127] 李扬, 梅林芳, 周传波. 露天转地下崩落法开采对高陡边坡影响的数值模拟 [J]. 矿冶工程, 2008, 28 (3): 14~21.

[128] 宋卫东, 杜建华, 杨幸才, 等. 深凹露天转地下开采高陡边坡变形与破坏规律 [J]. 北京科技大学学报, 2010, 32 (2): 145~151.

[129] 宋卫东, 付建新, 王东旭. 露天转地下开采围岩破坏规律的物理与数值模拟研究 [J]. 煤炭学报, 2012, 37 (2): 186~191.

[130] 付玉华. 露天转地下开采岩体稳定性及岩层移动规律研究 [D]. 长沙: 中南大学, 2010.

[131] 吴永博, 高谦. 露天转地下开采高边坡变形监测与稳定性预测 [J]. 矿业研究与开发, 2009, 29 (1): 52~54.

[132] 王云飞, 钟福平. 露天转地下开采边坡失稳数值模拟与实验研究 [J]. 煤炭学报, 2013, 38 (z1): 64~69.

[133] Calder K, Townsend P, Russell F. The Palabora Underground Mine Project [C] // Chitombo G, ed. Proceedings MassMin 2000, Brisbane, 2000: 219~225.

[134] Sainsbury B, Pierce M, Masivars D. Simulation of Rock Mass Strength Anisotropy and Scale Effects Using a Ubiquitous Joint Rock Mass Model [C] // Proceedings First International FLAC/DEM Symposium on Numerical Modeling, 25~27 August, 2009, Minneapolis, USA, Minneapolis, Itasca.

[135] Alexander Vyazmensky, Stead D, Elmo D, et al. Numerical Analysis of Block Caving-Induced Instability in Large Open Pit Slopes: A Finite Element Approach [J]. Rock Mech Rock Eng, 2010, 43: 21~39.

[136] Glazer S, Hepworth N. Seismic Monitoring of Block Cave Crown Pillar [C]. Proceedings MassMin., Santiago, 2004.

[137] 路增祥. 孟家铁矿露天转地下开采关键技术研究 [D]. 北京: 北京科技大学, 2013.

[138] 张旭. 基于能量的露天矿边坡灾变时空演化与多模型综合评价 [D]. 北京: 北京科技大学, 2017.

[139] Mosso A, Diachenko S, Townsend P. Interaction between the Block Cave and the Pit Slopes at Palabora Mine [J]. Journal of The South African Institute of Mining and Metallurgy, 2006, 106 (7): 479~484.

[140] Richard K Brummer, Hao Li, Allan Moss. The Transition from Open Pit to Underground Mining: An Unusual Slope Failure Mechanism at Palabora [C]. International Symposium on Stability of Rock Slope in Open Pit Mining and Civil Engineering, 2007: 411~420.

[141] Johnson T B. Optimum Open Pit Mine Prouction Scheduling, in A Decade of Digital Computing in the Mining Industry, A. Weiss, AIME (The American Institute of Mining, Metallurgical, and Petroleum Engineers), New York, 1969: 539~562.

[142] Yegulalp T M, et al.. New development in ultimate pit limit problem solution method, SME Preprint No. 93-26, SME Annual Meeting, Reno, Nevada, U. S. A., 1993.

[143] Lemiux M. Moving Cone Optimization Algrithm [J]. Computer Method for the 80's in the Mineral Industry, 1979.

[144] Dowd P A, Onur A H. Open-Pit Optimization-Part I: Optimal Open-Pit Design [J]. Trasaction of the Institution of Mining and Metallury, 1993 (102).

[145] Koenigsberg E. The Opitmum Contours of An Open Pit Mine: An Application of Dynamic Programming [C]. Proceedings, APCOM, 1982.

[146] Wright E A. The Use of Dynamic Programming for Open Pit Mine Design: Some Practical Implication [J]. Mining Science and Technology, 1987 (4).

［147］胥孝川，顾晓薇，王青，等．露天矿多采区受约束条件下全境界优化［J］．东北大学学报（自然科学版），2016，37（1）：79~83，93.

［148］Wang Q, Sevim H. Alternative to Parameterization in Fining a Series of Maximum-Metal Pits for Production Planning［J］. Mining Engineering, 1995（2）.

［149］路增祥，孟凡明，蔡美峰．露天转地下开采矿山的安全风险特征与防范［J］．矿业工程，2013，11（2）：17~19.

［150］Lu Zengxiang. Safety Risk Assessment Method for a Mine in Transition from Open-Pit to Underground Mining［C］//第三届教学管理与课程建设学术会议论文集．湖南工业大学法学院：2012-08-25：388~393.

［151］路增祥，孟凡明，蔡美峰．露天转地下开采的平稳过渡方案与技术措施［J］．中国矿业，2012，21（11）：91~94.

［152］于润仓．采矿工程师手册（上册）［M］．北京：冶金工业出版社，2001：343~362.

［153］路增祥，蔡美峰．露天转地下开采矿山开拓系统衔接方案的确定原则［J］．中国矿业，2011，20（9）：80~83.

［154］路增祥．金属矿山溜井系统的设计与优化［J］．中国矿业，2016，25（1）：164~168.

［155］路增祥，马驰，宋超．基于储量分布特征的地下开采系统优化［J］．矿业研究与开发，2018，38（5）：16~20.

［156］路增祥．皮带道的设计及优化［J］．黄金，2001，22（7）：20~23.

［157］路增祥．复杂条件下的巷道施工工艺研究与应用［J］．有色金属（矿山部分），2001，61（1）：5~7.

［158］路增祥．含水构造的巷道通过方法探讨［J］．黄金，2000，21（12）：14~17.

［159］路增祥．松散围岩巷道的施工工艺研究［J］．有色金属（矿山部分），2005，57（2）：25~28.

［160］禹朝群．首钢杏山铁矿露天转地下覆盖层移动特性研究［D］．唐山：河北理工大学，2010.

［161］常贯峰，路增祥，张国建，等．露天转地下开采覆盖层厚度的影响因素分析［J］．现代矿业，2017，579（6）：107~109.

［162］北京科技大学，首钢矿业公司，河北理工大学，北京矿冶研究总院．露天转地下相互协调安全高效开采关键技术研究（"十一五"国家科技支撑计划课题，编号：2006BAB02A17）［R］．2010，12.

［163］陈清运，蔡嗣经，明世祥，等．地下开采地表变形数值模拟研究［J］．金属矿山，2004，336（6）：19~23.

［164］郑颖人，赵尚毅，邓楚键，等．有限元极限分析法发展及其在岩土工程中的应用［J］．中国工程科学，2006，8（12）：40~61.

［165］郑颖人，张玉芳，赵尚毅，等．有限元强度折减法在元磨高速公路高边坡工程中的应用［J］．岩石力学与工程学报，2005，21（24）：3813~3817.

［166］郑颖人，叶海林，黄润秋．地震边坡破坏机制及其破裂面的分析探讨［J］．岩石力学与工程学报，2009，28（8）：1715~1723.

［167］郑颖人，肖强，叶海林，等．地震隧洞稳定性分析探讨［J］．岩石力学与工程学报，2010，29（6）：1082~1088.

［168］郑颖人，赵尚毅，张鲁渝．用有限元强度折减法进行边坡稳定分析［J］．中国工程科学，2002，4（10）：57~62.

［169］Duncan J M. State of the Art：Limit Equilibrium and Finite-Element Analysis of Slopes［J］. Journal of Geotechnical and Environment Engineering, ASCE, 1996, 122（7）：577~589.

［170］宋二祥．土工结构安全系数的有限元计算［J］．岩土工程学报，1997，19（1）：1~7.

[171] 宋二祥，高翔，邱月．基坑土钉支护安全系数的强度参数折减有限元方法 [J]．岩土工程学报，2005，27（3）：258~263.

[172] 葛修润，任建喜，李春光，等．三峡左厂3号坝段深层抗滑稳定三维非线性有限元分析 [J]．岩土工程学报，2003，25（4）：389~394.

[173] 栾茂田，武亚军，年延凯．强度折减有限元法边坡失稳的塑性区判据及其应用 [J]．防灾减灾工程学报，2003（3）：1~8.

[174] 郑颖人．岩土材料屈服与破坏及边（滑）坡稳定分析方法研讨——"三峡库区地质灾害专题研讨会"交流讨论综述 [J]．岩石力学与工程学报，2007，26（4）：650~661.

[175] 郑颖人，赵尚毅，孔位学，等．极限分析有限元法讲座（Ⅰ）：岩土工程极限分析有限元法 [J]．岩土力学，2005，26（1）：164~168.